Louis Figuier

La Machine
à Vapeur

Les Merveilles de la science

ISBN : 978-1519157546

10 9 8 7 6 5 4 3 2 1

Louis Figuier

La Machine
à Vapeur

Les Merveilles de la science

Table de Matières

PRÉFACE

J'entreprends de raconter quelques-unes des merveilles réalisées, dans l'ordre des sciences, par le génie moderne. Je me propose de faire connaître, avec quelque exactitude, les admirables inventions scientifiques qui caractérisent notre temps et qui feront sa gloire. La machine à vapeur et ses applications innombrables, l'électricité et ses mille emplois, les chemins de fer, la photographie, la pisciculture, le drainage, etc., etc. ; en un mot, les grandes découvertes qui résultent de l'heureuse application des sciences physiques et naturelles, seront étudiées dans ce livre.

Un ouvrage en 4 volumes in-18, publié par nous il y a dix ans, et resté inachevé : *Exposition et histoire des principales découvertes scientifiques modernes*, formera la trame de la publication actuelle. Cet ouvrage, repris et singulièrement étendu, présentera le tableau à peu près complet des merveilles de la science contemporaine.

Depuis quelques années, des livres d'une grande importance, l'*Histoire de la Révolution française*, par M. Thiers ; l'*Histoire du Consultat et de l'Empire*, par le même auteur ; l'*Histoire des Girondins*, par M. de Lamartine, d'admirables romans nationaux, etc., ont été publiés par livraisons illustrées, au prix de 10 centimes la livraison. Tout le monde connaît le succès immense et la popularité qu'ont rencontrés ces ouvrages.

On n'avait pas encore songé à appliquer le même mode de publication aux ouvrages de science populaire. Cependant, s'il est un genre de livre qui prête à l'illustration, c'est celui qui s'occupe de mettre sous les yeux du lecteur des faits de l'ordre scientifique, en relevant l'aridité de ces faits par l'emploi des procédés littéraires.

Cette tentative, je la fais aujourd'hui. Si le public veut bien, dans cette occasion nouvelle, m'accorder le puissant et sympathique appui dont il m'a toujours honoré, j'aurai la satisfaction la plus douce à mon cœur : répandre dans les masses désireuses de s'instruire, les salutaires leçons de la science et de la vérité.

Les connaissances scientifiques n'étaient, il y a un demi-siècle, qu'une sorte de luxe intellectuel, le simple complément d'une éducation distinguée. Elles étaient le privilège d'un très-petit nombre d'hommes, car leurs applications étaient presque nulles dans les arts, dans l'industrie, dans la vie privée. Quel prodigieux changement depuis cette époque ! La science est entrée, de nos jours, dans toutes les habitudes de la vie, comme dans les procédés de l'industrie et des arts. Nous voyageons par la vapeur ; — tous les mécanismes de nos usines sont mus par la vapeur ; — nous correspondons au moyen d'un courant électrique, de sorte que la pile de Volta a remplacé la poste aux lettres ; — nous commandons notre portrait à la chimie, qui le fait exécuter par le soleil ; — nous nous faisons éclairer par un gaz emprunté à la chimie ; — c'est la chimie qui conserve nos légumes pour la saison de l'hiver ; — nous demandons à l'électricité de remplacer nos sonnettes ; — la houille, traitée par des procédés chimiques, nous fournit les couleurs brillantes et solides qui teignent nos étoffes, — et nos enfants jouent avec un ballon gonflé de gaz hydrogène, pendant que les pères s'amusent à voir se tordre et s'élancer un *serpent de Pharaon*, préparation physico-chimique.

Puisque la science nous touche par tant de côtés, puisqu'elle est constamment mêlée à notre vie, chacun est bien obligé de s'initier aux connaissances scientifiques. Grand ou petit, riche ou pauvre, personne ne peut rester étranger à ce genre de notion. La science est un soleil : il faut que tout le monde s'en approche, pour se réchauffer et s'éclairer.

C'est pour répondre à ce besoin universel que nous avons écrit la série des notices scientifiques que l'on va lire, et qui sont consacrées à la description et à l'histoire des grandes inventions de la science contemporaine. Rechercher l'origine de chacune des principales inventions scientifiques modernes, raconter ses progrès et ses développements successifs, exposer son état actuel et les principes sur lesquels elle est fondée : tel est le double objet que l'on se propose dans ce livre.

Les *Merveilles de la science* s'adressent spécialement à cette classe si nombreuse de personnes qui, ne possédant sur les sciences aucune notion positive, désirent cependant bien connaître les inventions modernes. Aussi la clarté a-t-elle été ma préoccupation constante. Instruire sans fatigue, dépouiller la science et son histoire des formes arides qu'elle présente dans nos traités classiques ; tel est le but que je me suis efforcé d'atteindre. Il y a toujours, dans une question scientifique, même la plus complexe, une partie accessible à tous les esprits, un côté attrayant, pittoresque et curieux. C'est cette partie du sujet que je développe souvent, pour jeter quelques fleurs sur l'aridité du chemin.

L'histoire des progrès de l'esprit humain dans la voie scientifique est aussi riche en intérêt, aussi féconde en enseignements qu'aucune autre partie de l'histoire générale. Mais les documents qui consacrent le souvenir de ces faits, épars dans un grand nombre de recueils peu connus, ou disséminés dans des publications éphémères, sont difficiles à rassembler. Cette œuvre de recherches patientes, j'ai essayé de l'accomplir pour les sujets que j'ai abordés. Lorsque l'utilité des travaux de ce genre sera mieux appréciée qu'elle ne l'est encore, d'autres écrivains compléteront cette tâche en embrassant l'ensemble tout entier des conquêtes scientifiques de notre époque, et ainsi seront sauvés de l'oubli des monuments précieux qui seront un jour les vrais titres de gloire de l'humanité.

CHAPITRE PREMIER

NOTIONS CONCERNANT LA VAPEUR DANS L'ANTIQUITÉ ET LE MOYEN ÂGE.

La plupart des écrivains qui se sont occupés de l'histoire de la machine à vapeur, ont placé dans l'antiquité le berceau de cette invention. Cette opinion nous semble inadmissible. La machine à vapeur est d'origine moderne, et c'est vainement que l'on essayerait de chercher dans les traditions scientifiques de la Grèce et de Rome la trace des idées qui présidèrent à sa création.

La science que nous désignons aujourd'hui sous le nom de *physique*, n'existait pas chez les anciens. Quelques connaissances dues au hasard, ou introduites par la pratique des arts vulgaires, résument toute la physique des Grecs. C'est que l'art d'observer, le secret d'étudier un fait, en l'isolant, par une opération de l'esprit, de tout ce qui l'entoure, fut à peu près ignoré des anciens. La poétique imagination des philosophes de la Grèce avait entraîné la science naissante dans une voie opposée à celle de ses progrès. Au lieu d'observer les choses qui tombent sous les sens, on cherchait à pénétrer la nature intime des phénomènes, à remonter jusqu'à la secrète essence de leurs causes. L'importance et la grandeur des faits attiraient surtout l'attention. On s'attachait obstinément à poursuivre des problèmes destinés à rester à jamais insolubles ; on construisait l'univers avant de l'avoir entrevu. Cette philosophie arrêta dès le début les sciences physiques.

Placer au sein d'une pareille époque l'origine de la découverte la plus importante des temps modernes, c'est donc fausser les traditions de l'histoire, et le rapide examen des faits montrera sur quelles bases futiles cette opinion s'était fondée.

C'est à un savant de l'École d'Alexandrie, Héron, qui vivait 120 ans avant l'ère chrétienne, que la plupart des auteurs modernes rapportent l'honneur d'avoir inventé et construit la première machine à vapeur connue.

Le petit traité de Héron, intitulé *Spiritalia*, renferme les quelques lignes qui ont mérité au philosophe d'Alexandrie d'être proclamé le premier inventeur d'une machine construite dix-huit siècles après lui. Ce livre était loin de prétendre à une destinée si brillante. Il renferme la description d'une série d'appareils destinés à manifester certains effets curieux de l'air et de l'eau. Les matières y sont exposées sans ordre et sans liaison logique : aucune explication, aucune théorie, ne s'y trouvent jamais invoquées. Pour que nos lecteurs puissent en juger par eux-mêmes, nous rapporterons les divers passages sur lesquels on s'appuie pour accorder à Héron la première idée de la machine à feu.

Le quarante-cinquième appareil décrit par le philosophe d'Alexandrie, se compose d'une marmite contenant de l'eau et fermée de toutes parts, à l'exception d'une ouverture donnant accès à un tube vertical ouvert. Dans l'intérieur de ce tube on place une petite boule ; par l'action de la chaleur, cette boule est projetée au dehors. M. Léon Lalanne, dans un travail rempli d'érudition, publié, en 1852, dans l'*Encyclopédie moderne*, a donné à cet appareil de Héron, le nom de *marmite à vapeur chassant un projectile*. Nous l'appellerions, plus simplement, *marmite soulevant son couvercle*, et nous n'avons pas besoin d'ajouter que la découverte d'un tel fait n'appartient pas à Héron, mais bien au premier homme qui, assis au coin de son foyer, vit le couvercle de la marmite où cuisaient ses aliments se soulever par l'effort de la vapeur d'eau. Si les titres du philosophe grec à la découverte de la machine à vapeur ne reposaient pas sur des fondements plus sérieux, il aurait à soutenir avec quelque petit-fils d'Adam une discussion de priorité.

Dans les figures suivantes, Héron décrit divers mécanismes qui permettent, au moyen de l'air comprimé ou dilaté par l'action du feu, de faire sonner la trompette d'un automate, siffler un dragon de bois, ou tourner en rond de petits bonshommes. Nous ne dirons rien de tous ces appareils, qui ne sont que des viciations de l'instrument connu et expérimenté dans les cours publics sous le nom de *fontaine de Héron*. Nous arriverons tout de suite au passage où se trouve décrit le petit appareil que l'on considère aujourd'hui comme le premier modèle de la machine à vapeur. Voici, d'après la version latine, la traduction de ce passage de l'ouvrage de Héron, lequel est écrit en grec, comme tous les livres de l'École d'Alexandrie.

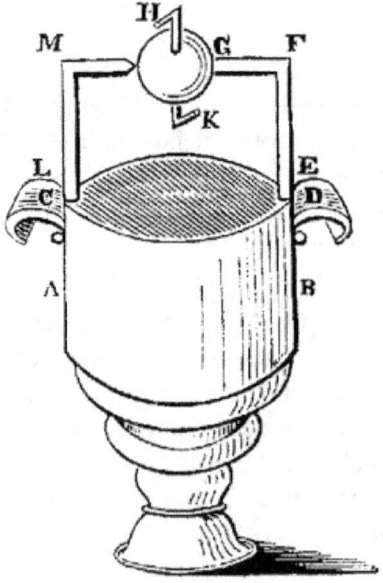

Fig. 2

« Faire tourner une petite sphère sur son axe au moyen d'une

marmite chauffée. — Soit AB (fig. 2) une marmite contenant de l'eau et soumise à l'action de la chaleur. On la ferme au moyen d'un couvercle CD que traverse le tube courbé EFG dont l'extrémité G pénètre dans la petite sphère creuse H suivant un diamètre. À l'autre extrémité du même diamètre est placé le pivot qui est fixé sur le couvercle CD au moyen de la tige pleine LM. De la sphère H sortent deux tubes placés suivant un diamètre (à angle droit sur le premier), et recourbés à angle droit en sens inverse l'un de l'autre. Lorsque la marmite sera échauffée, la vapeur passera par le tube EFG dans la sphère, et, sortant par les tubes infléchis à angle droit, fera tourner la sphère de la même manière que les automates qui dansent en rond [1]. »

Tel est l'appareil signalé par Arago comme « le premier exemple de l'emploi de la vapeur comme force motrice [2]. » Est-il nécessaire de dire qu'en décrivant ce joujou, qui tourne *comme des automates qui dansent en rond*, le philosophe d'Alexandrie ne le présentait nullement comme pouvant devenir l'origine d'une force motrice ? Toutes les expériences exposées dans son traité ne sont que des tours de physique amusante, et l'auteur ne dit rien des causes des phénomènes qu'il décrit.

Si l'on voulait d'ailleurs rechercher quelle interprétation théorique Héron accordait à ce fait, on ne pourrait, d'après son texte même, le rapporter qu'à la seule action de la chaleur. Il dit, en effet, dans l'énoncé du problème, « faire tourner une petite sphère au moyen d'une marmite chauffée, » et non « au moyen de la vapeur d'eau. » Héron ne pouvait ici faire jouer aucun rôle à la vapeur d'eau, par cette raison fort simple que l'existence même de la vapeur était inconnue de son temps. Avec tous les philosophes de son époque, Héron ne voyait dans la vaporisation d'un liquide que sa transformation en air, et dans son livre il ne fait jamais allusion qu'aux effets mécaniques produits par l'air comprimé ou dilaté par le feu.

Fig. 3. — Héron fait l'expérience de l'éolipyle devant les savants
de l'École d'Alexandrie.

Aussi les physiciens qui sont venus après lui n'ont-ils expliqué le
phénomène de la rotation de sa petite sphère que par l'écoulement
et la réaction de l'air chaud, qui provenait lui-même de la
transformation de l'eau en air. On trouve, dans une autre partie
de l'ouvrage de Héron, la description d'un petit appareil en tout
semblable au précédent, et dans lequel seulement un courant d'air
chaud remplace le courant de vapeur.

Le jouet décrit par Héron d'Alexandrie, ne nous semble donc
mériter à aucun titre l'honneur de figurer dans l'histoire de la
machine à vapeur. L'existence même de la vapeur d'eau étant
ignorée des anciens, il est difficile d'admettre que l'on ait pu, à cette
époque, imaginer une machine fondée sur la connaissance des
propriétés de cet agent [3].

On ne sera pas surpris, d'après les idées inexactes qui ont régné si
longtemps sur les phénomènes de la vaporisation des liquides, de
voir des siècles entiers s'écouler sans apporter la moindre notion
sur les effets mécaniques de la vapeur. Cette circonstance explique

la pénurie d'arguments et de faits dans laquelle se sont trouvés les écrivains qui ont voulu placer à une époque reculée l'origine de l'invention qui nous occupe.

Pour montrer à quelles pauvres ressources on est réduit sous ce rapport, il nous suffira de rappeler l'anecdote de l'historien byzantin Agathias, que l'on a coutume d'invoquer à cette occasion. M. Léon Lalanne, dans le travail cité plus haut, donne, d'après M. Léon Rénier, la traduction suivante de ce passage de l'ouvrage d'Agathias :

« Il y avait à Byzance un homme appelé Zénon, inscrit sur la liste des avocats, distingué d'ailleurs et très-bien avec l'empereur. Il était voisin d'Anthémius [4], au point que leurs deux maisons paraissaient n'en faire qu'une et être comprises dans les mêmes limites. À la longue, une mésintelligence éclata entre eux, soit pour une fenêtre ouverte contrairement à l'usage, soit pour un bâtiment dont la hauteur excessive interceptait le jour, soit enfin pour quelqu'une de ces nombreuses causes qui ne manquent jamais d'amener des dissensions entre très-proches voisins.

« Anthémius, ayant eu le dessous devant les tribunaux, ainsi qu'il devait s'y attendre, ayant pour adversaire un avocat et n'étant pas capable de lutter d'éloquence avec lui, imagina pour se venger le tour suivant, que lui fournit l'art qu'il cultivait.

« Zénon possédait un appartement très-élevé, très-large, très-beau et très-orné, où il avait l'habitude de recevoir ses amis et de traiter ceux qui lui étaient les plus chers. Le rez-de-chaussée de cet appartement appartenait à Anthémius, de sorte que le plancher intermédiaire servait de toit à l'un et de sol à l'autre. Anthémius fit placer dans ce rez-de-chaussée de grandes chaudières pleines d'eau, qu'il entoura extérieurement de tuyaux de cuir assez larges à leur base pour embrasser entièrement le bord des chaudières, mais diminuant ensuite de diamètre comme une trompette et se terminant dans des proportions convenables. Il fixa les bouts de ces tuyaux aux poutres et aux planches du plafond, et les y attacha avec soin ; de sorte que l'air qui y était introduit avait le passage libre pour s'élever dans l'intérieur vide des tuyaux et aller frapper le plafond à nu, dans l'endroit où il lui était permis d'arriver, et qui était entouré par le cuir, mais ne pouvait s'écouler ni s'échapper au dehors. Ayant donc fait secrètement ces préparatifs, Anthémius alluma un grand feu sous les chaudières et y produisit une grande flamme, et l'eau, s'échauffant bientôt et entrant en ébullition, il s'en éleva beaucoup de vapeur épaisse et fumeuse qui, ne pouvant s'échapper, monta dans les tuyaux et s'y élança avec d'autant plus de violence qu'elle était resserrée dans un plus étroit espace, jusqu'à ce que, frappant continuellement le plafond, elle l'ébranla tout entier, au point de faire légèrement trembler et crier les bois. Or, Zénon et ses amis furent troublés et épouvantés, et ils s'élancèrent dans la rue en criant et poussant des exclamations, et Zénon, s'étant rendu au palais de l'empereur, demandait aux personnes de sa connaissance ce qu'elles savaient du tremblement de terre, et s'il ne leur avait pas causé quelque dommage. »

D'après nos connaissances sur les propriétés de la vapeur d'eau, cette expérience, telle qu'elle est rapportée par Agathias, ne pouvait en aucune manière produire les résultats qui viennent d'être rapportés. Aussi M. de Montgéry, qui publia en 1823, dans les *Annales de l'industrie*, une série d'articles en vue de rechercher l'origine de la machine à vapeur dans l'antiquité, n'admet-il point que le mécanisme décrit par Agathias soit le même que celui qu'employa Anthémius :

« L'extrémité évasée des tuyaux, dit M. de Montgéry, devait être placée sous les poutres, et non au delà ; elle devait s'ouvrir tout à coup au moyen d'une soupape ou d'un robinet : alors seulement il y aurait eu une vive secousse [5]. »

Par malheur, l'historien de Byzance ne fait mention ni de robinet ni de soupape ; il est donc plus simple de regarder comme apocryphe l'aventure romanesque d'Agathias.

C'est avec un sentiment semblable qu'il faut accueillir l'assertion émise par Robert Stuart, en ces termes laconiques :

« En 1563 un certain Mathésius, dans un volume de sermons intitulé *Sarepta*, parle de la possibilité de construire un appareil dont l'action et les propriétés paraissent semblables à celles de la machine à vapeur moderne [6]. »

Ce Mathésius, d'après M. Léon Lalanne, était maître d'école à Joachimsthal, ville de Bohême, autrefois célèbre par ses mines d'argent, de cuivre et d'étain. Son ouvrage, imprimé à Nuremberg, en 1562 (*Sermonnaire des mines*), n'est qu'un livre de prières. Voici le passage auquel l'écrivain anglais fait allusion :

« Au moyen de l'eau, du vent et du feu, et moyennant de beaux mécanismes, que l'eau et le minerai s'élèvent et soient mis en mouvement des plus grandes profondeurs, afin que la dépense soit diminuée et que ces trésors cachés puissent être d'autant plus tôt percés et mis au jour... Vous, mineurs, glorifiez dans les chants des mines l'excellent homme qui fait monter aujourd'hui le minerai et l'eau sur le Platten au moyen du vent, et comment maintenant on élève l'eau au jour avec le feu. »

Il faut beaucoup de volonté pour trouver dans le texte de cette exhortation évangélique l'indication d'un appareil « dont l'action et les propriétés paraissent semblables à celles de la machine à vapeur moderne. » Il pouvait exister dans les mines diverses machines mues par le vent ou par l'air échauffé ; mais rien n'indique, dans la pieuse invocation de Mathésius, la moindre allusion à une machine agissant au moyen de l'eau réduite en vapeur.

Robert Stuart ajoute :

« Trente ans après, dans un livre imprimé à Leipsick en 1597, on trouve la description de ce qu'on appelle un éolipyle, que l'on peut, dit-on, utiliser en l'adaptant à un tournebroche. »

L'éolipyle, appareil connu, comme on vient de le voir, depuis une époque fort reculée, a beaucoup attiré l'attention des physiciens du moyen âge, qui ignoraient cependant la cause des effets curieux qu'il produit, et s'imaginaient que l'eau s'y transformait en air. Il n'est donc pas impossible que l'insignifiante et pauvre application dont parle Robert Stuart ait pu être réalisée, bien qu'il ne nous donne aucune indication positive sur l'ouvrage qui la mentionne.

Arago et tous les écrivains français qui, s'occupant, après lui, de l'histoire de la machine à vapeur, se sont bornés à reproduire ses opinions, admettent que la première expérience relative aux effets mécaniques de la vapeur d'eau a été faite au commencement du XVIIe siècle, par un gentilhomme de la chambre de Henri IV, nommé David Rivault, seigneur de Flurance, précepteur de Louis XIII.

« Pour rencontrer, dit Arago, après les premiers aperçus des philosophes grecs, quelques notions utiles sur les propriétés de la vapeur d'eau, on se voit obligé de franchir un intervalle de près de vingt siècles. Il est vrai qu'alors des expériences précises, concluantes, irrésistibles, succèdent à des conjectures dénuées de preuves.

« En 1605, Flurance Rivault, gentilhomme de la chambre de Henri IV et précepteur de Louis XIII, découvre, par exemple, qu'une bombe à parois épaisses, et contenant de l'eau, fait tôt ou tard explosion quand on la place sur le feu *après l'avoir bouchée*, c'est-à-dire lorsqu'on empêche la*vapeur d'eau* de se répandre librement dans l'air à mesure qu'elle s'engendre. La puissance de la vapeur d'eau se trouve ici caractérisée par une épreuve nette et susceptible jusqu'à un certain point d'appréciations numériques ; mais elle se présente encore à nous comme un terrible moyen de destruction [7]. »

Arago nous dit encore, à propos de l'expérience du marquis de Worcester qui fit éclater un canon par l'action de la vapeur :

« Cette expérience était déjà connue en 1605, car Flurance Rivault dit expressément que les éolipyles crèvent avec fracas quand on empêche la vapeur de s'échapper. Il ajoute même : « L'effet de la raréfaction de l'eau a de quoi épouvanter les plus assurés des hommes [8]. »

La meilleure manière de reconnaître si Arago a exactement traduit la pensée de l'auteur des *Éléments d'artillerie*, c'est évidemment de recourir à l'ouvrage lui-même. Le passage auquel Arago fait allusion se trouve au livre III, dans lequel Flurance Rivault cherche à établir la nature des substances qui peuvent entrer dans la composition de la poudre. Voici textuellement ce passage :

« *Conjecturer les ingrédiens de la bonne poudre à canon.* — Il est certain que, cherchant une prompte raréfaction, il faut l'avancer par la chaleur ; car il n'y a point en la nature de plus agissante qualité. Le froid agit ; mais il resserre. Les deux autres, sécheresse et humidité, n'ont que fort peu d'action ou nous doivent plutôt servir de matière et de patient en ce dessein que d'agent. Voyons du froid s'il nous est propre. *L'eau humide qui se convertit en air se raréfie*, et en est la raréfaction suivie de violence. Voyez-vous ces instruments d'airain globeux et creux, qui ont un trou par lequel on verse l'eau. Les Grecs les ont nommés *portes d'Éole*, parce que, si vous les approchez du feu, le métal en est eschauffé, et l'eau quand et quand, *laquelle peu à peu se convertit en air par l'action de la chaleur, et estant faicte rare et vent,* elle sort par le trou avec force, et après ravive le feu par son souffle, qui le premier luy avoit donné estre. Il y a quelque apparence que si ce nouvel aër ne trouvoit lors issue libre par la petite porte, qu'il briseroit le vaisseau pour se donner jour : *ainsi que l'humidité de la chastaigne aéréfiée par le feu, la faict esclater seulement pour se donner libre estendue. Que si la furie de cet esclat n'a d'estonnement que pour les enfans, l'effect de la raréfaction de l'eau a de quoy espouvanter les plus asseurés hommes en l'accident des tremblemens de terre.* L'eau coulée ès caverses de la terre au printemps principalement et en automne, y est eschauffée, soit par les feux qu'elle y rencontre souvent, soit par les chaudes exhalaisons qui sortent des soupiraux terrestres : tant que raréfiée et convertie en aër, le lieu qui la contenoit auparavant n'est plus capable d'embrasser si longues et si larges dimensions : tellement que, pressée de s'estendre et violentée par cet hoste devenu puissant, la terre s'entr'ouvre pour luy faire jour avec un desbriz espouvantable. Il y a un million d'autres effects de cette raréfaction d'humidité, qui nous pourroyent guider à l'exécution de quelque violence. Mais nous devons y considérer qu'elle ne se fait à coup, ainsi avec le tems, et que la matière humide ne s'exhalle pas toute à la fois, mais peu à peu. Or nous cherchons de la promptitude et un effect momentané, principalement pour ce qui est de l'action du canon. Car ce n'est pas qu'èz autres artifices du feu nous ne nous servons quelques fois d'humides, quand nous en voulons faire durer la violence. Mais cela n'est pas de ce lieu. Il faut donc nous attacher à la sécheresse, et à un subject sec qui ait peu de résistance contre la chaleur, et soit amy du feu. Car l'humide lui résiste : au contraire le sec est de sa nature mesme. Or ny l'air qui est humide et chaud, ny l'eau qui est froide et humide, ne nous peuvent donner ce corps sec que nous cherchons. L'eau en est la plus incapable, tellement que toutes choses humides et froides doivent être bannies de notre poudre ; etc. [9] »

Fig. 4. — F. Bacon.

Quand on a lu ce morceau confus, empreint des idées surannées de l'ancienne physique, et tout rempli des lieux communs et des divagations qu'elle affectionne, on se demande comment Arago a pu l'honorer d'une interprétation aussi large. Rivault ne parle nullement de vapeur d'eau, comme on le lui fait dire ; il parle seulement, d'après les opinions scientifiques de son époque, de la conversion de l'eau en air. Il ne fait aucune allusion à une expérience qu'il aurait exécutée, et il ne nous dit rien de cette « bombe à parois épaisses, et contenant de l'eau, qui fait tôt ou tard explosion, quand on la place sur le feu après l'avoir bouchée. » Il parle tout simplement de châtaignes « dont l'éclat n'a d'estonnement que pour les enfans ; » et s'il nous dit que « l'effect de la raréfaction de l'eau a de quoy espouvanter les plus asseurés hommes, » il a soin d'ajouter « en l'accident des tremblemens de terre, » complément explicatif qui ramène le fait à sa véritable expression. Et convenez que cet *accident des tremblements de terre* et cette *furie des*

Louis Figuier

châtaignes sont bien faits pour réduire à sa juste valeur la prétendue découverte du précepteur de Louis XIII et pour affaiblir ses droits à la reconnaissance de la postérité.

Ainsi, jusqu'à la fin du xvie siècle, aucune notion ne fut acquise concernant l'application des effets mécaniques de la vapeur d'eau. Ce fait ne surprend point quand on se rappelle que toutes les connaissances que nous résumons aujourd'hui sous le nom de Physique, étaient enveloppées, à cette époque, de l'obscurité la plus profonde. La création de la physique pouvait seule apporter les faits précis qui devaient servir de point de départ à la découverte des effets mécaniques de la vapeur d'eau et déterminer son emploi comme force motrice.

CHAPITRE II

CRÉATION DE LA MÉTHODE SCIENTIFIQUE. — BACON, DESCARTES ET GALILÉE. — SALOMON DE CAUS, SA VIE ET SES ÉCRITS. SA PRÉTENDUE DÉCOUVERTE DE LA MACHINE À VAPEUR.

C'est de la fin du xvie siècle que date la création de la physique moderne.

Les sciences, qui avaient brillé d'un vif éclat dans le vaste empire des Arabes, avaient disparu avec eux. Leur flambeau s'était éteint dans l'Europe du moyen âge. Après cette époque, quelques hommes de génie, Paracelse, Ramus, Cardan, Gessner, Agricola, Tycho-Brahé, Copernic, avait fait briller, par leurs travaux, les vrais principes de la philosophie naturelle. Mais ces premiers efforts étaient restés stériles.

Cependant la réformation religieuse accomplie par Luther avait fondé la liberté de conscience ; les premières lueurs de l'émancipation politique commençaient à se lever sur les nations de l'Europe : une transformation semblable ne tarda pas à s'opérer dans les sciences, et compléta la révolution salutaire qui devait mettre l'humanité en possession de ses droits. C'est alors qu'apparaissent à la fois sur la scène du monde, trois hommes destinés à jeter les bases de l'édifice nouveau des connaissances humaines. Bacon en Angleterre, Descartes en France, et Galilée en Italie, sont les auteurs de cette révolution mémorable. Divers de pays, d'esprit et de caractère, ils attaquent, selon les formes et les aptitudes particulières de leur génie, l'échafaudage antique des doctrines scolastiques qui asservissaient l'esprit humain. Leurs hardis et salutaires efforts le renversent à jamais, et élèvent sur ses débris une philosophie nouvelle. Donnant le précepte et l'exemple, ils enseignent au monde la véritable méthode à suivre dans les recherches scientifiques, et marquent par leurs découvertes, les premiers pas de la science naissante.

Fig. 6. — Descartes.

Louis Figuier

La révolution scientifique accomplie par les préceptes de Bacon, les découvertes de Galilée et les écrits de Descartes, embrasse une période bien tranchée. Commencée dans les dernières années du XVIe siècle, à l'époque des premiers travaux de Galilée, elle se termine vers le milieu du siècle suivant, en 1642, à la mort de ce savant. C'est seulement alors que le triomphe de la philosophie nouvelle est définitivement établi, et que la science, fondée désormais sur une base inébranlable, peut marcher sans entraves dans les voies de la vérité. Mais, pendant l'intervalle d'un demi-siècle que cette période mesure, la science a péniblement à lutter contre les restes de l'esprit philosophique du passé, et elle n'est pas toujours victorieuse. Pendant longtemps encore l'ombre des vieilles erreurs enveloppe les conceptions des savants. Une métaphysique obscure embarrasse les théories de la science ; les idées religieuses et morales continuent à se mêler aux explications physiques. On raisonne sur le plein et le vide, sur les qualités essentielles et sur les qualités accidentelles des corps. On disserte sur le sec et l'humide, sur le nombre et les propriétés des éléments ; on s'obstine à discuter stérilement l'essence intime des phénomènes. On élève des hypothèses sans fin sur la nature du feu, sur la mixtion des éléments. On prête à la nature des affections morales ; on se perd, en un mot, dans la vaine subtilité des théories de la scolastique. Aussi l'expérience est-elle à peine invoquée, et quand on essaye d'y recourir, c'est toujours sur des sujets puérils que va s'exercer l'imagination des physiciens. On entreprend des recherches mécaniques pour expliquer les sons de la statue de Memnon, le jeu mystérieux de l'orgue du pape Sylvestre, ou le vol de la colombe d'Architas ; on écrit des volumes pour découvrir les causes de la dissolution du veau d'or, ou pour savoir combien de milliers d'anges pourraient tenir, sans être pressés, sur la pointe d'une aiguille.

C'est au milieu de cette période de l'histoire des sciences, lorsque la physique n'existait pas encore, que tous les écrivains se sont accordés jusqu'ici à placer la découverte de la machine à vapeur.

En France, c'est à Salomon de Caus, architecte et ingénieur obscur, qui a écrit, en 1615, son livre *les Raisons des forces mouvantes*, que l'on a décerné l'honneur de cette invention. Il n'y a qu'une voix en Angleterre pour l'attribuer au marquis de Worcester, politique brouillon et mécanicien contestable, qui vivait sous les derniers

Stuarts. Enfin les écrivains italiens revendiquent pour leur pays la première invention de la machine à feu, en invoquant, à ce sujet, les titres du physicien Porta, qui écrivait en 1605, ou ceux de l'architecte Giovanni Branca, qui a publié à Rome, en 1629, un ouvrage sur les machines.

Dans une histoire sérieuse de la machine à vapeur, tous ces noms devraient être écartés. On ne peut avoir songé à construire une machine ayant pour principe la force élastique de la vapeur d'eau, à une époque où l'on confondait avec l'air atmosphérique les fluides qui se dégagent des liquides en ébullition ; quand on ne possédait, sur les effets mécaniques de la vapeur, que ces notions confuses, acquises depuis des siècles par l'observation vulgaire, et ne se liant à aucune vue théorique ; lorsque les principales lois de l'hydrostatique étaient encore un mystère, lorsque les premiers linéaments de la physique générale étaient à peine tracés. Cependant, comme l'opinion contraire, établie sur l'autorité des noms les plus considérables de la science, a joui longtemps d'un grand crédit, nous sommes tenu de l'examiner avec attention.

Fig. 7. — Galilée.

Les raisons des forces mouvantes avec diverses machines tant utiles que plaisantes, ausquelles sont adjoints plusieurs desseings de grotes et fontaines, par Salomon de Caus, *ingénieur et architecte de Son Altesse Palatine électorale*, tel est le titre de l'ouvrage qui renferme, dit-on, la description de la première machine à vapeur connue.

M. Baillet, inspecteur des mines, est le premier qui, au commencement de notre siècle, ait signalé, dans le livre, profondément inconnu jusque-là, de Salomon de Caus, un théorème relatif à l'action mécanique de l'eau échauffée, et qui ait prétendu trouver dans les dix lignes de ce théorème l'idée de lamachine à vapeur [10]. L'étrange procédé historique qui consiste à décerner à quelque écrivain obscur l'honneur de l'une des grandes inventions modernes, sans tenir aucun compte de l'état de la science à son époque, n'avait jamais été couronné d'un succès plus complet. Dans sa *Notice sur la machine à vapeur*, publiée pour la première fois en 1828, dans l'*Annuaire du Bureau des longitudes*, Arago adopta et développa l'opinion émise par Baillet. Appuyée sur l'autorité de l'illustre secrétaire de l'Académie des sciences, elle fut promptement admise, et le pauvre ingénieur normand, qui ne s'attendait guère à tant d'honneur, fut ainsi proclamé, d'un accord unanime, l'inventeur de la machine à feu.

Laubardemont disait, au XVIIe siècle, qu'avec dix lignes de l'écriture d'un homme, il se chargeait de le faire pendre. Notre siècle, plus généreux, avec dix lignes ramassées dans le livre inconnu d'un écrivain obscur, voue sa mémoire à l'immortalité. Cependant de tels arrêts sont susceptibles de révision, et, en ce qui concerne Salomon de Caus, c'est une tâche que nous essayerons de remplir.

Il est difficile de juger les écrits d'un savant sans connaître les principaux événements de sa vie. Donnons, en conséquence, quelques détails sur Salomon de Caus, autant qu'il est permis de fournir des renseignements positifs sur un modeste ingénieur du XVIIe siècle, à peu près ignoré de ses contemporains, et dont la gloire posthume ne devait briller que deux siècles après sa mort.

Le nom de Salomon de Caus n'est cité dans aucun des ouvrages biographiques de son temps, c'est à ses propres écrits qu'il faut emprunter les particularités qui le concernent. Salomon de Caus naquit en 1576. Il était sans doute originaire de Normandie, car un de ses parents, Isaac de Caus, qui publia, quelque temps après lui, un ouvrage d'hydraulique, prend le titre de *Dieppois*. Dans la préface de l'un de ses écrits, Salomon de Caus nous apprend lui-même que les sciences et les arts l'occupèrent dès sa jeunesse. Il étudiait la peinture, les langues anciennes et les mathématiques. Porté vers la mécanique par un goût particulier, il s'appliqua de bonne heure à cette science. Ensuite, comme tous les artistes de son époque, il voyagea pour perfectionner ses connaissances. Il se rendit d'abord en Italie, où il séjourna quelque temps. Il passa de là en Angleterre, et réussit à entrer dans la maison du prince de Galles ; il fut attaché comme maître de dessin à la princesse Élisabeth. Le prince de Galles ayant confié à l'artiste français le soin de décorer les jardins de son palais, Salomon de Caus peupla de groupes mythologiques les jardins de Richmond. Tout le personnel de l'Olympe figurait dans les décorations de cette résidence célèbre ; des machines hydrauliques faisaient jaillir les eaux au milieu de ces statues allégoriques.

Cependant la princesse Élisabeth, ayant épousé, en 1613, le duc de Bavière, Frédéric V, se disposait à partir pour l'Allemagne ; elle consentit à emmener avec elle son maître de dessin en qualité d'ingénieur et d'architecte.

Fig. 5. — Salomon de Caus dirige la création des jardins d'Heidelberg.

Louis Figuier

Dès son arrivée en Allemagne, Salomon de Caus fut chargé de diriger la construction des bâtiments nouveaux que le duc de Bavière se proposait d'ajouter à son palais de Heidelberg. Il fallait entourer de jardins le nouveau palais ; on livra à l'architecte une sorte de fourré sauvage, le *Friesenberg*, montagne inculte, hérissée de rochers nus et creusée de profonds ravins. L'art changea promptement la face de ces lieux abandonnés. La montagne fut remuée de fond en comble, et bientôt, sur l'emplacement de ce site désert, on vit s'élever de beaux jardins tout remplis d'ombre et de fraîcheur, ornés de maisons de plaisance, décorés d'arcs de triomphe et de portiques, égayés, suivant l'heureux style de cette époque, de fontaines jaillissantes et de grottes rocailleuses. Les délicieux jardins du palais de Heidelberg, qui ont été décrits dans un volume in-folio publié à Francfort en 1620, sous le titre de *Hortus Palatinus*, ont fait l'admiration de l'Allemagne jusqu'à l'époque où ils furent détruits pendant l'un des siéges, suivis de pillage, qui désolèrent Heidelderg de 1622 à 1688.

C'est pendant le cours de ces derniers travaux, lorsqu'il dirigeait la construction des jardins de Heidelberg, que Salomon de Caus publia, chez Jean Norton, libraire anglais établi à Francfort, son ouvrage sur les *Forces mouvantes*. Après la dédicace, adressée *au roi très-chrétien* (Louis XIII), vient une poésie laudative, due à la plume d'un certain Jean Le Maire, peintre et bel esprit du temps. Un acrostiche du poëte sur le nom de Salomon de Caus nous apprend que l'auteur de cet ouvrage n'était encore qu'en son *printemps*.

Salomon de Caus fit paraître, la même année, un traité sur la musique, intitulé : *Institution harmonique divisée en deux parties : en la première sont montrées les proportions des intervalles harmoniques, et en la deuxième les compositions d'icelles*. Dans la préface de cet ouvrage, dédiée *à la très-illustre et vertueuse dame Anne, royne de la Grande-Bretagne*, l'auteur entreprend une dissertation historique pour prouver l'excellence de la musique, et il invoque l'histoire sacrée et l'histoire profane pour établir l'utilité de cet art, qui, selon lui, « *doit être colloqué au-dessus de toutes les sciences humaines.* » Entre autres preuves des bons effets de la musique, il nous apprend que « *la pudicité de Clitemnestre, femme d'Agamemnon, fut conservée aussi longtemps qu'un certain musicien dorien demeura avec elle.* »

Cependant l'ingénieur normand en était arrivé à son automne. Il avait quarante-sept ans, et depuis dix ans il résidait chez le palatin de Bavière. Le désir de revoir son pays, abandonné depuis sa jeunesse, ou la mobilité de son humeur, le décida à se séparer du prince. Il revint en France en 1623 et y vécut de son double métier d'ingénieur et d'architecte.

Il paraît, d'après un document que nous aurons à citer plus loin, que Salomon de Caus fut attaché par Louis XIII, aux travaux que le roi faisait exécuter dans sa capitale.

Fig. 8. — Salomon de Caus.

Salomon de Caus publia à Paris, en 1624, un ouvrage qui a pour titre : *la Practique et la démonstration des horloges solaires, avec un discours sur les proportions*. Ce dernier livre est dédié au cardinal de Richelieu.

À cela se bornent tous les renseignements que l'histoire a pu recueillir sur Salomon de Caus. La galerie d'antiquités de la ville de

Heidelberg conserve son portrait peint sur bois, à la date de 1619. C'est un *fac-simile* de ce tableau que nous donnons dans la gravure qui représente le portrait de Salomon de Caus. Sa vie est racontée succinctement à l'envers du panneau : on y fixe à l'année 1630 la date de sa mort.

Un document authentique nous permet de rectifier la date assignée ici à la mort de Salomon de Caus.

M. Ch. Read, chef de section à la Préfecture de la Seine, a trouvé dans un des *registres d'enterrement des protestants de Paris*, conservés au greffe du Palais de justice, l'acte d'inhumation de Salomon de Caus. Cet acte, qui prouve, en même temps, que Salomon de Caus était huguenot, a été communiqué à l'Académie des sciences de Paris, le 28 juillet 1862. Il est ainsi conçu : « *Salomon de Caulx, ingénieur du roy, a été enterré à la Trinité, le samedi, dernier jour de février 1626, assisté de deux archers du guet.* »

Ainsi Salomon de Caus est mort à Paris, dans l'exercice des fonctions d'ingénieur pour les travaux commandés par le roi. Il fut enterré au cimetière de la Trinité. Ce cimetière occupait l'emplacement actuel du passage Basfour, à l'endroit même où passe aujourd'hui la rue de Palestro [11].

Au milieu des simples événements de cette vie paisible, partagée entre la culture des beaux-arts et les devoirs d'une profession libérale, il est difficile de reconnaître le savant que l'on a coutume de nous représenter comme devançant son époque, et devinant, deux siècles avant nous, les applications mécaniques de la vapeur. L'obscur ingénieur qui passa ignoré de ses contemporains et de ses successeurs, est loin de répondre à ce personnage de génie dont le type convenu semble déjà être acquis à l'histoire. Examinons maintenant les passages de ses écrits que l'on a invoqués pour lui attribuer la découverte de la machine à vapeur.

L'ouvrage de Salomon de Caus, *les Raisons des forces mouvantes*, se compose de trois livres, qui ont pour titres, le premier : *les Raisons des forces mouvantes* ; le second : *Desseings des grottes et fontaines propres pour l'ornement des palais, maisons de plaisance et jardins* ; et le troisième : *Fabrique des orgues*. C'est dans le premier livre, *les Raisons des forces mouvantes*, que se trouve l'article relatif à la vapeur d'eau.

Le titre de cet ouvrage pourrait faire croire qu'il est consacré tout entier à l'étude des forces qui mettent en jeu les machines. Cependant il ne renferme que six pages relatives à l'équilibre de la balance, du levier, de la poulie, des roues à pignons dentelés et de la vis ; le reste est consacré à la description de diverses machines hydrauliques propres à l'élévation des eaux. Vient ensuite l'exposition des moyens à employer pour construire des grottes artificielles, des fontaines rustiques et des cabinets de verdure pour l'ornement des jardins. Le troisième livre est un traité pratique assez complet de la fabrication des orgues d'église.

Donnons une idée des matières contenues dans le premier livre.

Dans un court préambule, l'auteur, suivant les principes de la physique de son temps, annonce qu'il se propose de définir les quatre éléments des corps, parce que tous les effets des machines se rapportent à ces éléments. Comme la définition de l'air contient *une ligne* que l'on invoque quelquefois en faveur de Salomon de Caus, nous citerons textuellement le passage qui la renferme.

« *Définition première.* — Le feu, dit Salomon de Caus, est un élément lumineux, *chaud*, *très-sec* et très-léger, lequel par sa chaleur fait grande violence.

« Il y a deux espèces de feu, l'un élémentaire, lequel je crois être la chaleur du soleil, car tout autre feu ou la chaleur est sujet à nourriture ; la seconde espèce de feu est le matériel, lequel est dit ainsi, à cause qu'il est nourri et maintenu de matière corporelle, laquelle matière venant à faillir, faut aussi la chaleur : quant à ce qu'il est dit lumineux, c'est à cause du soleil qui est la vraie lumière naturelle, et mesmement la lumière artificielle procède du feu matériel… ; et quant à la violence du feu, la plus grande procède de feu matériel. Chacun sait le dommage qu'il fait où il se met ; soit par accident ou entreprise délibérée. En Sicile, le feu s'est mis dans la cavité du mont Gibella, autrement dit Ætna, lequel brûle il y a fort longtemps ; toutefois il y a apparence que ce feu prendra fin, quand toute la matière sulfurée qui l'entretient finira. La violence aussi de plusieurs inventions de machines de guerre est admirable, lesquelles se font avec la poudre à canon. Ainsi le feu matériel nous sert aussi bien à faire du mal comme du bien, et quant au feu élémentaire, il y a aucunes machines en ce livre, lesquelles ont mouvement par le moyen d'iceluy, comme l'élévation des eaux dormantes et autres machines suivantes icelles non démontrées par cy-devant. »

Après cette singulière définition du feu, qui peut donner une juste idée de la force de ses raisonnements et de ses vues, Salomon de Caus passe à la définition de l'air.

« L'air, dit-il, est un élément froid, sec et léger, lequel se peut presser et se rendre fort violent...

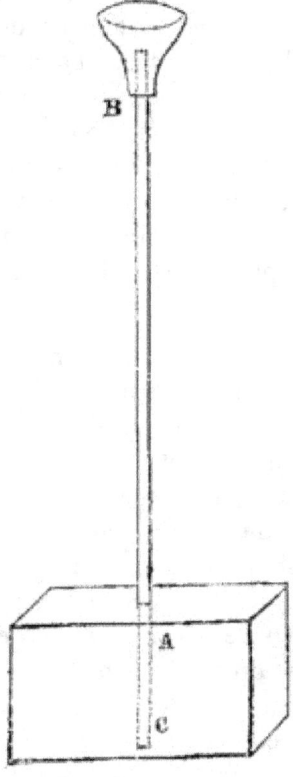

Fig. 9. L'air est aussi dit léger, car quelque quantité qu'il y ait d'air dans un vaisseau, il n'en sera plus pesant ; et quant à ce qui est dit ici qu'il se peut presser, j'en donnerai ici un exemple : Soit un vaisseau de plomb ou cuivre bien clos et soudé tout à l'entour, marqué A, auquel il y aura un tuyau marqué BC duquel le bout C approchera près du fond dudit vaisseau d'environ un pouce, et au

bout B, il y a un petit récipient (entonnoir) pour recevoir l'eau, laquelle verserez dans ledit récipient, et de là descendra au vaisseau, et d'autant que l'air qui est au dedans ledit vaisseau ne peut sortir, et qu'il faut qu'il y ait quelque place, on ne pourra emplir ledit vaisseau, et si le tuyau BC est haut de dix ou douze pieds, il y entrera environ jusqu'au tiers d'eau, tellement que l'air se pressant, causera une compression, et fera même enfler le vaisseau, s'il n'est fort épais, ce qui démontre que l'air se presse, et que cette compression fait violence, comme il se pourra voir en diverses machines en ce livre. Mais la violence sera grande quand l'eau s'exhale en air par le moyen du feu et que ledit air est enclos, comme par exemple, soit une balle (ballon) de cuivre d'un pied ou deux de diamètre, et épaisse d'un pouce, laquelle sera remplie d'eau par un petit trou, lequel sera bouché bien fort après avec un clou, en sorte que l'eau ni l'air n'en puissent sortir ; il est certain que si l'on met ladite balle sur un grand feu, en sorte qu'elle devienne fort chaude, qu'il se fera une *compression* si*violente* que la balle crèvera en pièces, avec bruit semblable à un pétard. »

La lecture du texte original de Salomon de Caus suffit pour rectifier l'interprétation inexacte que l'on a faite de ce passage. On voit que la première expérience qu'il rapporte n'a d'autre but que de démontrer la compressibilité de l'air, et de manifester l'un des effets mécaniques auxquels donne naissance l'air comprimé. L'air condensé dans la partie supérieure du vase AC par l'eau que l'on verse dans ce vase, s'oppose, par sa pression, à ce que l'eau vienne occuper toute sa capacité. La seconde expérience n'est destinée qu'à montrer les effets de la compression de l'*air échauffé* et non de la vapeur, comme on l'a si souvent avancé. Salomon de Caus nous apprend que, par l'effet de la pression de l'eau *exhalée en air*, un ballon de cuivre peut éclater en mille pièces. Cette phrase : « *La violence sera grande quand l'eau s'exhale en air par le moyen du feu,* » si souvent invoquée en faveur de Salomon de Caus, prouve seulement qu'il connaissait le fait vulgaire d'un vase métallique rempli d'eau, hermétiquement bouché, et qui éclate par l'action de la chaleur. Mais ce fait était depuis longtemps connu ; on le trouve cité dans plusieurs écrits des alchimistes, et Salomon de Caus se borne à le reproduire, sans se douter de la véritable cause du phénomène ; il n'y voit autre chose que l'effet de l'air engendré par la chaleur et agissant sur l'eau dans un espace fermé.

Après ces définitions, Salomon de Caus passe à l'exposition de divers théorèmes. Le premier est ainsi formulé : « *Les parties des éléments se mêlent ensemble pour un temps, puis chacun retourne à son lieu.* » L'auteur rappelle d'abord que tous les corps de la nature sont « composés et mixtionnés d'éléments…, comme, par exemple, le bois et toute autre chose que la terre procure sont mixtionnés du sec et de l'humide. » Dans le développement de ce théorème, qui est loin d'être toujours intelligible, l'auteur se propose de montrer qu'après la décomposition d'un corps par l'action de la chaleur, chacun de ses éléments *retourne en son lieu*, « comme, par exemple, le bois se détruit par le moyen de la chaleur, l'humidité s'évapore en haut, par extraction que fait la chaleur. Laquelle vapeur, venant à monter avec la chaleur jusqu'à la moyenne région, se quittent l'un l'autre, puis chacun retourne en son lieu, l'humidité retombant sur la terre, qui est ce que nous appelons pluie [12]. » Il donne à l'appui de ce fait une expérience confusément exposée, qui ne saurait réussir telle qu'il l'indique, et qui prouve qu'une certaine quantité d'eau évaporée par la chaleur *retourne en eau* en produisant la même quantité de liquide.

Le théorème II des *Raisons des forces mouvantes* est consacré à discuter le principe du plein universel, thème favori de la physique du moyen âge. Il est ainsi conçu : « *Il n'y a rien à nous cognu de vide.* »

Dans les théorèmes suivants, l'auteur arrive aux divers moyens pour « *élever l'eau plus haut que son niveau.* »

Les quatre moyens que Salomon de Caus indique comme propres à élever l'eau sont : 1° le siphon, dans lequel l'eau monte d'abord au-dessus de son niveau dans la branche ascendante, pour s'écouler plus bas que son niveau dans la branche descendante ; 2° la capillarité des tissus de laine ou de coton ; 3° la compression de l'air, comme dans la fontaine de Héron, « *laquelle*, dit-il, *est une invention fort gentille et subtile ;* » 4° la vis d'Archimède, « *de quoi parle Diodore, Sicilien, et dit qu'Égypte a été asséchée par la vis d'Archimède. Vitruve aussi en fait mention, comme aussi fait Cardan, et dit qu'un de Rubeis, Milanais, pensant être le premier inventeur de cette machine, en devint fou de joie.* »

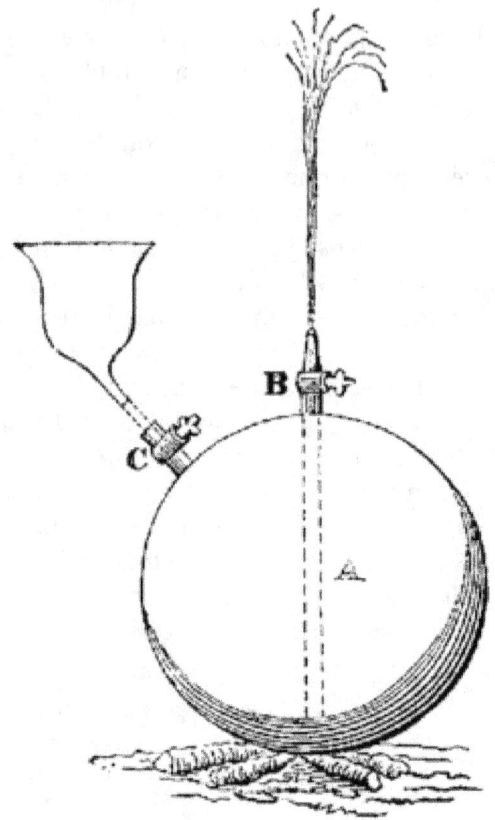

Fig. 10. Voici enfin le dernier moyen d'élever l'eau, sur lequel on fait reposer la gloire de Salomon de Caus :

« L'eau montera, par aide du feu, plus haut que son niveau.

« Le troisième moyen de faire monter l'eau est par l'aide du feu, dont il peut faire diverses machines ; j'en donnerai ici la démonstration d'une.

« Soit une balle de cuivre marquée A, bien soudée tout à l'entour, à laquelle il y aura un soupirail marqué C, par où l'on mettra l'eau, et aussi un tuyau marqué AB, qui sera soudé en haut de la balle, et dont le bout approchera près du fond sans y toucher ; après faut emplir ladite balle d'eau par le soupirail, puis le bien reboucher et le mettre sur le feu : alors la chaleur donnant contre ladite balle, fera monter toute l'eau par le tuyau AB [13]. »

Tel est l'appareil qui, selon Arago, « est une véritable machine à vapeur propre à opérer des épuisements [14]. » Il nous est impossible de partager cette opinion.

L'appareil décrit par Salomon de Caus ne peut servir qu'à l'*épuisement* de l'eau contenue dans le ballon A. Pour en élever davantage, il faudrait qu'il existât un moyen d'introduire dans ce ballon une nouvelle quantité d'eau, après la sortie de la première. Salomon de Caus ne donne aucune indication sous ce rapport. Il dit formellement, au contraire, qu'il faut « remplir ladite balle par le soupirail C, puis le *bien reboucher*. » Sans doute, si l'on ajoutait au robinet C un tube plongeant dans un réservoir d'eau froide, le vide, se faisant dans l'intérieur du ballon par l'effet de la sortie du liquide, appellerait, par aspiration, une quantité d'eau à peu près égale à celle qui a disparu, et celle-ci s'élèverait à son tour après s'être échauffée. On obtiendrait de cette manière une sorte d'appareil intermittent, qui pourrait servir à opérer l'épuisement d'une certaine masse d'eau, à la condition toutefois d'élever l'eau chaude et de perdre par conséquent une quantité considérable de calorique. Mais Salomon de Caus ne propose rien de semblable, et la raison en est bien simple : il ne songeait nullement à construire une machine. Le petit appareil qu'il décrit est un objet de pure démonstration, une simple expérience de physique ; c'est dans l'article consacré aux théorèmes et non dans le chapitre des machines, que se trouve sa description.

Aussi, lorsque Arago nous parle plus loin, d'un ouvrier qui, dans la machine de Salomon de Caus, est chargé de remplacer l'eau expulsée, à l'aide d'un orifice qui s'ouvre et se ferme à volonté [15], il prête à l'auteur une pensée qui n'entra jamais dans son esprit. Si Salomon de Caus avait voulu présenter cet appareil comme une machine de son invention, il n'eût pas manqué de donner à sa description tous les développements nécessaires. Salomon de Caus nous fait connaître, en effet, dans la suite de son ouvrage, diverses petites machines qu'il a inventées, entre autres, une *machine fort subtile par laquelle on pourra faire élever une eau dormante au moyen des rayons solaires ;* il ne manque pas alors de décrire minutieusement le mécanisme de cet appareil, la situation des soupapes, la disposition des tubes, le nombre des bassins et des citernes ; en un mot, tout ce qui intéresse le jeu de sa machine.

Arago, revenant, dans son *Éloge de Watt*, sur l'ouvrage de Salomon de Caus, a dit :

« Je ne saurais accorder que celui-là n'ait rien fait d'utile, qui, réfléchissant sur l'énorme ressort de la vapeur d'eau fortement échauffée, vit le premier qu'elle pourrait servir à élever de grandes masses de ce liquide à toutes les hauteurs imaginables. Je ne puis admettre qu'il ne soit dû aucun souvenir à l'ingénieur qui, le premier aussi, décrivit une machine propre à réaliser de pareils effets… L'appareil de Salomon de Caus, cette enveloppe métallique où l'on crée une force motrice presque indéfinie à l'aide d'un fagot et d'une allumette, figurera toujours noblement dans l'histoire de la machine à vapeur [16]. »

Nous avons fait connaître les idées inexactes professées par Salomon de Caus et par tous les physiciens de son temps, sur le phénomène de la vaporisation des liquides. Il nous semble donc difficile qu'il ait jamais pu réfléchir sur l'énorme ressort de la « vapeur d'eau fortement chauffée. » Entre la phrase si simple de Salomon de Caus : « la chaleur donnant contre ladite balle fait monter toute l'eau par le tuyau AB, » et cet « énorme ressort de la vapeur d'eau, » dont parle Arago, il y a un intervalle assez difficile à combler. Quant « à élever de grandes masses de liquide à toutes les hauteurs imaginables, » il nous semble que c'est encore ajouter beaucoup à la pensée de l'auteur, qui ne parle que de faire monter l'eau au-dessus de son niveau, hauteur que l'on peut imaginer sans trop de peine.

Il ne sera pas inutile de faire remarquer, en passant, que la découverte de ce nouveau moyen d'élever l'eau était loin d'appartenir à Salomon de Caus.

Dans une traduction italienne de l'ouvrage latin du physicien napolitain Porta, *Pneumaticorum libri tres*, publiée en 1601, on trouve la description d'un petit appareil qui a pour but de déterminer en combien de parties d'air peut se transformer une partie d'eau (*per sapere una parte di acqua in quanto di aria si risolve*). Porta détermine en combien de parties d'air se transforme une partie d'eau, en se servant de la pression qu'exerce de la vapeur d'eau sur de l'eau liquide contenue dans un petit réservoir. Or, ce moyen d'élever l'eau en exerçant sur elle une pression par l'effet de la chaleur, Porta est loin de le décrire comme une invention qui lui appartienne. Il était, en effet, connu bien longtemps avant lui, et dans l'ouvrage de Héron on trouve plus de vingt appareils fondés sur ce principe, dont la cause seulement échappait aux physiciens de cette époque. Aussi Porta est-il loin de s'attribuer la première observation de ce fait : il le prend dans le courant des opinions communes, et le présente avec simplicité, comme un moyen d'établir par l'expérience une vérité qu'il recherche.

On ne peut donc admettre, avec Arago, que Salomon de Caus ait fait le premier une observation de ce genre.

Nous ne pouvons reconnaître davantage que l'ingénieur normand ait eu la pensée de présenter son appareil comme créant « une force motrice presque indéfinie. » Salomon de Caus est bien loin d'élever des prétentions aussi hautes. Le petit appareil qu'il décrit, il le met sur la ligne du siphon, de la fontaine de Héron et même des tissus humectés. Que pensez-vous des effets d'une machine destinée à rivaliser avec la capillarité des tissus ? Certes, si Salomon de Caus avait eu le projet qu'on lui prête, s'il avait voulu présenter son appareil comme susceptible de créer une force applicable aux travaux de l'industrie, le lieu était bien choisi de le déclarer nettement dans un livre sur les forces mouvantes. S'il avait eu quelque pensée de ce genre, il n'eût pas manqué de s'en exprimer clairement et formellement : il eût ainsi épargné aux historiens les épineux commentaires où il les a contraints de s'engager.

Ainsi Salomon de Caus trouva dans la science de son temps la notion vague, imparfaite et confuse, des effets mécaniques de la vapeur d'eau, effets que l'on n'avait pas encore réussi à distinguer de ceux de l'air échauffé. Il signala ce fait dans l'un de ses écrits, sans y ajouter plus d'importance qu'on ne le faisait à son époque, et sans songer un instant à l'appliquer à la construction d'une machine. Ce qui prouve qu'il n'ajoutait rien aux idées scientifiques de son temps, c'est que son ouvrage ne produisit aucune impression sur l'esprit de ses contemporains. Consulté seulement par quelques personnes de sa profession, le livre de l'architecte normand, qui traite, au même titre, des forces mouvantes, du dessin des grottes et fontaines et de la fabrication des orgues, occupa fort peu les physiciens. Le jésuite

Gaspard Sohott est le seul, qui, dans un ouvrage imprimé en 1657, sous le titre de *Mechanica hydraulico-pneumatica*, fasse mention du nom et de l'ouvrage de Salomon de Caus. Aucun autre auteur de son siècle n'a parlé de cet appareil, et son parent, Isaac de Caus, qui écrivit, quelques années après lui, un traité sur les moyens d'élever les eaux, ne cite pas même l'ouvrage de son homonyme.

Nous sommes donc contraint de rejeter l'opinion, universellement répandue, qui fait de Salomon de Caus un savant de premier ordre qui, par la force de son génie, devina, il y a deux siècles, la machine à vapeur moderne.

Nous sera-t-il permis d'ajouter, par forme de conclusion, qu'il serait bon, dans l'histoire des sciences, de se montrer sobre de ces types romanesques d'hommes de génie qui devancent leur époque, et qui, tout d'un coup, font briller la lumière aux yeux de leurs contemporains plongés dans la nuit de l'ignorance et des préjugés. Rarement un savant devance son époque. Appliquer les notions acquises de son temps, en déduire toutes les conséquences qu'elles renferment, cette tâche suffit à occuper son génie. Raisonner autrement, c'est introduire la fantaisie dans le domaine de l'histoire ; c'est donner une idée fausse de la marche ordinaire de l'esprit humain et des lois qui président à l'évolution de nos découvertes ; c'est enfin placer les esprits sur une pente dangereuse. En effet, quand un savant, raisonnant de bonne foi, a contribué à répandre dans le public un de ces préjugés, ce faux germe ne tarde pas à porter son fruit vicieux. On ne se fait pas scrupule de renchérir sur la donnée primitive, et sur la trame de cet épisode enjolivé de l'histoire scientifique, on se met à broder sans façon un chapitre de roman.

En ce qui touche Salomon de Caus, ce résultat ne s'est pas fait attendre.

Au mois de novembre 1834, quelques années après la publication de la Notice d'Arago sur la machine à vapeur, le *Musée des familles* publia une prétendue lettre, datée du 3 février 1641, adressée par Marion Delorme à Cinq-Mars. Cette femme trop célèbre, raconte, dans cette épître, les détails d'une visite qu'elle aurait faite à Bicêtre, en compagnie du marquis de Worcester. En traversant la cour des fous, Marion Delorme et le marquis de Worcester aperçoivent, derrière les barreaux de sa prison, un homme réduit à l'état de folie furieuse, qui ne cesse de crier à tous les visiteurs qu'il a fait une découverte admirable, consistant à faire marcher les voitures et les manéges par la seule force de l'eau bouillante. Le marquis de Worcester s'extasie sur l'infortune et sur le génie de cet homme, et Marion écrit le tout à Cinq-Mars en style badin.

Cette lettre, que nous nous dispensons de citer, était apocryphe. Elle avait été composée par M. Henry Berthoud (Sam), alors l'un des rédacteurs du *Musée des familles*, dans des circonstances qu'il n'est pas inutile de faire connaître.

Gavarni, chargé d'exécuter un dessin qui devait accompagner une nouvelle dans le *Musée des familles*, avait livré ce dessin trop tard ; de sorte que la nouvelle ayant paru, le dessin restait sans emploi. Pour l'utiliser, on pria M. Henry Berthoud de chercher un sujet littéraire, un texte explicatif applicable à cette gravure, et M. Henry Berthoud imagina alors la prétendue lettre de Marion Delorme dont nous parlons plus haut. Dans le dessin original de Gavarni, le fou n'était qu'un personnage de roman ; il devint un personnage historique, il devint Salomon de Caus, grâce au document supposé dont il fut accompagné dans le*Musée des familles*.

L'intention de M. Henry Berthoud était sans doute fort innocente ; mais elle devint funeste, grâce aux commentaires innombrables qu'elle suscita dans la foule des romanciers, des dramaturges et des peintres. C'était pour eux une bonne fortune inouïe, une veine inépuisable, que cette histoire d'un homme de génie mourant à l'hôpital, cet inventeur de la machine à vapeur enfermé, par ordre du roi, dans un cabanon de Bicêtre.

À l'exposition des Beaux-Arts tenue au Louvre, il y a trente ans, un tableau de Lecurieux attirait tous les regards. On y voyait Salomon de Caus, enfermé à Bicêtre, les yeux caves et la barbe hérissée, tendant ses mains suppliantes, à travers les barreaux de sa prison, au couple brillant de Marion Delorme et du marquis de Worcester.

Le peintre Auguste Glaize n'a pas manqué de faire figurer Salomon de Caus dans son tableau du *Pilori*, que l'on voyait à l'exposition universelle des Beaux-Arts en 1885, et qui a été reproduit par une lithographie remarquable.

CHAPITRE II

En 1857, le théâtre de l'Ambigu a joué un drame intitulé *Salomon de Caus*, où l'absurde légende du fou de Bicêtre était longuement développée, et dans lequel l'acteur Bignon s'en donnait à cœur joie.

Dans un ouvrage ayant pour titre les *Artisans illustres*, publié, en 1841, par MM. Ch. Dupin et Blanqui aîné, la même fable est reproduite, avec gravures et illustrations à l'appui (pages 80-84).

Dans un discours prononcé le 30 septembre 1865, à l'issue d'un grand banquet donné à Limoges, aux représentants de l'industrie de la porcelaine, un sénateur de l'Empire, M. le vicomte de la Guéronnière ramenait encore sur la scène le prétendu fou de Bicêtre.

« Dernièrement, dit l'honorable sénateur, je lisais une lettre curieuse d'une femme célèbre, quoique sa célébrité ne soit pas de bien bon aloi : Marion Delorme. Cette grande courtisane du xviie siècle, écrivant à son illustre et malheureux amant, Cinq-Mars, qui devait payer de sa tête la haine du cardinal de Richelieu, raconte qu'un jour, en traversant Bicêtre, elle aperçut à travers les barreaux d'une cellule, un vieillard qui portait empreintes sur son visage toutes les douleurs de la captivité, et qui criait aux passants : « Je ne suis pas fou ! J'ai fait une découverte qui doit changer le monde !... »

« Cette découverte, c'était l'emploi de la vapeur. Le cardinal de Richelieu, auquel il avait présenté son mémoire, n'avait pas voulu entendre parler de ce fou, et Salomon de Caus, raillé, torturé, mourait en effet dans les convulsions de la folie, coupable peut-être d'avoir devancé de deux siècles *la plus grande vérité de la science.* »

Le *Moniteur*, la *Presse* et les autres grands journaux ont reproduit, sans aucune remarque, ce passage du discours de M. de la Guéronnière.

Ainsi cette ridicule invention, chassée de l'histoire par les efforts d'écrivains sérieux, y rentrait par l'éloquence d'un discours sénatorial : *verba togata*. Il nous paraît utile de mettre en lumière cette erreur d'un de nos grands personnages, car elle montre quelles profondes racines a poussées dans tous les esprits la légende moderne de Salomon de Caus [17].

La croyance à cette légende a été longtemps si forte, si universelle, qu'en 1847, l'auteur lui-même de cette mystification, M. Henry

Berthoud, eut à soutenir à ce sujet, une lutte fort plaisante avec le journal *la Démocratie pacifique*, qui prétendait défendre envers et contre tous l'authenticité de la lettre de Marion Delorme. Ce phalanstérien entêté soutenait avoir vu l'original de la lettre. C'est alors que le coupable crut devoir confesser sa faute. En d'autres termes, M. H. Berthoud, pour réduire au silence son adversaire, se déclara l'auteur de cette « mystification innocente ».

Nous ne saurions mieux terminer ce chapitre qu'en citant une lettre de M. Ch. Read, qui complétera ce qui précède. Voici cette lettre, qui a paru dans le journal *le Constitutionnel* du 3 juillet 1864 :

« Par suite d'une fable ridicule inventée, il y a trente ans, par M. Henry Berthoud, et que le pinceau, le burin, le drame ont accréditée, une foule de gens croient fermement que Salomon de Caus a été une des victimes du cardinal de Richelieu, et qu'il est mort fou dans un cabanon de Bicêtre, en 1641. Un heureux hasard m'a fait découvrir, il y a quelque temps, dans la poussière du greffe de l'état civil, la preuve palpable de ce mensonge historique. Salomon de Caus, qui était huguenot, est mort à Paris, en fonctions d'ingénieur du roi, en 1626, et a été enterré le 28 février, au cimetière de la Trinité, à l'issue du passage Basfour, à l'endroit même où passe aujourd'hui la rue de Palestro. Au lieu d'être persécuté par Richelieu jusqu'à en devenir fou, l'auteur des *Raisons des forces mouvantes* paraît avoir éprouvé sa bienveillance, et il lui a dédié, en 1624, son traité des *Horloges solaires*.

« Trois ans plus tôt, en 1621, il avait proposé au roi Louis XIII « de donner ordre au nettoyement des boues et immondices » de sa bonne ville de Paris et aux faubourgs, « afin de la tenir plus nette que par le passé, » et cela par un système d'élévation d'eau et de fontaines qu'il se chargeait d'établir sur différens points indiqués. Le roi en son conseil renvoya la proposition au prévôt des marchands, et voici la délibération qui fut prise à ce sujet par le conseil de ville, telle que je l'ai relevée sur la minute même aux archives de l'État :

DÉLIBÉRATIONS DU BUREAU DE LA VILLE DE PARIS POUR L'AN
1621.

« Le prévôt des marchans et eschevins de la ville de Paris, qui ont veu les mémoires et propositions présentés au Roy et à nos seigneurs de son Conseil par SALOMOM DE CAULX, ingénieur de Sa Majesté, affin de luy estre faict bail, pour quarante ans, du nettoyement des boues de cette ville, moyennant la somme de soixante mil livres tournoys par an, qui est le prix que l'on en donne à présent, et vingt mil livres, aussi par an, de récompense ; en quoy faysant, il s'oblige de faire à ses frais et despens une eslévation de quarante poulces d'eaue à prendre dans la rivière, et la faire conduire en plusieurs endroits de la ville, sçavoir dans trois mois au cimetière Saint Jehan, trois mois après dans la rue Saint-Martin, trois mois après dans la rue Saint-Denys, et dans trois autres mois après dans la rue Saint-Honoré ; les dicts mémoires à nous renvoyés par nos dits seigneurs du Conseil, pour en donner avis à Sa Majesté.

« Remontrent à Sa Majesté et à nos dits seigneurs du conseil, qu'il est très-nécessaire de donner ordre au nettoyement des boues et immondices de cette dite ville et faulx bourgs, et rechercher touttes sortes d'inventions pour la tenir plus nette que par le passé ; et à ceste fin sont d'avis, sauf le bon plaisir de Sa Majesté et de nosdits seigneurs du Conseil, d'entendre aux propositions dudit DE CAULX, à charge expresse de faire à ses frais et despens des fontaines publiques par voyes en certains lieux de ceste dite ville, par où il fera passer lesdits quarente poulces d'eaue, à sçavoir : à la rue Saint-Antoine, proche la rue Sainte-Catherine, dans le cimetière Saint-Jehan, à la croix Saint-Jacques-de-la-Boucherie, à la rue aux Hours, à la rue de l'Homme-Armé, en haut de la rue Neuve-Saint-Médéricq, une près les Billettes, une près Saint-Jacques-de-l'Hôpital, à la place aux Chats, à la rue de Thelisy, au pont Alix, au coing de la rue du Coq et de Saint-Thomas, et trois dans la cousture du Temple et terres voisines commencées à bastir, et une près du Temple et Saint Martin, le tout pour la commodité du publicq. Lesquelles fontaines ledit DE CAULX sera tenu de nettoyer bien et duement toutes les boues et immondices qui en pourront estre escoulées, tant de ceste ville, faulx bourgs, que esgouts, et à ceste fin avoir par luy une grande quantité de chevaulx et tombereaulx, pour enlever et transporter touttes lesdites boues et immondices, qui ne pourront estre escoulées par lesdites eaux ; que doresnavant en puisse recepvoir les deniers destinés au payement dudit nettoyement, qu'il en rapporte certificat desdits Prevost des Marchands et Eschevins comme la ville sera nette et en bon estat. En quoy faysant, ils bailleront place audit DE CAULX proche la rivière, vers l'Arsenal ou ailleurs, qui sera jugé le plus proche pour faire le pavillon qu'il entend faire pour l'élévation desdits quarante poulces d'eaue.

Faict au bureau de la ville le mardy 31ᵉ jour de mars 1621.

Signé à la minute : D'AMOURS, DU BUISSON,

J. GOUJON.

« Ce document, que j'ai communiqué à M. Dumas, président du conseil municipal, et à M. le préfet, les a fort intéressés, et j'ai lieu d'espérer, qu'à défaut d'une fontaine, d'une statue, d'un buste, une inscription du moins sera bientôt placée à l'endroit où reposèrent les restes de Salomon de Caus.

« Agréez, etc.

« Charles READ. »

Après tous ces documents, après toutes ces explications, il faut espérer qu'une absurde légende cessera d'usurper le titre de fait historique, et que nous en aurons fini une fois pour toutes avec le roman de M. Henry Berthoud.

Fig. 11. — Salomon de Caus exerçant les fonctions d'ingénieur du roi dans la ville de Paris.

CHAPITRE III

LE PÈRE LEURECHON. — BRANCA. — L'ÉVÊQUE WILKINS. — LE PÈRE KIRCHER. — LE MARQUIS DE WORCESTER.

On a vu dans le précédent chapitre, que, pendant la période qui nous occupe, les physiciens ne possédaient sur la vaporisation des liquides, que quelques notions confuses, viciées par une interprétation théorique des plus inexactes, consistant à rapporter à l'air échauffé la plupart des phénomènes qui proviennent du ressort de la vapeur d'eau. Les faibles effets mécaniques que l'observation vulgaire avait révélés concernant la force élastique de la vapeur, n'étaient alors l'objet que d'applications insignifiantes ou ridicules. Si quelques doutes pouvaient subsister sur ce point, les faits qu'il nous reste à présenter seraient de nature à les dissiper.

Le Père Leurechon, jésuite lorrain, a publié en 1626, sous le titre de *Récréations mathématiques*, un ouvrage souvent réimprimé depuis, et qui donne un reflet fidèle de l'état des connaissances physiques et mécaniques au XVIIᵉ siècle. Le petit appareil connu sous le nom d'*éolipyle* fixait beaucoup l'attention des physiciens de cette époque. Le Père Leurechon va nous montrer quelles applications on imaginait alors d'en tirer.

« Les éolipyles, dit le Père Leurechon (Problème 75), sont des vases d'airain ou autre semblable matière qui puisse endurer le feu ; ils ont un petit trou fort étroit par lequel on les emplit d'eau, puis on les met devant le feu, et jusqu'à ce qu'ils s'échauffent on n'en voit aucun effet ; mais aussitôt que le chaud les pénètre, l'eau, venant à se raréfier, sort avec un sifflement impétueux et puissant à merveille… Quelques-uns font mettre dans ces soufflets un tuyau courbé à divers plis et replis, afin que le vent, qui roule avec impétuosité par dedans, imite le bruit d'un tonnerre. D'autres se contentent d'un simple tuyau dressé à plomb, un peu évasé par le haut, pour y mettre une petite boule qui sautille par-dessus fait à fait que les vapeurs sont poussées dehors. Finalement, quelques-uns appliquent auprès du trou des moulinets ou choses semblables, qui tournevirent par le mouvement des vapeurs, ou bien, par le moyen de deux ou trois tuyaux recourbés en dehors, font tourner une boule. »

Ces moulinets ou choses semblables qui tournevirent par le mouvement des vapeurs, nous allons les retrouver chez d'autres physiciens du XVIIe siècle : les applications puériles que l'on faisait alors des propriétés de la vapeur d'eau montreront suffisamment quel rôle jouaient, dans la science de cette époque, les notions relatives à la vapeur.

Giovanni Branca, architecte de l'église de Lorette, savant très-peu connu et qui n'a laissé que quelques ouvrages sur l'architecture et la mécanique, a publié à Rome, en 1629, sous le titre de *le Machine,* un recueil des principales machines connues de son temps. Branca n'est point l'inventeur des machines qu'il décrit : c'est seulement à la prière de ses amis qu'il fait, dit-il, cette publication, car il ne connaît point les noms des auteurs des différents appareils dessinés dans son ouvrage. Nous représentons dans la figure 12, d'après l'ouvrage de Giovanni Branca, une des machines que l'on invoque pour attribuer à ce savant une part dans l'invention de la machine à vapeur. C'est un éolipyle ainsi composé : Le buste d'une statue métallique creuse B est placé sur un brasier ; un trou, qui se ferme à vis, sert à introduire de l'eau dans ce buste : un tube C, adapté à sa bouche, lance la vapeur contre les augets d'une roue horizontale D. Celle-ci, au moyen d'une roue dentée E et d'un pignon HG, met en action deux pilons MN, OP, au moyen de deux petites *cames* K, E : « Ces pilons, dit Branca, broieront de la *poudre* ou toute autre matière que l'on voudra [18]. »

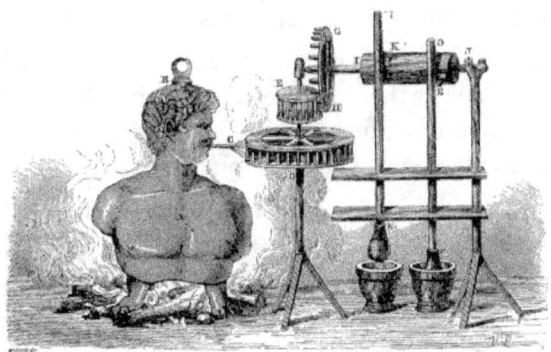

Fig. 12. — Éolipyle de Branca.

Il est à croire que cet appareil devait broyer *toute autre matière*, car l'existence d'un foyer à quelques pas de la poudre n'aurait pas été marquée au coin d'une prudence excessive.

« Je n'ai pas encore deviné, dit Arago, en parlant de l'appareil de Branca, d'après quelles analogies on a pu voir dans cet éolipyle le premier germe de la machine à vapeur employée de nos jours. »

La liaison serait en effet difficile à saisir. Le principe de la machine à vapeur moderne repose sur la force élastique de la vapeur d'eau contenue dans un espace fermé ; ici il s'agit, au contraire, du simple effet d'impulsion que produit un courant de vapeur. Un courant d'air chassé par un soufflet, et dirigé contre les augets de la roue, aurait produit un effet tout semblable.

Cette assimilation est tellement fondée, que Branca décrit, dans une autre partie de son livre, une machine analogue à la précédente, dans laquelle seulement l'action de la vapeur est remplacée par celle de l'air chaud. Une roue à augets, placée au sommet du tuyau d'une cheminée en activité, tourne par l'effet du courant d'air échauffé qui s'élève du foyer ; divers engrenages communiquent le mouvement de cette roue à un laminoir qui transforme des lames de métal en médailles ou en pièces de monnaie [19].

Cette insignifiante application de l'éolipyle, faite par l'architecte romain, est cependant revendiquée par Robert Stuart en faveur de l'un de ses compatriotes.

« L'ingénieux et savant évêque Wilkins est le premier auteur anglais, dit Robert Stuart, qui parle de la possibilité de faire mouvoir des machines par la force élastique de la vapeur [20]. »

Jean Wilkins, beau-frère de Cromwell et évêque de Chester, qui, malgré ses travaux de théologie, s'était rendu habile dans les sciences physiques et mathématiques, a publié sous le titre de *Mathematical Magic*, un ouvrage où il est dit quelques mots de l'éolipyle.

« On peut, dit l'évêque de Chester, employer les éolipyles de diverses manières, soit comme amusement, soit pour enfler et pousser des voiles attachées à une roue placée dans le coin d'une cheminée, au moyen de laquelle on peut faire tourner un tournebroche. »

Fig. 13. — Le Père Kircher.

Robert Stuart nous a déjà parlé d'un éolipyle appliqué, au xviᵉ siècle, à faire marcher un tournebroche. Il paraît qu'à cette époque l'emploi mécanique de la vapeur d'eau ne pouvait s'élever encore au-dessus de cet engin de cuisine.

Ainsi, jusqu'à la période à laquelle nous sommes parvenus, on connaît vaguement quelques-uns des effets mécaniques que peut exercer la vapeur d'eau. Mais là s'arrêtent toutes les notions. Les applications de ce fait sont à peu près nulles, car on ne s'en sert que pour la démonstration de principes erronés, ou pour faire manœuvrer des jouets d'enfant. Quant à la théorie du phénomène, on continue de professer à cet égard l'erreur de l'ancienne physique, c'est-à-dire la transformation de l'eau en air, par le fait de la chaleur. Nous avons vu Porta, Salomon de Caus et le Père Leurechon admettre cette théorie ; le Père Kircher va la formuler pour nous d'une manière plus explicite encore.

Le Père Kircher, dont l'esprit fécond et l'imagination active s'exerçaient sur toutes les branches de la science de son temps, a publié à Rome, en 1641, un ouvrage intitulé : *Magnes, sive de magneticâ arte*, dans lequel il décrit plusieurs de ces appareils curieux qu'il aime tant à faire connaître. L'un de ces appareils est un vase métallique allongé, contenant de l'eau à sa partie inférieure. Cette eau étant portée à l'ébullition, la vapeur s'introduit, à l'aide d'un tube, dans un vase supérieur, et par la pression qu'elle exerce sur de l'eau contenue dans ce vase, elle fait jaillir celle-ci par un ajutage. Rien de plus simple, on le voit, que le mécanisme de cet appareil. Or, voici comment le Père Kircher nous rend compte de ses effets :

« L'appareil étant ainsi préparé, si vous voulez qu'il chasse le liquide à une grande hauteur *par la force du feu*, placez le vase sur le feu après l'avoir rempli d'eau. L'*air de ce vase*, comprimé par la raréfaction et ne trouvant d'issue que par le tube, y passera avec violence et tentera de s'échapper dans le vase supérieur. Mais comme une autre liqueur occupe ce vase supérieur, maintenu dans un espace qu'il ne peut franchir, il entreprend une lutte terrible avec l'eau : il faut donc, ou que le vase soit rompu, ou que l'eau cède. Et comme cela est plus facile, l'eau cédant enfin à l'*effort violent de l'air raréfié*, s'élancera dans l'air avec une grande impétuosité par le tube, et fournira un coup d'œil agréable aux spectateurs. »

Ainsi le jeu de ce petit appareil, qui ne fonctionne que par la pression de la vapeur d'eau, était rapporté par Kircher à la seule action de l'air dilaté par la chaleur. On peut juger par là de la nature des idées théoriques qui régnaient chez les physiciens du XVIIe siècle, touchant le phénomène de la vaporisation des liquides.

Nous ne nous sommes guère attaché, depuis le commencement de cette notice, qu'à combattre les opinions communément admises sur l'origine de la machine à vapeur. Cependant nous n'en avons pas fini sur ce point, car nous n'avons rien dit encore de l'opinion qui rapporte cette découverte au marquis de Worcester.

Ce n'est pas un fait médiocrement curieux que l'obstination avec laquelle l'Angleterre persiste, depuis plus d'un siècle, à attribuer au marquis de Worcester la première idée des applications mécaniques de la vapeur. Interrogez au hasard un citoyen de la Grande-

Bretagne, dans l'atelier, dans la chaumière, dans le club, partout on vous dira que la machine à feu a été inventée par le marquis de Worcester, qui vivait au temps de Cromwell. Aucun auteur anglais ne saurait écrira dix lignes sur ce sujet, sans adresser, en passant, son hommage au noble inventeur. Les nombreux écrivains qui, dans des ouvrages spéciaux ou les encyclopédies, se sont occupés de cette question, tels que le docteur Robison, le docteur Rees, MM. Millington, Nicholson, Lardner, Alderson, Tredgold, Thomas Young, sont unanimes sur ce point. Presque tous prennent comme point de départ de l'histoire de la machine à vapeur les travaux de Worcester. M. Pardington, membre de l'*Institution royale de Londres*, dans une édition qu'il a donnée, en 1825, de l'ouvrage du marquis, décide « que Worcester est le premier qui ait découvert un moyen d'appliquer la vapeur comme agent mécanique ; invention qui suffirait seule pour immortaliser le siècle dans lequel il vivait. » C'est en vain qu'Arago, dans sa *Notice historique sur les machines à vapeur*, publiée pour la première fois en 1828, a fait justice des prétendus droits de Worcester ; les ouvrages anglais écrits postérieurement au travail de l'illustre académicien, reproduisent imperturbablement la même assertion, et les auteurs d'un ouvrage important, publié vers 1850, par une société de mécaniciens anglais (*Artisan club*), répètent avec assurance : « C'est sans aucun doute à la conception du marquis de Worcester qu'il faut rapporter l'origine des machines à vapeur susceptibles d'application. »

Pour justifier tant de ténacité dans la défense d'une opinion historique, il faut que les témoignages qui l'appuient soient d'une force peu commune. Voyons sur quels documents on la fonde.

Le marquis de Worcester publia à Londres, en 1663, un ouvrage intitulé :*Century of Inventions*, etc. (*Catalogue descriptif des noms de toutes les inventions que je puis me rappeler avoir faites ou perfectionnées, ayant perdu mes premières notes*). Ce livre, d'un style des plus obscurs, contient de très-courtes descriptions, et quelquefois la simple annonce, de cent machines, inventions ou découvertes que l'auteur s'attribue. Il s'exprime ainsi, dans sa*soixante-huitième invention* :

« J'ai inventé un moyen aussi admirable que puissant pour élever l'eau par le moyen du feu, non pas avec les secours de la pompe, parce que celle-ci n'agit, selon l'expression des philosophes, que*intra sphæram activitatis*, qui a très-peu d'étendue ; au contraire, cette nouvelle puissance n'a pas de bornes, si le vase est assez fort. J'ai pris une pièce de canon dont le bout était brisé. J'en ai rempli les trois quarts d'eau, j'ai bouché ensuite, et fermé à l'aide de vis le bout cassé ainsi que la lumière, et fait continuellement du feu sous le canon : au bout de vingt-quatre heures il éclata avec un grand bruit. *De sorte* qu'ayant trouvé une manière de construire solidement mes vases et de les remplir l'un après l'autre, j'ai vu l'eau jaillir comme un jet continuel à quarante pieds de hauteur. Un vase d'eau raréfiée par le feu en fait monter quarante d'eau froide. L'homme qui surveille le jeu de la machine n'a qu'à tourner deux robinets, afin qu'un vase d'eau étant épuisé, l'autre commence à forcer et à se remplir d'eau froide, et ainsi de suite, le feu étant constamment alimenté et soutenu, ce qu'une même personne peut faire aisément dans l'intervalle de temps où elle n'est pas occupée à tourner les robinets. »

Fig. 14. — Le marquis de Worcester fait éclater un canon par l'effet de la vapeur d'eau.

Le lecteur attend sans doute la suite de cet imbroglio ; mais cet imbroglio n'a pas de suite, et les lignes précédentes renferment tout ce que le marquis de Worcester a jamais écrit sur les applications de la vapeur. Maintenant, que l'on veuille bien peser avec soin tous les termes de cette description, et que l'on décide si l'on peut y trouver, nous ne disons pas l'idée d'une machine à vapeur, mais seulement un sens raisonnable. Tout ce qu'il est permis de comprendre à ce logographe, c'est que l'auteur a reconnu par expérience, qu'une pièce de canon remplie d'eau, et hermétiquement bouchée, peut éclater par l'action prolongée de la chaleur. Cette expérience est la seule que l'on puisse, l'histoire à la main, attribuer à Worcester, c'est pour cette raison que nous avons représenté dans la figure 14 qui accompagne cette partie de notre texte, le *marquis de Worcester faisant éclater une pièce de canon par l'effet de la vapeur d'eau.*

Il faut même nous empresser d'ajouter que le fait de l'explosion d'un vase quelle que soit la résistance qu'offrent ses parois, lorsqu'on le remplit d'eau et qu'on l'expose, après l'avoir bien bouché, à l'action de la chaleur, était depuis longtemps connu [21].

Quant à la description de la machine, que donne Worcester dans le passage que nous venons de citer, elle est de tous points inintelligible. Les savants et les mécaniciens anglais ont mis leur esprit à la torture pour représenter par le dessin, un appareil réunissant les conditions indiquées dans l'ouvrage de Worcester ; mais ils n'ont pu le faire qu'en y introduisant des éléments d'origine moderne. Toutes les machines que l'on a ainsi péniblement reconstruites, pour donner quelque vraisemblance aux assertions de Worcester, ont cela de fort curieux, que pas une ne ressemble à l'autre. Comment, en effet, tirer quelque chose de raisonnable d'une description faite en quatre lignes, et où tout se réduit à dire : « Un des vases étant épuisé, l'autre commence à *forcer et à se remplir d'eau froide.* » De tels documents ne se discutent pas : il suffit de les citer.

Malgré le parti pris des écrivains anglais, en ce qui touche les droits de leur compatriote, il s'est rencontré parmi eux, un savant assez ami de la vérité et du bon sens pour rendre à l'évidence un hommage d'autant plus louable qu'il n'a rencontré jusqu'ici que peu d'imitateurs. Robert Stuart, dans son *Histoire descriptive de la machine à vapeur*, s'exprime ainsi au sujet du marquis de Worcester :

« Le plus célèbre de tous ceux qui ont associé leurs noms à l'histoire de la machine à vapeur dans son enfance, est un marquis de Worcester, qui vivait sous le règne de Charles II. Cette célébrité paraîtra fort extraordinaire, si l'on se rappelle d'un côté le dédain avec lequel on accueillit de son vivant ses prétentions extravagantes à l'honneur de plusieurs découvertes, la brièveté étudiée, le vague et l'obscurité qu'il a mis dans les descriptions des machines sur lesquelles il fondait ses titres de gloire et ses demandes d'encouragement ; et de l'autre, en voyant cet hommage éclatant que notre siècle a décerné à son génie mécanique, hommage qui paraît être autant au-dessus de son mérite réel que l'injuste indifférence de ses contemporains était au-dessous de son talent.

« Ses droits, comme inventeur, ne reposent au reste que sur le compte qu'il rend lui-même de l'*utilité* et des *merveilleuses propriétés* de ses inventions ; c'est donc sur la réputation de loyauté et de sincérité du marquis que nous devons mesurer la confiance que méritent ses propres assertions. Mais cette réputation, si l'esquisse qu'un contemporain a tracée du marquis ressemble à l'original, ne nous permet pas de croire un seul mot des explications mensongères consignées dans l'ouvrage intitulé : *Century of Inventions*. « Le marquis de Worcester, dit Walpole, s'est montré sous deux caractères bien différents, savoir : comme homme public et comme auteur. Comme homme public, c'était un homme de parti ardent ; et comme auteur, c'était un mécanicien original et fertile en projets chimériques ; mais il était de bonne foi dans ses erreurs. Ayant été envoyé par le roi en Irlande, pour négocier avec les catholiques révoltés, il dépassa ses instructions et leur en substitua de son fait, que le roi désavoua, mais toutefois en le mettant à l'abri des conséquences fâcheuses que pouvait avoir son infidélité. Le roi, avec toute son affection pour le comte (il était alors comte de Glamorgan), rappelle dans deux de ses lettres son défaut de jugement. Peut-être Sa Majesté aimait-elle à se confier à son indiscrétion, car le comte en avait une forte dose. Nous le voyons prêter serment sur serment au nonce du pape, avec promesse d'une obéissance illimitée à Sa Sainteté et à son légat ; nous le voyons ensuite demander cinq cents livres sterling au clergé d'Irlande, pour qu'il puisse s'embarquer et aller chercher une somme de cinquante mille livres sterling, comme ferait un alchimiste qui demande une petite somme pour procurer le secret de faire de l'or. Dans une autre lettre, il promet deux cent mille couronnes, dix mille armements de fantassins, deux mille caisses de pistolets, huit cents barils de poudre, et trente ou quarante bâtiments bien équipés ; et tout cela, au dire d'un contemporain, lorsqu'il n'avait pas un sou dans sa bourse, ni assez de poudre pour tirer un coup de fusil [22]. »

Tel est le personnage auquel on veut faire jouer le rôle d'inventeur de la machine à feu. Il est difficile qu'au milieu des événements de sa carrière agitée, il ait trouvé des loisirs à consacrer à l'étude des sciences. Ses écrits concernant la mécanique se bornent à son petit livre *Century of Inventions*. Nous n'avons rien à dire, en effet, d'un autre ouvrage qu'il publia sous ce titre : *An exact and true Definition*, etc. (*Description vraie et exacte de la plus étonnante machine hydraulique inventée par le très-honorable Édouart Somerset, lord marquis de Worcester, digne d'être loué et admiré, présentée par Sa Seigneurie à Sa Majesté Charles II, notre très-gracieux souverain.*) Cette *Description vraie et exacte* n'est consacrée qu'à l'énumération des usages extraordinaires de son *admirable méthode d'élever l'eau par le moyen du feu*. L'ouvrage ne contient pas une ligne relative à la description de l'appareil ; tout se réduit à une exposition emphatique des services qu'il peut rendre. On y trouve ensuite un acte du parlement qui accorde au marquis le privilége de sa machine, quatre mauvais vers de sa façon en l'honneur de sa découverte, puis le *Exegi monumentum* d'Horace, le tout glorieusement terminé par quelques vers latins et anglais à la louange de l'inventeur, dus à la plume de James Rollock, vieil admirateur de Sa Seigneurie.

Il est assez curieux de savoir comment est venue aux savants anglais l'idée d'attribuer l'invention de la machine à feu au nébuleux auteur du *Century of Inventions*.

Au commencement du XVIIIe siècle, lorsque furent construites les premières machines à vapeur qui aient fonctionné en Europe, des discussions assez vives s'élevèrent entre plusieurs mécaniciens qui réclamaient la priorité de l'invention. Le capitaine Savery, qui, comme on le verra plus loin, a construit la première machine à vapeur employée dans l'industrie, voulait s'attribuer l'honneur tout entier de cette découverte. Denis Papin, informé de ses prétentions, écrivit aussitôt pour établir ses droits de priorité. L'illustre physicien vivait, à cette époque, en Allemagne ; son refus d'abjurer la religion réformée lui interdisait l'entrée de la France.

Il y avait alors à Orléans, un savant abbé, nommé Jean de Hautefeuille, grand amateur de mécanique, et qui nous est connu par quelques travaux sur lesquels nous reviendrons. Le pieux abbé ne put supporter la pensée de voir décerner à un hérétique l'honneur d'une si importante découverte, et dans un de ses opuscules [23], il contesta les droits de Papin. Ce fut alors que les Anglais, entrant dans la querelle, produisirent l'ouvrage, jusque-là inaperçu ou méprisé, du marquis de Worcester. Cette intervention, qui semblait mettre les parties d'accord, termina le débat, et la victoire resta acquise au génie britannique.

Mais, on le voit, le zèle de l'abbé de Hautefeuille avait été bien mal inspiré, car le marquis de Worcester, en sa qualité d'Anglais, était tout aussi hérétique que Papin. Ainsi l'abbé de Hautefeuille n'avait rien fait gagner à sa religion, et, du même coup, il avait dépossédé sa patrie de la gloire légitime qui lui revenait.

CHAPITRE IV

NAISSANCE DE LA PHYSIQUE MODERNE. — DÉCOUVERTES DE TORRICELLI ET DE PASCAL. — EXPÉRIENCE DE PÉRIER SUR LE PUY-DE-DÔME. — INVENTION DE LA MACHINE PNEUMATIQUE. — APPLICATION DE CES DÉCOUVERTES À LA CRÉATION D'UN MOTEUR UNIVERSEL.

Cependant le moment approchait où les vagues et confuses notions de la physique du moyen âge allaient faire place à une science positive. L'institution de la physique moderne date, avons-nous vu, de la mort de Galilée. On aurait dit que les sciences n'attendaient que la mort de l'illustre philosophe pour prendre l'essor qu'elles devaient à son génie. La découverte du baromètre par Torricelli et Pascal, marqua le premier pas de la physique naissante. Comme cette grande découverte se lie de la manière la plus étroite à celle de la machine à vapeur ; ou plutôt comme la machine à feu proposée par Denis Papin, en 1690, n'est que la conséquence et l'application des faits mis en lumière par suite de l'invention du baromètre, nous devons rappeler la série des circonstances qui amenèrent les physiciens du XVIIe siècle à découvrir les effets de la pression atmosphérique.

En 1630, le doux et modeste Torricelli, qui, comme Pascal, devait mourir à trente-neuf ans, étudiait les mathématiques à Rome, et manifestait les dispositions brillantes qui devaient le placer bientôt au rang des premiers géomètres de son époque. Il se lia intimement avec Castelli, le disciple chéri de Galilée. Castelli retira le plus grand profit, pour ses travaux, des conseils du jeune mathématicien romain, et en retour, il communiqua à son ami les découvertes et les vues scientifiques de Galilée. C'est ainsi que Torricelli fut amené à connaître le fait qui devait donner naissance entre ses mains à la découverte du baromètre.

Fig. 16. — Torricelli.

Les fontainiers du grand-duc de Florence avaient construit, pour amener l'eau dans le palais ducal, des pompes aspirantes dont le tuyau dépassait quarante pieds (12^m,99) de hauteur. Quand on voulut les mettre en jeu, l'eau refusa de s'élever jusqu'à l'extrémité du tuyau. Galilée, consulté sur ce fait, mesura la hauteur à laquelle s'arrêtait la colonne d'eau, et la trouva d'environ trente-deux pieds ($10^m,395$). Il apprit alors des ouvriers employés à ce travail, que ce phénomène était constant, et que l'eau ne s'élevait jamais, dans les pompes aspirantes, à une hauteur supérieure à trente-deux pieds.

Fig. 15. — Galilée consulté par le duc de Florence.

L'ascension de l'eau dans les pompes s'expliquait alors par le principe de l'*horreur du vide*, axiome célèbre de la scolastique. La nature, disait-on, n'admettait que le plein, et comme elle ne pouvait souffrir le vide qui se serait trouvé entre le piston soulevé et le niveau de l'eau, celle-ci était forcée de suivre le piston dans son ascension.

Galilée ne sut pas s'affranchir de l'absurde opinion des physiciens de son temps. Il crut seulement pouvoir expliquer le fait de l'horreur du vide limitée à trente-deux pieds, en disant que la longueur d'une colonne d'eau de trente-deux pieds produisait un poids trop considérable pour que la base de la colonne liquide pût le supporter. Il comparait ce phénomène à celui que présente une corde horizontale tendue à ses deux extrémités, et qui, à une certaine longueur, finit par se rompre, parce qu'elle ne peut plus supporter son propre poids [24].

Cependant, Galilée savait déjà, par des expériences qu'il avait faites lui-même en 1638, et dont il parle dans ses *Dialogues*, que l'air est pesant. Il avait constaté qu'une sphère creuse augmente de poids quand on y fait entrer de l'air comprimé. Mais il manqua d'initiative dans cette circonstance, et ne recula pas devant l'absurdité de cette conception : que la nature a horreur du vide jusqu'à trente-deux pieds seulement. Ne dirait-on pas, en réfléchissant sur ces faits, que Galilée était fasciné par le charme du préjugé antique ?

Ce fut Torricelli qui, méditant sur l'expérience des fontainiers florentins, en soupçonna la véritable explication.

Du reste, la découverte de la pesanteur de l'air était mûre. Avant même que Galilée eût exécuté son expérience de la boule pleine d'air comprimé, un pharmacien français, Jean Rey, avait démontré par la voie de la chimie, que l'air est un fluide pesant. Voici, en effet, ce que dit Jean Rey dans un opuscule publié à Bazas, en 1630, sous ce titre : *Essays sur la recherche de la cause pour laquelle l'estain et le plomb augmentent de poids quand on les calcine.*

« Adoncques, je soustiens glorieusement que ce surcroît de poids vient de l'air, qui dans le vase a été espessi, appesanti et rendu aucunement adhésif par la véhémente et longuement continue chaleur du fourneau : lequel air se mesle avec la chaux et s'attache à ses menues parties. »

La *chaux* signifie ici l'oxyde de plomb ou d'étain. On ne peut se refuser à reconnaître que Rey exprime dans ce passage, l'idée que l'air est pesant. Malheureusement, il ne songea probablement pas à la portée de cette découverte, et comme Galilée, il la laissa échapper de ses mains.

Torricelli, avons-nous dit, soupçonna que le poids de l'atmosphère agissant sur la surface de l'eau, pouvait être la cause de l'ascension de ce liquide dans le tuyau des pompes. Pour vérifier cette conjecture par l'expérience, il eut l'heureuse idée de substituer à l'eau un liquide plus lourd : le mercure. Comme la densité du mercure est environ quatorze fois supérieure à celle de l'eau, la théorie faisait prévoir que la pression de l'air pourrait seulement tenir en équilibre une colonne de mercure à une hauteur quatorze fois moindre, c'est-à-dire à 28 pouces ($0^m,75$).

Torricelli parla de son projet à son condisciple, Vincent Viviani.

Ce fut ce dernier qui entreprit, en 1643, d'exécuter l'expérience proposée.

Viviani remplit de mercure un tube de verre de trois pieds ($0^m,97$) de long, fermé à l'une de ses extrémités ; il boucha avec le doigt son extrémité inférieure, et plongea le tube ainsi préparé, dans une cuvette pleine de mercure. Retirant alors le doigt, il vit le mercure descendre en partie dans l'intérieur du tube, et, après quelques oscillations, rester suspendu en équilibre à la hauteur de 28 pouces au-dessus du niveau du mercure de la cuvette, c'est-à-dire précisément à la hauteur indiquée par la théorie.

Telle fut la célèbre expérience qui fut désignée depuis ce moment sous le nom d'*expérience de Torricelli*, ou bien encore *expérience du vide*.

Aux yeux de Torricelli, elle établissait clairement le phénomène de la pesanteur de l'air. Cependant cette démonstration était trop indirecte pour convaincre des esprits trop peu familiarisés encore avec l'observation. Les physiciens s'occupèrent avec beaucoup de curiosité et d'intérêt de cet espace vide existant entre le sommet du tube et l'extrémité de la colonne de mercure ; on désigna cet espace sous le nom de *vide de Torricelli*. Mais l'explication du fait de l'équilibre du mercure dans un tube, par la pesanteur de l'air, rencontra des résistances opiniâtres. Les esprits les plus éclairés de l'époque éprouvaient la plus vive répugnance à abandonner l'ancienne opinion des écoles touchant le plein universel.

Torricelli ne tarda pas à remarquer que la hauteur de la colonne mercurielle ne demeurait pas constante, et il pensa que ces oscillations devaient répondre à des changements dans le poids de l'atmosphère. Dès 1644, il annonça ce résultat à son ami Angelo Ricci, qui était alors à Rome. Il lui dit, dans l'une de ses lettres, qu'il s'est occupé de ces expériences moins dans le but de produire un espace vide, que dans celui d'obtenir un instrument propre à mesurer les variations de pesanteur survenues dans l'atmosphère. Le *tube de Torricelli* était donc le *baromètre* en germe.

Angelo Ricci correspondait à cette époque avec le Père Mersenne, religieux de l'ordre des Minimes, le condisciple et l'ami de Descartes. Ce savant religieux parcourait l'Europe vers 1646, pour rassembler, sur les sciences de son époque, des renseignements précis qu'il se hâtait de communiquer au reste des savants. Il eut connaissance, à Rome, de l'expérience de Torricelli, et il en apporta la nouvelle en France.

M. Petit, intendant des fortifications de Rouen, avait appris du Père Mersenne, les détails de l'expérience de Torricelli ; il se hâta d'en informer Blaise Pascal, qui se trouvait alors auprès de son père, intendant des finances de la ville de Rouen.

Petit et Blaise Pascal répétèrent ensemble l'expérience du physicien romain, et c'est ainsi que Pascal fut amené à entreprendre les recherches dont il publia les résultats sous le titre de *Nouvelles Expériences touchant le vuide.*

Fig. 17. — Le Père Mersenne.

La plus célèbre et la plus curieuse de ces expériences est celle où Pascal, remplissant de vin rouge un tube de verre de quarante-six pieds (13^m,942) de longueur, fermé à l'un de ses bouts, le renverse dans un baquet plein d'eau, et voit le liquide coloré se maintenir en équilibre, à une hauteur de trente-deux pieds (10^m,395), variant ainsi l'expérience de Torricelli, et rendant en même temps, plus manifeste, le fait observé par les fontainiers de Florence.

Mais si l'on veut connaître exactement l'état de la physique au milieu du XVII^{e}siècle, et apprécier sous son vrai jour, cette période de l'histoire des sciences, il faut savoir comment Pascal lui-même interprétait ce phénomène. Pascal, alors dans toute la force et dans tout l'éclat de son génie, n'hésite pas à expliquer par le vieil axiome de l'horreur du vide tous les faits que l'expérience lui révèle. Il admet, et il croit démontrer, que la nature a horreur du vide ; il ajoute seulement, comme Galilée, que cette horreur a des limites, et qu'elle se mesure par le poids d'une colonne d'eau d'environ trente-deux pieds de hauteur [25].

L'agression de Pascal contre les principes de l'école était, comme on le voit, bien timide ; cependant elle souleva des tempêtes dans le monde philosophique. Un jésuite, le Père Étienne Noël, crut devoir prendre en main la défense des saines doctrines. Il écrivit à ce sujet une longue lettre que l'on trouve dans le recueil des œuvres de Pascal, et dont nous recommandons la lecture aux personnes qui désirent se faire une juste idée de la nature des obstacles que la physique eut à combattre à ses débuts.

Pascal repoussa, par une *Réponse* accablante, les arguments de son antagoniste. Mais le jésuite ne se tint pas pour battu, et il répliqua par un traité en forme, sous ce singulier titre : *Le plein du vuide*. Dans la dédicace de ce lourd factum, adressé au prince de Conti, le Père Noël représente la nature comme injustement accusée d'un tort qui ne lui appartient pas, il se constitue son défenseur et porte la parole en son nom :

« La nature, dit-il, est aujourd'hui accusée de vuide et j'entreprends de l'en justifier en présence de *Votre Altesse :* elle en avoit bien été auparavant soupçonnée ; mais personne n'avoit encore la hardiesse de mettre ses soupçons en fait, et de lui confronter les sens et l'expérience. Je fais voir ici son intégrité, et montre la fausseté des faits dont elle est chargée, et les impostures des témoins qu'on lui oppose. Si elle étoit connue de chacun comme elle l'est de

Votre Altesse, à qui elle a découvert tous ses secrets, elle n'auroit été accusée de personne, et on se seroit bien gardé de lui faire un procès sur de fausses dépositions, et sur des expériences mal reconnues et encore plus mal avérées. Elle espère, Monseigneur, que vous lui ferez justice de toutes ces calomnies. Et si, pour une plus entière justification, il est nécessaire qu'elle paie d'expérience et qu'elle rende témoin pour témoin, alléguant l'esprit de Votre Altesse, qui remplit toutes ses parties et qui pénètre les choses du monde les plus obscures et les plus cachées, il ne se trouvera personne, Monseigneur, qui ose affirmer qu'au moins à l'égard de Votre Altesse il y ait du vuide dans la nature. »

Après cette figure délicate, mais un peu prolongée, le Père Noël entre dans son sujet, où nous n'aurons garde de le suivre. Contentons-nous de dire qu'il attribue la suspension du mercure dans le tube de Torricelli à une qualité qu'il prête, de son chef, au mercure, et qu'il nomme la *légèreté mouvante* [26].

Par suite de ses discussions avec le Père Noël, Pascal avait été conduit à réfléchir plus profondément sur la cause de l'ascension et de l'équilibre du mercure dans les tubes fermés. Sur ces entrefaites, il fut informé de l'opinion de Torricelli, qui n'hésitait pas à attribuer ce phénomène à la pression de l'air. Une expérience, qu'il désigne sous le nom du *vuide dans le vuide* et dans laquelle il vit le mercure, suspendu dans l'intérieur d'un tube, s'élever ou s'abaisser selon qu'il faisait varier la pression de l'air extérieur, donna à ses yeux une force nouvelle aux vues du physicien romain. Enfin, un trait de son génie lui révéla le moyen de résoudre ce grand problème. Pascal pensa que, pour trancher sans retour la difficulté qui divisait les savants, il suffirait d'observer la hauteur du mercure dans le tube de Torricelli, au pied et sur le sommet d'une montagne [27]. Si la hauteur de la colonne de mercure était moindre au sommet qu'au bas de la montagne, la pression de l'air serait positivement démontrée, car l'air diminue de masse dans les hautes régions, tandis que l'on ne peut admettre que la nature ait de l'horreur pour le vide au pied d'une montagne et qu'elle le souffre à son sommet.

Le Puy-de-Dôme, élevé de quatorze cent soixante-sept mètres et placé aux portes d'une grande ville, lui parut merveilleusement propre à cet important essai. Mais retenu à Paris par d'autres soins, il ne pouvait songer à l'exécuter lui-même. Heureusement, son beau-frère Périer, conseiller à la cour des aides d'Auvergne, se trouvait alors à Moulins. Il avait assisté aux expériences faites à Rouen, et il possédait assez de connaissances scientifiques pour que l'on pût se reposer sur lui du soin de procéder à cette vérification avec toute la précision nécessaire. Le 15 novembre 1647, Pascal écrivait donc à Périer, pour réclamer de lui ce service.

Nous rapporterons ici dans son entier la *Lettre de Pascal à son beau-frère Périer*, chef-d'œuvre de raisonnement, que l'on ne peut lire sans une admiration profonde pour la sagesse et la portée de ce grand esprit.

« Monsieur,

« Je n'interromprais pas le travail continuel où vos emplois vous engagent, pour vous entretenir de méditations physiques, si je ne savais qu'elles servent à vous délasser en vos heures de relâche, et qu'au lieu que d'autres en seraient embarrassés, vous en aurez du divertissement. J'en fais d'autant moins de difficulté que je sais le plaisir que vous recevez en cette sorte d'entretiens. Celui-ci ne sera qu'une continuation de ceux que nous avons eus ensemble touchant le vuide. Vous savez quels sentiments les philosophes ont eus sur ce sujet. Tous ont tenu pour maxime que la nature abhorre le vuide, et presque tous, passant plus avant, ont soutenu qu'elle ne peut l'admettre et qu'elle se détruirait elle-même plutôt que de le souffrir. Ainsi les opinions ont été divisées : les uns se sont contentés de dire qu'elle l'abhorrait seulement ; les autres ont maintenu qu'elle ne pouvait le souffrir. J'ai travaillé dans mon *Abrégé du Traité du vuide*, à détruire cette dernière opinion ; et je crois que les expériences que j'y ai rapportées suffisent pour faire voir manifestement que la nature peut souffrir et souffre en effet un espace si grand que l'on voudra, vuide de toutes les matières qui sont à notre connaissance et qui tombent sous nos sens. Je travaille maintenant à examiner la vérité de la première, savoir, que la nature abhorre le vuide, et à chercher des expériences qui fassent voir si les effets que l'on attribue à l'horreur du vuide doivent être véritablement attribués à cette horreur du vuide, ou s'ils doivent l'être à la pesanteur et pression de l'air ; car, pour vous ouvrir franchement ma pensée, j'ai peine à croire que la nature, qui n'est point animée ni sensible, soit susceptible d'horreur, puisque les passions supposent une âme capable de les ressentir ; et j'incline bien plus à imputer tous ces effets à la pesanteur et pression de l'air, parce que je ne les considère que comme des cas particuliers d'une proposition universelle de l'équilibre des liqueurs, qui doit faire la plus grande partie du *Traité* que j'ai promis. Ce n'est pas que je n'eusse ces mêmes pensées lors de la production de mon *Abrégé* ; et toutefois, faute d'expériences convaincantes, je n'osai pas alors (et je n'ose pas encore) me départir de la maxime de l'horreur du vuide, et je l'ai même employée pour maxime dans mon *Abrégé*, n'ayant alors d'autre dessein que de combattre l'opinion de ceux qui soutiennent que le vuide est absolument impossible, et que la nature souffrirait plutôt sa destruction que le moindre espace vuide. En effet, je n'estime pas qu'il nous soit permis de nous départir légèrement des maximes que nous tenons de l'antiquité, si nous n'y sommes obligés par des preuves convaincantes et invincibles. Mais, dans ce cas, je tiens que ce serait une extrême faiblesse d'en faire le moindre scrupule, et qu'enfin nous devons avoir plus de vénération pour les vérités évidentes que d'obstination pour ces opinions reçues. Je ne saurais mieux vous témoigner la circonspection que j'apporte avant que de m'éloigner des anciennes maximes, que de vous remettre dans la mémoire l'expérience que je fis ces jours passés, en votre présence, avec deux tuyaux l'un dans l'autre, qui montre apparemment le vuide dans le vuide. Vous vîtes que le vif-argent du tuyau intérieur demeura suspendu à la hauteur où il se tient par l'expérience ordinaire, quand il était contre-balancé et pressé par la pesanteur de la masse entière de l'air ; et qu'au contraire il tomba entièrement sans qu'il lui restât aucune hauteur ni suspension, lorsque, par le moyen du vuide dont il fut environné, il ne fut plus du tout pressé ni contre-balancé d'aucun air, en ayant été destitué de tous côtés. Vous vîtes ensuite que cette hauteur de suspension du vif-argent augmentait ou diminuait à mesure que la pression de l'air augmentait ou diminuait, et qu'enfin toutes ces diverses hauteurs de suspension du vif-argent se trouvaient toujours proportionnées à la pression de l'air.

« Certainement, après cette expérience, il y avait lieu de se persuader que ce n'est pas l'horreur du vuide, comme nous estimons, qui cause la suspension du vif-argent dans l'expérience ordinaire, mais bien la pesanteur et pression de l'air qui contre-balance la pesanteur du vif-argent. Mais parce que tous les effets de cette dernière expérience des deux tuyaux, qui s'expliquent si naturellement par la seule pression et pesanteur de l'air, peuvent encore être expliqués assez probablement par l'horreur du vuide, je me tiens dans cette ancienne maxime, résolu néanmoins de chercher l'éclaircissement entier de cette difficulté par une expérience décisive.

« J'en ai imaginé une qui pourra seule suffire pour nous donner la lumière que nous cherchons, si elle peut être exécutée avec justesse. C'est de faire l'expérience ordinaire du vuide plusieurs fois le même jour, dans un même tuyau, avec le même vif-argent, tantôt au bas et tantôt au sommet d'une montagne, élevée pour le moins de cinq ou six cents toises, pour éprouver si la hauteur du vif-argent suspendu dans le tuyau se trouvera pareille ou indifférente dans les deux situations. Vous voyez déjà, sans doute, que cette expérience est décisive sur la question, et que s'il arrive que la hauteur du vif-argent soit moindre au haut qu'au bas de la montagne (comme j'ai beaucoup de raisons pour le croire, quoique tous ceux qui ont médité sur cette matière soient contraires à ce sentiment), il s'ensuivra nécessairement que la pesanteur et pression de l'air est la seule cause de cette suspension du vif-argent, et non pas l'horreur du vuide, puisqu'il est bien certain qu'il y a beaucoup plus d'air qui pèse sur le pied de la montagne que non pas sur le sommet ; au lieu que l'on ne saurait dire que la nature abhorre le vuide au pied de la montagne plus que sur le sommet.

« Mais comme la difficulté se trouve d'ordinaire jointe aux grandes choses, j'en vois beaucoup dans l'exécution de ce dessein, puisqu'il faut pour cela choisir une montagne excessivement haute, proche d'une ville, dans laquelle se trouve une personne capable d'apporter à cette épreuve toute l'exactitude nécessaire. Car si la montagne était éloignée, il serait difficile d'y porter des vaisseaux, le vif-argent, les tuyaux et beaucoup d'autres choses nécessaires, et d'entreprendre ce voyage pénible autant de fois qu'il le faudrait pour rencontrer, au haut de ces montagnes, le temps serein et commode qui ne s'y voit que peu souvent ; et comme c'est aussi rare de trouver des personnes hors de Paris qui aient ces qualités que des lieux qui aient ces conditions, j'ai beaucoup estimé mon bonheur d'avoir, en cette occasion, rencontré l'un et l'autre, puisque notre ville de Clermont est au pied de la haute montagne du Puy-de-Dôme, et que j'espère de votre bonté que vous m'accorderez la grâce de vouloir y faire vous-même cette expérience ; et, sur cette assurance, je l'ai fait espérer à tous nos curieux de Paris, et entre autres au R. P. Mersenne, qui s'est déjà engagé, par des lettres qu'il en a écrites en Italie, en Pologne, en Suède, en Hollande, etc., d'en faire part aux amis qu'il s'y est acquis par son mérite. Je ne touche pas aux moyens de l'exécution, parce que je sais bien que vous n'omettrez aucune des circonstances nécessaires pour le faire avec précaution.

« Je vous prie seulement que ce soit le plus tôt qu'il vous sera possible, et d'excuser cette liberté où m'oblige l'impatience que j'ai d'en apprendre le succès, sans lequel je ne puis mettre la dernière main au *Traité* que j'ai promis au public, ni satisfaire au désir de tant de personnes qui l'attendent, et qui vous en seront infiniment obligées. Ce n'est pas que je veuille diminuer ma reconnaissance par le nombre de ceux qui la partageront avec moi, puisque je veux, au contraire, prendre part à celle qu'ils vous auront, et à demeurer d'autant plus, Monsieur, votre très-humble et très-obéissant serviteur.

PASCAL [28]. »

15 novembre 1647.

Périer reçut à Moulins la lettre de Pascal. Ses occupations de conseiller à la cour des aides le retinrent longtemps dans cette ville. Il ne put se rendre à Clermont que dans l'hiver de l'année suivante. Mais, pendant toute la durée du printemps et de l'été, le sommet du Puy-de-Dôme resta enveloppé de brouillards ou couvert de neiges qui en empêchaient l'accès ; il ne se dégagea entièrement que dans les premiers jours de septembre.

Le 20 septembre, à 5 heures du matin, le temps paraissait beau et la cime du Puy-de-Dôme se montrait à découvert : Périer résolut d'exécuter ce jour-là l'expérience depuis si longtemps méditée. Il fit avertir aussitôt les personnes qui devaient l'accompagner, et, à 8 heures du matin, tout le monde se trouvait réuni dans le jardin du couvent des Minimes. Le Père Bannier, ancien supérieur de l'ordre, le Père Mosnier, chanoine de l'église cathédrale de Clermont, La Ville et Begon, conseillers à la cour des aides, et Laporte, médecin de Clermont, furent les témoins et les acteurs de cette expédition mémorable.

Périer prit deux tubes de verre, longs de quatre pieds (1^m,299) et fermés par un bout ; il les remplit de mercure et fit l'*expérience du vide*, c'est-à-dire les renversa sur un bain de mercure. Il marqua avec la pointe d'un diamant la hauteur occupée dans le tube par la colonne de mercure au-dessus du niveau du réservoir ; cette hauteur, plusieurs fois vérifiée, était, dans les deux tubes, de vingt-six pouces trois lignes et demie (0^m,711), L'un de ces tubes fut fixé à demeure et laissé en expérience ; le Père Chastin, un des religieux de la maison, fut chargé de le surveiller et d'y observer la hauteur du mercure pendant toute la journée.

Fig. 19. — Blaise Pascal.

La compagnie quitta alors le couvent, emportant le second tube, et l'on commença, à 10 heures, à gravir la montagne. On atteignit son sommet au milieu de la journée. Arrivé là, Périer répéta l'*expérience du vide* telle qu'il l'avait exécutée le matin dans le jardin des Minimes, et il s'empressa de mesurer l'élévation du mercure au-dessus du réservoir.

Le liquide, qui, au pied de la montagne, s'élevait à vingt-six pouces trois lignes et demie ($0^m,711$), ne s'élevait plus qu'à vingt-trois pouces deux lignes ($0^m,626$) ; il y avait donc trois pouces une ligne et demie ($0^m,085$) de différence entre les deux mesures prises à la base et au sommet du Puy-de-Dôme.

Nous avons représenté dans la figure 18 ce grand fait qui marque, dans l'histoire de la physique et dans l'histoire de l'humanité, une date à jamais mémorable.

Fig. 18. — Périer mesurant la hauteur du tube de Torricelli sur le haut du Puy-de-Dôme.

Quand ils furent revenus de la surprise et de la joie que leur faisait éprouver une si éclatante confirmation des prévisions de la théorie, nos expérimentateurs s'empressèrent de répéter l'observation, en variant les circonstances extérieures. On mesura cinq fois la hauteur du mercure : tantôt à découvert, dans un lieu exposé au vent ; tantôt à l'abri, sous le toit d'une petite chapelle qui se trouvait au plus haut de la montagne ; une fois par le beau temps, une autre fois pendant la pluie, ou au milieu des brouillards qui venaient de temps en temps visiter ces sommets déserts : le mercure marquait partout vingt-trois pouces deux lignes (0^m,626).

On se mit alors à redescendre. Arrivé vers le milieu de la montagne, Périer jugea utile de répéter l'observation, afin de reconnaître si la colonne de mercure décroissait proportionnellement avec la hauteur des lieux. L'expérience donna le résultat prévu : le mercure s'élevait à vingt-cinq pouces (0^m,675), mesure supérieure d'un pouce dix lignes (0^m,049) à celle qu'on avait prise sur la hauteur du Puy-de-Dôme, et inférieure d'un pouce trois lignes (0^m,036) à l'observation prise à Clermont-Ferrand. Périer fit deux fois la même épreuve, qui fut répétée une troisième fois par le Père Mosnier.

Ainsi le niveau du mercure s'abaissait selon les hauteurs.

Les heureux expérimentateurs étaient de retour au couvent avant la fin de la journée. Ils trouvèrent le Père Chastin continuant d'observer son appareil. Le patient religieux leur apprit que la colonne de mercure n'avait pas varié une seule fois depuis le matin. Comme dernière confirmation, Périer remit en expérience l'appareil même qu'il rapportait du Puy-de-Dôme : le mercure s'y éleva, commele matin, à la hauteur de vingt-six pouces trois lignes et demie (0^m,711).

Le lendemain, le Père de La Mare, théologal de l'église cathédrale, qui avait assisté la veille à tout ce qui s'était passé dans le couvent des Minimes, proposa à Périer de répéter l'expérience au pied et sur le faîte de la plus haute des tours de l'église Notre-Dame, à Clermont. On trouva une différence de deux lignes (0^m,0045) entre les deux mesures prises à la base et au sommet de la tour.

Enfin, en déterminant comparativement la hauteur du mercure dans le jardin des Minimes, situé dans une des positions les plus basses de la ville et sur le point le plus élevé de la même tour, on constata une différence de deux lignes et demie (0^m,0055).

Périer s'empressa d'informer son beau-frère du grand résultat que l'expérience venait de lui fournir ; Pascal en reçut la nouvelle avec une joie facile à comprendre.

Louis Figuier

D'après la relation de Périer, une différence de vingt toises (38^m,980) d'élévation dans l'air, suffisait pour produire, dans la colonne de mercure, un abaissement de deux lignes (0^m,0045). Pascal pensa, d'après cela, qu'il serait facile de répéter l'expérience à Paris. Il l'exécuta en effet sur la tour Saint-Jacques-la-Boucherie, haute de vingt-cinq toises (48^m,725). Il trouva entre la hauteur du mercure, au bas et au sommet de cette tour, une différence de plus de deux lignes [29]. Dans une maison particulière, dont l'escalier avait quatre-vingt-dix marches, il prit la même mesure dans la cave et sur les toits : il put reconnaître ainsi un abaissement d'une demi-ligne (0^m,0011).

Ainsi, les prévisions de Pascal étaient confirmées dans toute leur étendue ; la maxime de l'horreur du vide n'était plus qu'une chimère condamnée par l'expérience, et un horizon nouveau s'offrait à l'avenir des sciences physiques. La découverte de la pesanteur de l'air et la mesure de ses variations à l'aide du tube de Torricelli devinrent, en effet, le point de départ et l'origine des grands travaux qui devaient élever la physique sur les bases positives où elle repose aujourd'hui. Le tube de Torricelli, dont Pascal venait de faire un admirable moyen de mesurer la pression atmosphérique, apporta aux observateurs un secours de la plus haute importance, en ce qu'il permit de soumettre au calcul et de ramener à des conditions comparables un grand nombre de phénomènes naturels restés jusque-là inexplicables.

Pascal ne manqua pas de saisir toute la portée du principe fondamental qu'il venait de mettre en lumière. Le fait de la pression que l'air atmosphérique exerce sur tous les corps qui nous environnent lui permit d'expliquer plusieurs phénomènes physiques dont la cause s'était dérobée jusque-là à toute interprétation. L'ascension de l'eau dans le tuyau des pompes, le jeu du syphon, de la seringue et divers autres faits physiques, reçurent de lui une explication complète.

La découverte de la pesanteur de l'air produisit parmi les savants l'impression la plus vive ; les partisans de l'opinion du plein universel furent réduits au silence. Cependant il manquait encore quelque chose à la démonstration complète de l'existence de la pesanteur de l'air. En montrant qu'une colonne de mercure est tenue en équilibre, dans un tube vide, par le poids de l'atmosphère, on ne prouvait la pesanteur de l'air que d'une manière indirecte, et ce moyen ne pouvait servir d'ailleurs à peser un volume d'air déterminé. Il fallait, pour achever la démonstration, donner aux physiciens les moyens de peser un vase tantôt plein, tantôt vide d'air. Aussi les savants s'occupèrent-ils, dès ce moment, avec beaucoup d'ardeur à combiner quelque instrument susceptible de produire le vide dans un espace clos.

C'est à un physicien de Magdebourg, Otto de Guericke, conseiller de l'électeur Frédéric Guillaume et bourgmestre de la ville de Magdebourg, qu'était réservée la gloire de découvrir l'important appareil que nous connaissons aujourd'hui sous le nom de *machine pneumatique*.

Fig. 20. — Otto de Guericke.

La machine pneumatique n'a été imaginée et construite par Otto de Guericke qu'après une série de tâtonnements et d'essais à peu près ignorés de nos jours, et qu'il n'est pas cependant sans intérêt de connaître.

Louis Figuier

Pour obtenir un espace entièrement vide d'air, le physicien de Magdebourg essaya d'abord de se servir d'un tonneau rempli d'eau et fermé de toutes parts. Après avoir appliqué à sa partie inférieure, le tuyau d'une pompe, il commença à faire jouer la pompe. Mais avant que l'eau fût entièrement évacuée, les cercles de fer qui reliaient les douves du tonneau, s'étaient rompus sous l'effort de la pression atmosphérique.

Otto de Guericke arma alors le tonneau de cercles beaucoup plus forts, et trois hommes vigoureux furent employés à faire agir la pompe. Mais à mesure que l'eau était expulsée, un léger sifflement se faisait entendre : l'air s'introduisait à travers les pores du bois. Force était donc de chercher un nouveau moyen.

Le physicien de Magdebourg eut alors une idée assez singulière. Il enferma un tonneau rempli d'eau et de petite dimension, dans un autre plus grand et également plein d'eau ; le tuyau de la pompe aspirante venait s'appliquer à l'orifice du petit tonneau intérieur en traversant le tonneau extérieur. On fit alors jouer la pompe. Aucun accident ne vint contrarier l'expérience ; mais à la fin de la journée, et lorsque l'eau se trouvait évacuée presque tout entière, on entendit un gargouillement qui annonçait le passage de l'air à travers le bois des deux tonneaux. Ce bruit persista trois jours, et lorsque, au bout de ce temps, on retira le tonneau intérieur pour l'examiner, on le trouva à moitié rempli du liquide qui s'était fait jour à travers ses parois.

L'insuffisance des vases de bois pour obtenir un espace vide d'air étant ainsi reconnue, Otto de Guericke eut recours à des vases métalliques.

Il fit préparer une sphère de cuivre d'une assez grande capacité, armée d'un robinet à sa partie supérieure et portant, à sa partie inférieure, un orifice destiné à recevoir le tuyau de la pompe. Il se dispensa pour cette fois, de remplir d'eau le vase, espérant que la pompe aspirerait l'air comme elle avait aspiré l'eau. Ce résultat ne manqua pas de se produire.

Dans les premiers moments, la pompe jouait avec facilité ; mais, à mesure que l'air était chassé, il fallait, pour soulever le piston, des efforts de plus en plus considérables, et c'est à peine si deux hommes vigoureux pouvaient suffire à ce travail.

L'opération était assez avancée et la plus grande partie de l'air se trouvait chassée du globe métallique, lorsque tout à coup, et au grand effroi des assistants, le vase éclata avec grand bruit, et se brisa, « comme si on l'eût jeté avec violence du haut d'une tour [30]. »

Otto de Guericke saisit avec sagacité la cause de cet accident : l'ouvrier avait négligé de donner au vase de cuivre une forme parfaitement sphérique dans toutes ses parties ; or la forme sphérique est la seule qui puisse garantir un récipient vide d'air des effets de la pression considérable que le poids de l'air extérieur exerce sur lui dans tous les sens.

Un nouvel appareil ayant été construit avec les soins nécessaires, l'expérience, reprise, eut un succès complet, et l'air fut en totalité expulsé, sans autre accident, du récipient métallique.

Mais l'opacité du métal eût dérobé aux yeux les expériences auxquelles on destinait la machine. Otto remplaça donc la sphère de cuivre par un ballon de verre, qui s'ajustait à la pompe aspirante, au moyen d'une garniture de cuivre.

En définitive, la machine à laquelle il s'arrêta, et que l'on trouve encore dans quelques anciens cabinets de physique, se composait d'un ballon de verre, portant une tubulure et un robinet de cuivre, et vissé sur le tuyau d'une petite pompe aspirante placée verticalement au-dessous du ballon. Une manivelle à bras horizontal sert à faire jouer la pompe. Tout l'appareil est supporté par un montant formé de trois pieds de fer.

Cette machine était imparfaite à bien des égards. Elle suffit néanmoins à l'ingénieux physicien de Magdebourg pour démontrer une série de vérités qui jetèrent sur les faits physiques les plus utiles lumières.

Otto de Guericke démontra matériellement le poids de l'air atmosphérique, en pesant un vase dans lequel le vide avait été fait au moyen de sa machine, et le pesant de nouveau, après la rentrée de l'air.

Poursuivant la voie ouverte par Pascal, il expliqua, par le fait de la pression atmosphérique et par l'élasticité de l'air, un grand nombre de faits qui jusque-là avaient paru inexplicables. Il mit hors de doute, par exemple, l'influence de l'air sur la propagation du son, son rôle dans la translation de la lumière, dans les phénomènes de la combustion, de la respiration et de la vie des animaux.

Mais de tous les faits remarquables dont le bourgmestre de Magdebourg enrichissait la physique naissante, aucun n'excita d'étonnement plus vif ni d'admiration plus méritée que la série d'effets mécaniques, véritablement extraordinaires, auxquels il donna naissance en mettant adroitement en jeu la pression atmosphérique. L'expérience qui fut désignée, à partir de cette époque, sous le nom d'*expérience des hémisphères de Magdebourg* attira l'attention de tout le monde savant, autant par l'originalité et la beauté du fait en lui-même, que par l'importance des résultats mécaniques qu'elle laissait entrevoir.

Cette expérience est si généralement connue, que c'est à peine s'il est nécessaire de la rappeler. On sait qu'Otto de Guericke ayant préparé deux demi-sphères de cuivre, réunies l'une à l'autre par l'interposition d'un cuir mouillé, opéra le vide dans l'intérieur de cette sphère, à l'aide de sa machine pneumatique. L'air une fois chassé de l'intérieur du globe, les deux demi-sphères se trouvaient pressées l'une contre l'autre par tout le poids de la colonne atmosphérique qu'elles supportaient ; et cette pression était si considérable, qu'elles résistaient à toutes les forces employées pour les désunir.

Le premier appareil de ce genre, construit par Otto de Guericke, avait un diamètre de trois quarts d'aune de Magdebourg. Cet appareil, suspendu à un poteau, supportait un poids de deux mille six cent quatre-vingt six livres (1 315^k).

La figure 21, qui est la reproduction exacte de l'une des gravures qui accompagnent l'ouvrage latin d'Otto de Guericke, *Experimenta nova Magdeburgica de vacuo spatio*, montre comment l'expérience était disposée. On voit la sphère vide d'air, suspendue par un crochet à un solide poteau.

À cette même sphère Otto de Guericke fit atteler seize chevaux qui, tirant horizontalement en sens contraires, ne purent vaincre la résistance que l'air opposait à la séparation de ses deux parties.

Fig. 21. — Les hémisphères de Magdebourg.

Otto de Guericke construisit ensuite une autre sphère d'une aune (1ᵐ,19) de diamètre. L'effort de vingt-quatre chevaux ne put rompre l'adhérence de ses deux parties : les hémisphères supportaient sans se séparer, un poids de cinq mille quatre cents livres (2 643ᵏ).

On voit représentée dans la figure 23, la célèbre expérience des*hémisphères de Magdebourg*, d'après la gravure qui accompagne le livre d'Otto de Guericke.

Louis Figuier

Fig. 23. — Otto de Guericke fait l'expérience des *hémisphères de Magdebourg* avec 24 chevaux.

Otto de Guericke varia de cent manières cette curieuse démonstration de la pesanteur de l'air et de ses effets mécaniques.

En 1654, pendant son séjour à Ratisbonne, où l'appelait son emploi de conseiller de l'électeur de Brandebourg, il exécuta devant le prince de Auerberg, envoyé de l'empereur, une expérience des plus remarquables sous ce rapport.

Otto de Guericke vissa à un cylindre métallique le récipient de verre de sa machine pneumatique, dans lequel on avait fait préalablement le vide. Dans l'intérieur de ce cylindre jouait un piston, auquel était attachée, par un anneau, une corde s'enroulant sur une poulie. Vingt personnes étaient employées à retenir la corde. Tout se trouvant ainsi disposé, Otto de Guericke ouvrit subitement le robinet du ballon : l'air contenu dans le cylindre se précipita dans l'intérieur du ballon vide pour en remplir la capacité, et dès lors la pression atmosphérique qui s'exerçait sur la tête du piston, n'étant plus contre-balancée sur sa face inférieure, abaissa aussitôt le piston jusqu'au fond du cylindre avec tant de violence, que les vingt personnes qui retenaient la corde se trouvèrent soulevées en l'air à plusieurs pieds de hauteur.

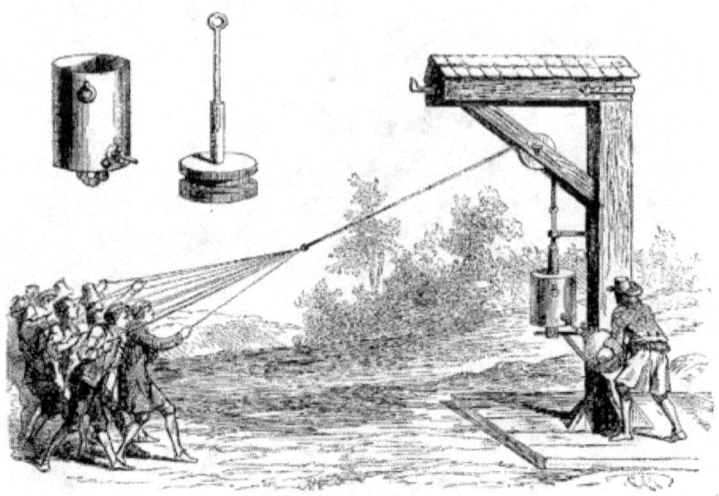

Fig. 22. — Expérience faite par Otto de Guericke en 1654,
devant le prince de Auerberg.

La figure 22, tirée de l'ouvrage d'Otto de Guericke, montre
comment l'expérience était disposée. Le cylindre métallique dans
lequel on fait le vide, et le piston qui doit s'abaisser dans ce cylindre,
par la pression de l'air extérieur, sont représentés à part, au haut de
la figure.

Ce n'était pas sans raison que tous les savants de l'Europe suivaient
avec un intérêt et une curiosité extraordinaires les expériences qui
s'exécutaient en Allemagne, sur les étonnants effets de la pression
atmosphérique ; ce n'est pas sans motifs non plus que nous les
avons rappelées avec détail. Par l'effet de la transformation sociale
qui, depuis un siècle, était en train de s'accomplir, l'industrie
commençait chez tous les peuples à prendre son essor. Cependant
l'âme manquait au grand corps qui s'organisait : l'industrie n'avait
point de moteur, ou n'avait que des moteurs insuffisants. La force
des hommes et des chevaux, la puissance des vents, l'action des
torrents et des cours d'eau, insuffisantes dans bien des cas, sous
le rapport de l'intensité motrice, faisaient défaut dans beaucoup
de localités, ou ne pouvaient s'appliquer commodément et avec
économie aux besoins de l'industrie. Or, quand on se rappelait

que, d'après les découvertes de Pascal, chaque décimètre carré (pour employer les mesures de nos jours) de la surface de tous les corps placés sur la terre, supporte, par l'effet de la pression atmosphérique, un poids équivalent à 100 kilogrammes, et quand on voyait Otto de Guericke apporter le moyen pratique d'anéantir, à un moment donné, la résistance qui s'oppose à la manifestation de cette force, on ne pouvait s'empêcher d'espérer une application prochaine de ce remarquable fait. Tous les physiciens de cette époque étaient frappés de la grandeur et de l'avenir de cette idée, et chacun pressentait qu'il y avait dans les expériences du bourgmestre de Magdebourg les préludes d'une révolution capitale dans les moyens de l'industrie.

Lorsque, par le progrès des temps, les sciences ont amassé un certain nombre de faits théoriques, susceptibles de s'appliquer utilement aux besoins des hommes, il est rare que quelque grand esprit n'apparaisse pas, au moment nécessaire, pour tirer de ces notions générales les conséquences qu'elles renferment, et pour hâter l'instant où l'humanité doit être mise en possession de ces biens nouveaux. L'homme de génie qui devait féconder, pour l'avenir, l'ensemble des belles découvertes dont le récit vient de nous occuper, ne se fit pas attendre. Il était Français et s'appelait Denis Papin.

CHAPITRE V

DENIS PAPIN. — SA VIE ET SES TRAVAUX.

Papin naquit à Blois, le 22 août 1647, d'une famille considérée dans le pays, et qui appartenait à la religion réformée. Il était fils d'un médecin et avait pour parent Nicolas Papin, autre médecin connu par quelques ouvrages scientifiques. On ne sait rien sur son enfance ni sur les événements de sa jeunesse ; il paraît seulement qu'il avait ressenti de bonne heure un goût très-vif pour les sciences mathématiques. L'éducation publique était alors, dans la ville de Blois, entre les mains des jésuites, qui accordaient, à cette époque, une assez grande part à l'étude des sciences. Les protestants fréquentaient quelquefois les écoles des jésuites : Papin dut recevoir chez eux ses premières leçons de mathématiques.

Il fit à Paris ses études médicales. Cependant ce n'est pas dans cette université qu'il reçut son grade de docteur, car son nom ne figure pas sur la liste des gradués de la Faculté de Paris, publiée en 1752, et qui comprend les noms de tous les docteurs, à partir de l'année 1539. Orléans possédait une université ; il est donc probable que ce fut dans la capitale de sa province que Denis Papin alla recevoir son grade.

Quoi qu'il en soit, on le trouve à l'âge de vingt-quatre ans établi à Paris pour y exercer sa profession. Mais son inclination naturelle pour les sciences physiques, lui rendait sans doute plus aride le pénible sentier de la carrière médicale. Il ne tarda pas à tourner exclusivement son esprit vers les travaux de la physique expérimentale et de la mécanique appliquée. Il avait rencontré quelques protecteurs puissants qui favorisaient son goût pour ce genre de recherches.

« J'avois alors, nous dit-il lui-même, l'honneur de vivre à la bibliothèque du roi et d'aider M. Huygens dans un grand nombre de ses expériences. J'avois beaucoup à faire touchant la machine pour appliquer la poudre à canon à lever des poids considérables, et j'en fis l'essai moi-même quand on la présenta à M. de Colbert [31]. »

Le célèbre Huygens, l'inventeur des horloges à pendule, habitait alors notre capitale. Il avait consenti à se fixer en France, sur les instances de Colbert, qui, en fondant l'Académie des sciences, l'avait inscrit l'un des premiers sur la liste de ses membres. Pour décider le savant hollandais à résider en France, Colbert lui faisait une forte pension, et lui avait accordé un logement à la Bibliothèque royale.

Papin prêtait son aide à Huygens pour ses expériences de mécanique, et partageait son logement. Il avait dû cette position avantageuse à la protection de madame Colbert, femme d'un grand mérite, originaire de Blois, et à laquelle, selon Bernier, « une infinité de gens de ce pays devaient leur fortune [32]. »

Denis Papin publia son premier ouvrage à Paris, en 1674, sous ce titre : *Nouvelles Expériences du vuide, avec la description des machines qui servent à le faire.* Ce petit écrit, qui n'existe plus de nos jours, contenait la description de certaines modifications de faible importance apportées à la machine du bourgmestre de Magdebourg [33]. Les *Nouvelles Expériences du vuide* furent accueillies avec faveur. M. Hublin, célèbre émailleur du roi, ami particulier de Papin, présenta l'ouvrage à l'Académie des sciences, et le *Journal des savants* le signala avec éloges.

La carrière s'ouvrait donc pour le jeune physicien, sous les plus heureux auspices. Le petit nombre d'hommes instruits qui se trouvaient alors dans la capitale, tenaient dans la plus grande estime sa personne et ses talents, et le *Journal des savants*, dispensateur de la considération et de la fortune scientifiques, l'accueillait avec faveur. Cependant, une année après, nous voyons Papin quitter subitement la France, pour passer en Angleterre.

Quel motif pouvait le porter à abandonner sa patrie ? Avait-il encouru la disgrâce de Colbert ? Obéissait-il simplement à cette humeur un peu vagabonde qui le fit appeler par un de ses contemporains, *le philosophe cosmopolite* ? On l'ignore. Les historiens et les auteurs de mémoires de la fin du XVIIᵉ siècle, tout entiers au récit des intrigues des cours, ou des événements de la guerre, n'ont pas une ligne à consacrer à ces esprits d'élite qui employaient tous les moments de leur laborieuse existence à préparer à l'humanité des destinées meilleures, et qui souvent ne recevaient, en retour, que la misère ou l'oubli. Le nom d'Amontons, l'un des physiciens français les plus remarquables du XVIIᵉ siècle, est à peine prononcé dans les écrits de l'époque, et le génie de Mariotte s'éteignit au milieu de l'indifférence de son temps. Papin n'a pas attiré davantage l'attention des historiens. C'est dans ses propres ouvrages, dans un petit nombre de recueils scientifiques, ou dans les lettres éparses de quelques savants dont la correspondance s'est conservée, qu'il faut aller puiser les rares documents qui nous restent sur les événements de sa vie.

Tous ces documents sont muets sur la cause de son départ pour Londres ; le *Journal des savants* nous apprend seulement que c'est à la fin de l'année 1675 qu'il quitta Paris [34].

Peu de temps après son arrivée en Angleterre, Papin eut l'heureuse inspiration de se présenter à Robert Boyle, l'illustre fondateur de la *Société royale de Londres*. C'est ce que nous apprend Boyle lui-même : « Il arriva heureusement, dit-il, qu'un certain traité françois, petit de volume, mais très-ingénieux, contenant plusieurs expériences sur la conservation des fruits, et quelques autres points de différentes matières, me fut remis par M. Papin, qui avoit joint ses efforts à ceux de l'éminent Christian Huygens pour faire lesdites expériences [35]. » Dans la suite de l'entretien qu'il eut avec lui, apprenant « que le docteur Papin n'étoit arrivé de France en Angleterre que depuis peu de temps, dans l'espoir d'y trouver un lieu qui fût convenable à l'exercice de son talent, » Boyle résolut de l'associer à ses travaux.

Fig. 24. — Robert Boyle.

Aucune position ne pouvait mieux convenir aux goûts et aux désirs de Papin. Issu d'une grande famille de l'Irlande, Robert Boyle, pour se vouer tout entier à l'étude des sciences, avait renoncé aux avantages que lui assuraient sa fortune et son rang. Il avait consacré six années de sa jeunesse à voyager sur le continent, pour perfectionner ses connaissances et fuir le spectacle des troubles civils qui déchiraient sa patrie. À son retour en Angleterre, la lutte durait encore entre le parlement et la royauté ; Boyle se retira dans sa terre de Stuldbridge, et c'est là qu'au sein de la retraite et de la paix, loin du tumulte des villes et de l'agitation des partis, il poursuivait les beaux travaux qui devaient le placer à un rang si élevé dans la reconnaissance et l'admiration de son pays.

Il réunissait autour de lui un certain nombre d'hommes distingués, qui cherchaient dans la culture des sciences et des arts un asile contre les dissensions du dehors. Cette réunion, qui portait le nom de *Collége philosophique*, se rassemblait sous sa direction, tantôt à Oxford, tantôt à Londres. Lorsqu'en 1660, Charles II monta sur le trône d'Angleterre, il fonda, des débris de cette réunion nomade, la *Société royale de Londres*, que Boyle fut chargé d'organiser. L'illustre savant refusa de présider cette société, il rejeta même les honneurs de la pairie pour reprendre le cours de ses travaux scientifiques.

Boyle s'était occupé avec succès de continuer les recherches d'Otto de Guericke sur le vide et la pression atmosphérique ; il avait publié ses expériences sur ce sujet, laissant à d'autres le soin de les poursuivre. Lorsque Papin arriva en Angleterre, il pensait à les reprendre, mais il ne trouvait personne pour le seconder. L'habileté de Papin et ses études spéciales sur la machine pneumatique, lui rendaient son secours utile de toutes manières. Il admit donc dans son laboratoire, le jeune physicien français.

Commencées le 11 juillet 1676, les expériences qu'ils exécutèrent ensemble, furent continuées jusqu'au 17 février 1679. Parmi ces expériences, il faut citer leurs recherches relatives à la vapeur de l'eau bouillante, qui plus tard devaient porter leurs fruits entre les mains de Papin.

Boyle reconnaît avec beaucoup de loyauté, que les services de Papin lui furent d'une grande utilité, et déclare qu'il était d'une grande habileté dans la construction et le maniement des appareils de physique.

« Plusieurs des machines dont nous faisions usage, dit-il, particulièrement la machine pneumatique à deux corps de pompe et le fusil à vent, étaient de son invention, et en partie fabriqués de sa main. »

L'amitié de Robert Boyle et le mérite de ses travaux ouvrirent à Papin les portes de la *Société royale de Londres*. Il y fut admis le 16 décembre 1680, et ne tarda pas à se placer à un rang distingué parmi les membres de cette compagnie célèbre.

C'est peu de temps après, en 1681, qu'il fit connaître pour la première fois, dans un ouvrage écrit en anglais, sous le titre de *New Digester*, l'appareil qui a reçu en France le nom de *digesteur* ou de *marmite de Papin* [36].

Le *digesteur*, selon Papin, permettait de cuire les viandes en peu de temps et à peu de frais, tout en améliorant leur goût. Il donnait en même temps, le moyen de ramollir les os, c'est-à-dire de les transformer en une substance qui a reçu de nos jours le nom de *gélatine*, ce qui ajoutait à la quantité de matière nutritive contenue dans les diverses parties du corps des animaux.

Cet appareil, qui a été renouvelé de nos jours sous le nom d'*autoclave*, est loin cependant d'avoir réalisé les promesses de l'inventeur ; les viandes cuites par ce moyen contractent une saveur ammoniacale. Aussi, quoique Leibnitz ait dit dans une de ses lettres : « Un de mes amis me mande avoir mangé un pâté de pigeonneaux préparé de la sorte par le digesteur, et qui s'est trouvé excellent [37], » il est permis de contester l'utilité de ce procédé de cuisine économique.

La marmite de Papin était munie d'un appareil connu de nos jours sous le nom de *soupape de sûreté*, et qui constitue l'un des organes les plus importants de la machine à vapeur moderne. Tout le monde s'accorde à ajouter la plus haute importance à la découverte de cet appareil, que l'on regarde comme le prélude des travaux de Papin sur la vapeur. Au risque de paraître soutenir un paradoxe, nous oserons nous séparer encore sur ce point de l'opinion commune. Comme nous nous efforçons d'appuyer sur des textes authentiques les principaux faits exposés dans cette notice historique, nous citerons le passage original du livre de Papin sur le *digesteur*. On verra que la soupape de sûreté a une origine beaucoup plus humble qu'on ne l'imagine.

Papin commence par donner la description de son *digesteur*. L'appareil se compose de deux cylindres creux rentrant l'un dans l'autre : le premier, à parois métalliques très-épaisses, renferme l'eau que l'on doit convertir en vapeurs ; le second, plus petit, sert à contenir les viandes. Le tout est fermé par un épais couvercle métallique s'adaptant parfaitement aux contours du cylindre, auquel il est fixé par des écrous très-solides : quand on veut s'en servir, on le place sur un fourneau allumé.

Louis Figuier

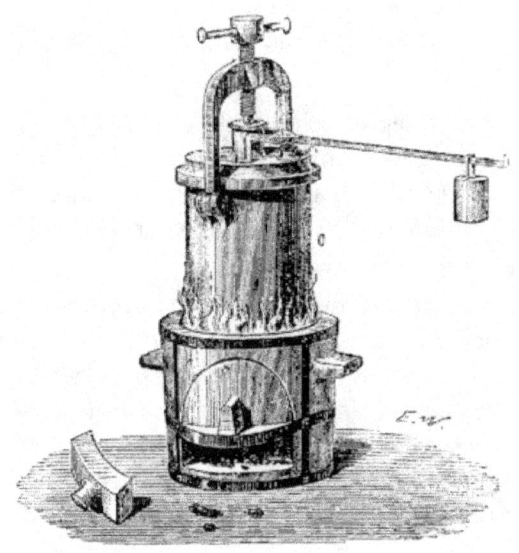

Fig. 26. — Marmite de Papin.

La figure 26 représente la *marmite de Papin*, telle qu'on la construit aujourd'hui, pour démontrer dans le cours de physique, la pression considérable qu'exerce la vapeur d'eau. *S* est la soupape de sûreté, C, le corps du cylindre extérieur.

La marmite de Papin n'est donc qu'une sorte de bain-marie, dans lequel seulement la vapeur, renfermée dans un espace clos, ne peut se dégager au dehors. Après avoir donné la description de sa marmite, Papin ajoute :

« Cette machine est sans doute fort simple et peu sujette à se gâter, mais elle est incommode en ce qu'on ne regarde pas dedans aussi aisément que dans le pot ordinaire, et comme elle fait plus ou moins d'effet, selon que l'eau qui y est se trouve plus ou moins pressée, et aussi que la chaleur est plus ou moins grande, il pourrait arriver quelquefois que vous tireriez vos viandes avant qu'elles fussent cuites, et d'autres fois que vous les laisseriez brûler ; ainsi il a fallu chercher des moyens pour connaître et la quantité de pression qui est dans la machine, et le degré de chaleur.

« Il n'y a qu'à faire un petit tuyau ouvert des deux bouts, et, l'ayant soudé sur un trou fait au couvercle, il faut appliquer sur l'ouverture d'en haut de ce tuyau une petite soupape bien exacte et garnie de papier. »

Pour connaître le degré de la pression de la vapeur, Papin fermait cette soupape au moyen d'une petite verge de fer qui, fixée par une de ses extrémités à une charnière, portait, à l'autre bout, un poids mobile à la manière des romaines. Il avait déterminé la pression nécessaire pour soulever ce poids.

« De sorte, ajoute-t-il, que lorsque la soupape laisse échapper quelque chose, je conclus que la pression dans le bain-marie est environ huit fois plus forte que la pression de l'air, puisqu'elle peut soulever, non-seulement le poids qui résiste à six pressions, mais aussi la verge que j'ai éprouvée, qui résiste à deux, et ainsi, en augmentant ou diminuant le poids, ou en le changeant de place, je connais toujours à peu près combien la pression est forte dans la machine [38]. »

Ainsi Papin n'avait imaginé son levier et sa soupape, que pour *savoir ce qui se passait dans le pot*, et pour veiller à l'exacte cuisson des viandes. En faisant varier la position occupée par le poids sur les bras de la romaine, il reconnaissait approximativement le degré de pression auquel se trouvaient soumises les viandes placées dans le bain-marie. À cette époque, en effet, il était loin encore de songer à construire une machine fondée sur la force élastique de la vapeur d'eau ; et bien plus, lorsqu'il proposa cette machine, il ne pensa nullement à la munir de sa soupape. Dans son célèbre mémoire de 1690, où il donne la description de la première machine à vapeur, il n'est rien dit de la soupape de sûreté. L'idée d'appliquer un tel instrument à prévenir l'explosion de la chaudière d'une machine à vapeur, ne lui vint que vingt-sept ans plus tard, en 1707, c'est-à-dire quinze années après la publication de ce mémoire. C'est le physicien Désaguliers qui transporta le premier dans la pratique cette idée de Papin. En 1717, Désaguliers appliqua, en Angleterre, à une machine de Savery, la soupape du digesteur de Papin, que ce dernier avait proposée en 1707 comme un moyen de se mettre à l'abri des explosions auxquelles cette machine donnait lieu.

La construction du *digesteur* n'a donc exercé aucune influence sur la découverte de la machine à feu ; si elle y contribua en quelque chose, ce ne fut guère qu'en familiarisant l'inventeur avec l'usage pratique de la vapeur d'eau.

Depuis la publication de son *New Digester*, Papin se trouvait à Londres dans une position plus avantageuse peut-être que celle qu'il avait occupée à Paris. Il appartenait à la *Société royale*, la première des Académies de l'Europe. En outre, la protection de Robert Boyle lui permettait d'espérer beaucoup, car ce savant illustre, successivement honoré de l'estime de Charles II, de Jacques II et de Guillaume, savait user en faveur de ses amis d'un crédit qu'il dédaignait pour lui-même. D'un autre côté, il continuait à entretenir avec son pays de bonnes relations ; on insérait régulièrement dans le *Journal des savants* les communications qu'il lui adressait. Aussi ne peut-on se défendre d'un certain sentiment de dépit contre son humeur vagabonde, lorsqu'on le voit déserter tout à coup le sol hospitalier qui l'a reçu, et de même qu'il avait abandonné la France pour l'Angleterre, abandonner l'Angleterre pour l'Italie.

Le chevalier Sarroti, secrétaire du sénat de Venise, venait de fonder dans cette ville, par l'ordre du sénat, une nouvelle Académie, en vue du perfectionnement des sciences et des lettres, « avec une dépense et une générosité tout à fait extraordinaires, » dit Papin [39]. Sarroti offrit au physicien français une position dans cette Société, et Papin accepta, un peu à l'étourdie.

Il résulte d'une lettre de lui, datée d'Anvers le 1er mars 1681, et adressée au docteur Croune, que depuis peu de jours il avait quitté l'Angleterre. Dans cette lettre, il priait son ami de remettre sa machine à la *Société royale*, à laquelle il offrait en même temps ses services en quelque lieu qu'il se trouvât.

La *Société royale*, qui le vit partir avec regret, tint note de la promesse, et inscrivit son nom sur la liste de ses membres honoraires.

Papin séjourna plus de deux ans à Venise, occupé presque sans relâche à des expériences de physique. Ses travaux lui acquirent une grande réputation en Italie. La seule mention de son opposition aux idées du respectable Guglielmini, sur une question d'hydraulique, « faisait peur à ce savant, » et plusieurs années après sa mort, un physicien florentin parle de « la célèbre machine, le *digesteur*, inventée par Papin, pour expliquer la cause des volcans et des tremblements de terre, débattue depuis des milliers d'années. »

Fig. 25. — Arrivée de Papin à Venise.

Fig. 27. — Denis Papin.

Cependant Papin finit par s'apercevoir qu'il fallait beaucoup rabattre de la « générosité tout à fait extraordinaire » du chevalier Sarroti. En même temps que sa renommée grandissait, il voyait chaque jour s'amoindrir ses ressources, et il vint un moment où, désespérant de trouver en Italie la position avantageuse sur laquelle il avait compté, il dut prendre le parti de laisser à leurs travaux le chevalier Sarroti et ses académiciens.

En quittant Venise, Papin revint directement en Angleterre. Il espérait y ramasser les lambeaux de son crédit et de sa fortune. Mais ses longues pérégrinations avaient refroidi le zèle de ses amis, et tout ce qu'il put obtenir, ce fut d'entrer en qualité de pensionnaire à la *Société royale*. Il fut chargé d'exécuter les expériences ordonnées par l'Académie, et de copier sa correspondance. Il recevait pour toute rétribution la somme de 62 francs par mois.

C'est pendant ce second séjour en Angleterre, qu'il conçut et exécuta la première machine qui devait le mettre sur la trace de sa découverte des applications de la vapeur.

Nous avons insisté sur l'importance que l'on attachait, à la fin du XVIIᵉ siècle, à l'emploi mécanique de la pression de l'air. On y voyait le moyen de doter l'industrie du moteur qui lui manquait. Depuis les recherches qu'il avait effectuées avec Boyle sur la machine pneumatique, Papin nourrissait plus particulièrement cette grande pensée. Il crut avoir découvert le moyen de la réaliser, en employant comme moteur direct, la machine pneumatique exécutée en grand.

Tel était son dessein lorsqu'il présenta, en 1687, à la *Société royale de Londres*, le modèle d'une machine destinée à *transporter au loin la force des rivières*. Cette machine se composait de deux vastes corps de pompe, dont les pistons étaient mis en jeu par une chute d'eau, et qui servaient à faire le vide dans l'intérieur d'un long tuyau métallique. Une corde attachée à l'extrémité de la tige du piston, devait transmettre une force motrice considérable, lorsque, par l'effet de la pression atmosphérique, le piston, violemment chassé dans l'intérieur du tuyau, entraînerait avec lui les poids qui le retenaient [40]. C'était, comme on le voit, le principe du chemin de fer atmosphérique, sur lequel nous aurons à appeler l'attention dans le cours de ce volume. Cependant les essais auxquels on soumit cette machine en 1687, devant la *Société royale de Londres*, ne donnèrent que de mauvais résultats, soit en raison de la difficulté de maintenir le vide dans un long tuyau métallique, soit en raison de la lenteur extrême avec laquelle le mouvement se communiquait du piston aux fardeaux qu'il devait entraîner.

Papin avait fondé beaucoup d'espérance sur le succès de son appareil ; cet échec les détruisait sans retour. De tristes lueurs commençaient à assombrir l'horizon du philosophe. Son séjour en Italie avait absorbé les faibles ressources de son patrimoine, et la rémunération de 62 francs par mois qu'il recevait de la*Société royale* était par trop insuffisante pour ses besoins. Il reporta alors sa pensée vers la France ; mais les portes de sa patrie lui étaient fermées. L'impolitique et inique révocation de l'édit de Nantes, faite en 1685, frappait dans leur fortune et dans leurs droits les protestants français. Aux termes de cet arrêt, l'exercice de la médecine, de la chirurgie et de la pharmacie était interdit aux membres de la religion réformée.

Papin aurait pu faire tomber d'un seul mot les barrières qui le séparaient de son pays, entrer à l'Académie des sciences, où sa place était depuis longtemps marquée, et recevoir les traitements flatteurs que l'on prodiguait, trois ans après, à son cousin Isaac Papin, dont l'exil fit fléchir le courage et qui abjura le protestantisme, en 1690, entre les mains de Bossuet. Il préféra un exil éternel à la honte d'une abjuration. En 1687, le landgrave Charles, électeur de Hesse, lui offrit une chaire de mathématiques à Marbourg. Malgré les préoccupations de la politique et de la guerre, ce prince éclairé s'était toujours plu à suivre et à encourager ses travaux. Papin s'empressa d'accepter l'offre de l'électeur. Il écrivit au secrétaire de la *Société royale*, pour l'informer de la résolution qu'il avait prise, et le prier de lui compter l'arriéré de son traitement. Le trésorier reçut l'ordre de faire droit à cette demande. La Société décida en même temps, dans sa séance du 14 décembre 1687, que le docteur Papin recevrait en présent quatre exemplaires de l'*Histoire des poissons*, comme un témoignage des bons services qu'elle avait reçus de lui.

Papin emporta ses quatre exemplaires de l'*Histoire des poissons* ; mais c'était la perle de la fable : il est à croire que le *grain de mil* eût mieux convenu à l'état de ses affaires.

Louis Figuier

Arrivé à Marbourg, Papin commença ses leçons publiques de mathématiques. Ce nouveau métier, auquel il était peu fait, ne fut pas sans lui causer quelques ennuis et quelques difficultés au début. Néanmoins, il reprit bientôt la suite de ses travaux accoutumés.

L'emploi du vide et de la pression atmosphérique, utilisés directement comme force motrice, avait mal réussi dans son appareil à double pompe pneumatique. Il espéra mieux remplir le grand dessein qu'il se proposait, en construisant une autre machine, également fondée sur l'emploi de la pression de l'air, mais dans laquelle le vide, au lieu d'être déterminé par le jeu d'une pompe pneumatique, serait obtenu en faisant détoner de la poudre à canon sous le piston de cette pompe. La poudre, brûlée dans un cylindre fermé par une soupape et parcouru par un piston, dilatait l'air, par l'effet de la chaleur dégagée pendant la combustion ; cet air, s'échappant par la soupape, provoquait un vide dans le cylindre, et dès lors la pression atmosphérique, pesant sur la tête du piston, chassait celui-ci dans l'intérieur du corps de pompe. C'était, comme on le voit, le principe de la machine précédente ; seulement le vide était produit par un artifice d'une autre nature.

La machine à poudre que Papin fit connaître en 1688 [41], n'était pas, à proprement parler, une invention de ce physicien. La première idée en avait été émise par l'abbé de Hautefeuille, dans un mémoire imprimé à Paris en 1678 [42]. À cette époque, le projet d'appliquer la pression atmosphérique à la création d'un nouveau moteur, occupait tous les savants. L'abbé de Hautefeuille avait parlé, le premier, d'obtenir une force motrice empruntée à la pression atmosphérique, en faisant le vide dans un tuyau par suite de la combustion de la poudre. Le principe de cette machine avait été conçu par l'abbé de Hautefeuille à l'époque où Louis XIV voulait élever les eaux de la Seine pour les consacrer à l'embellissement des jardins de Versailles ; les immenses difficultés de cette entreprise extravagante tenaient alors en haleine l'esprit de tous les mécaniciens français.

« Un si grand nombre d'inventions qui ont été proposées pour élever des eaux à Versailles m'engagea, dit Jean de Hautefeuille, à méditer sur les moyens de le faire avec facilité... Repassant ainsi dans mon imagination toutes les forces qui pouvaient être dans la nature, il s'en présenta une qui est infiniment plus grande que celle du vent, du courant des rivières et des torrents, et la plus violente qui ait jamais été : cette force est la poudre à canon, que l'on n'a point encore employée à l'élévation des eaux [43]. »

Le principe était bon en lui-même, mais la machine proposée par l'abbé pour le mettre à exécution, était des plus grossières. Elle se composait d'une grande caisse disposée à trente pieds (9^m,745), au-dessus de la masse d'eau qu'il s'agissait d'élever ; cette caisse était munie de quatre soupapes s'ouvrant de dedans en dehors, et se terminait par un tube plongeant dans l'eau. Quand on enflammait, dans la caisse, une certaine quantité de poudre à canon, on dilatait l'air contenu dans le tube, et cet air, s'échappant par les soupapes, provoquait, dans l'intérieur de cet espace, un vide partiel. Par suite de ce vide, l'eau, pressée par l'atmosphère extérieure, s'élançait dans l'intérieur de l'appareil.

L'abbé de Hautefeuille, doué d'un certain esprit d'invention et de recherche avait des habitudes scientifiques assez fâcheuses. Il abordait tous les sujets sans en approfondir un seul ; il émettait, en termes laconiques, beaucoup d'idées vagues et mal formulées, et lorsque, plus tard, d'autres savants venaient à traiter sérieusement les questions qu'il n'avait fait qu'effleurer, il fatiguait le public du bruit de ses réclamations. C'est ainsi qu'il écrivait en 1682 :

« Il y a trois ou quatre ans que je proposai une force qui me semblait devoir être de quelque utilité ; c'est la poudre à canon, qui produit l'effet de la pompe aspirante par la raréfaction de l'air, et celui de la pompe foulante par son effort. J'ai appris depuis ce temps-là que l'on avait fait une expérience à l'Académie royale des sciences, qui en approchait, et que l'on avait essayé ce principe pour l'élévation des corps solides... On m'a assuré qu'un gros de poudre à canon avait enlevé en l'air sept ou huit laquais qui retenaient le bout de la corde, et qu'ayant attaché des poids à son extrémité, ce gros de poudre avait enlevé mille ou mille deux cent livres (489^{kil},5 ou 587^{kil},4) pesant [44]. »

Ce n'était point l'Académie qui avait exécuté l'expérience dont parle Jean de Hautefeuille, mais bien Huygens, qui avait substitué à ce grossier mécanisme un appareil perfectionné, consistant essentiellement dans l'emploi d'un corps de pompe parcouru par un piston. La machine n'était plus bornée au seul objet de l'élévation des eaux à une hauteur de trente pieds (9ᵐ,745) ; elle devait constituer un moteur susceptible de recevoir toutes les applications industrielles.

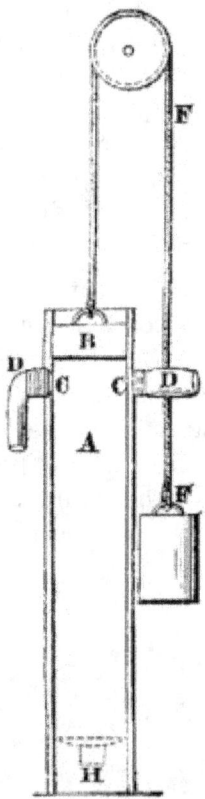

Fig. 28.La figure (fig. 28) que Huygens a donnée de son appareil, en fait comprendre le mécanisme.

A est un cylindre métallique, B un piston mobile dans ce cylindre ; une corde enroulée sur une poulie, et supportant le poids qu'il s'agit d'élever, est attachée à ce piston. Au bas du cylindre est une petite boîte H, destinée à recevoir la poudre. D, D, sont deux poches de cuir, garnies de soupapes jouant de dedans en dehors, et destinées à donner issue à l'air dilaté et aux produits gazeux de l'explosion de la poudre.

« On met, dit Huygens, dans la boîte H un peu de poudre à canon, avec un petit bout de mèche d'Allemagne allumée, et l'on serre bien cette boîte par le moyen de sa vis. La poudre, venant un moment après à s'allumer, remplit le cylindre de flamme et en chasse l'air par les tuyaux de cuir D, D, qui s'étendent et qui sont aussitôt refermés par l'air du dehors, de sorte que le cylindre demeure vide d'air, ou du moins pour la plus grande partie. Ensuite le piston B est forcé, par la pression de l'air qui pèse dessus, à descendre, et il tire ainsi la corde FF, et ce à quoi on l'a voulu attacher. La quantité de cette pression est connue et déterminée par la pesanteur de l'air et par la grandeur du diamètre du piston, qui, étant d'un pied, sera pressé autant que s'il portait le poids d'environ mille huit cent livres (871^{kil},1), supposé que le cylindre fût tout à fait vide d'air [45]. »

Papin connaissait depuis longtemps cette machine, car il avait, comme nous l'avons dit, secondé Huygens dans sa construction, pendant qu'il logeait avec lui à la Bibliothèque du roi. Mais il avait reconnu dans ses dispositions divers inconvénients, et il voulait seulement, dans la construction nouvelle qu'il proposait et qu'il soumit à l'examen de ses collègues, les professeurs de l'Université de Marbourg, en perfectionner le mécanisme. Les changements qu'il apportait à l'appareil de Huygens, ont d'ailleurs trop peu d'importance pour les signaler ici.

Fig. 27. — Papin fait l'expérience de sa machine à poudre devant les professeurs de l'Université de Marbourg.

Cependant il était facile de deviner que les effets mécaniques provoqués par ce moyen, ne présenteraient qu'une puissance médiocre, parce qu'il était impossible, par la seule détonation de la poudre, de chasser entièrement l'air contenu dans le cylindre. En outre, comme le démontra le physicien anglais Robert Hooke, l'air, en raison de sa compressibilité, pouvait rester en partie dans le tube. Par suite de cette circonstance, si le tube présentait une certaine longueur, le mouvement du piston devenait presque insensible.

Pour parer à cet inconvénient capital, Papin essaya de faire également le vide dans le tube. Mais l'expérience montra qu'il restait toujours dans l'appareil assez d'air pour annuler la plus grande partie des effets de la pression extérieure.

C'est alors que Papin, réfléchissant sur les agents qu'il serait permis d'employer pour remplacer la poudre à canon, comme moyen de faire le vide dans un corps de pompe, eut l'idée, hardie et profondément nouvelle, d'employer la vapeur d'eau à cet usage.

Dans l'histoire de la machine à vapeur, on ne peut accorder à Papin autre chose que l'idée d'employer la vapeur d'eau comme moyen de faire le vide ; mais cette pensée, véritable inspiration du génie, suffit à l'immortaliser. Elle honorera à jamais son nom, son siècle et sa patrie [46].

Le mémoire dans lequel Papin propose, pour la première fois, l'emploi d'une machine ayant pour principe moteur la force élastique de la vapeur d'eau, fut publié en latin dans les *Actes de Leipsick*, au mois d'août 1690, sous ce titre :*Nova Methodus ad vires motrices validissimas levi pretio comparandas* (Nouvelle Méthode pour obtenir à bas prix des forces motrices considérables). Papin commence par rappeler les essais infructueux qu'il a faits antérieurement, pour perfectionner la machine à poudre.

« Jusqu'à ce moment, dit-il, toutes ces tentatives ont été inutiles, et après l'extinction de la poudre enflammée, il est toujours resté dans le cylindre environ la cinquième partie de l'air. J'ai donc essayé de parvenir, par une autre route, au même résultat ; et comme, par une propriété qui est naturelle à l'eau, une petite quantité de ce liquide, réduite en vapeurs par l'action de la chaleur, acquiert une force élastique semblable à celle de l'air et revient ensuite à l'état liquide par le refroidissement, sans conserver la moindre apparence de sa force élastique, j'ai cru qu'il serait facile de construire des machines où l'air, par le moyen d'une chaleur modérée, et sans frais considérables, produirait le vide parfait que l'on ne pouvait pas obtenir à l'aide de la poudre à canon. »

La figure 29 fera comprendre les éléments de la machine que Papin proposa pour utiliser les effets mécaniques de la vapeur d'eau.

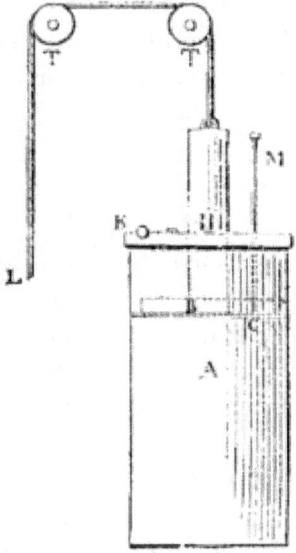

Fig. 29.A est un cylindre de cuivre fermé par le bas, ouvert par le haut et contenant un peu d'eau à sa partie inférieure. Ce cylindre est parcouru par un piston mobile B. Un orifice C traverse ce piston, et a pour effet de permettre d'abaisser celui-ci jusqu'à ce que sa face inférieure touche l'eau, en donnant issue à l'air qui existe au-dessous. Quand on a ainsi chassé l'air du cylindre, on bouche cet orifice C avec la tige M ; on échauffe ensuite le bas du cylindre, à l'aide d'un brasier. L'eau arrive à l'ébullition, et la vapeur acquiert assez de puissance pour soulever le piston et le pousser jusqu'au haut de sa course. Cet effet obtenu, on pousse le cliquet E, qui, s'enfonçant dans une rainure de la tige H, arrête et maintient le piston dans cette position. On éloigne alors le

brasier, le cylindre se refroidit, la vapeur se condense, le vide se fait par conséquent au-dessous du piston. Si alors on retire le cliquet E, le piston, pressé par tout le poids de l'atmosphère extérieure, se précipite aussitôt au fond du cylindre et peut ainsi servir à élever des poids que l'on aurait attachés à l'extrémité de la corde L, fixée à la tige du piston et s'enroulant sur deux poulies T, T.

Mais le lecteur est sans doute désireux d'avoir connaissance du mémoire entier dans lequel Denis Papin a consigné ses idées. Nous allons donc mettre sous ses yeux la traduction de son mémoire original, lequel parut, comme nous l'avons dit, au mois d'août 1690, dans les *Actes des érudits de Leipsick*, sous ce titre : *Nouvelle Méthode pour obtenir à bas prix des forces considérables*.

« Dans la machine destinée au nouvel usage que l'on voulait faire de la poudre à canon, et dont la description se trouve dans les *Actes des érudits* du mois de septembre 1688, on désirait surtout, dit Papin, que la poudre allumée dans la partie inférieure du tube remplît de flamme sa capacité entière, pour que l'air en fût complétement chassé, et que le tube placé au-dessous du piston restât tout à fait vide d'air. On a dit alors que le résultat n'avait pas été satisfaisant, et que, malgré toutes les précautions dont on a parlé, il était toujours resté dans le tube environ la cinquième partie de l'air qu'il peut contenir. De là deux inconvénients : 1° on n'obtient que la moitié de l'effet désiré, et l'on n'élève à la hauteur d'un pied qu'un poids de cent cinquante livres (73^{kil},425), au lieu de trois cents (146^{kil},850) qui auraient dû être élevées si le tube avait été parfaitement vide, 2° à mesure que le piston descend, la force qui le presse du haut en bas diminue graduellement, comme on l'a observé au même endroit. Il est donc indispensable que nous tentions, par un moyen quelconque, de diminuer la résistance dans la même proportion que la force motrice diminue elle-même, pour que cette force motrice la surpasse jusqu'à la fin. C'est ainsi que dans les horloges portatives (les montres), on ménage avec art la force inégale du ressort qui meut tout le système, afin que pendant tout le temps il puisse vaincre avec une égale facilité la résistance des roues. Mais il serait bien plus commode encore d'avoir une force motrice toujours égale depuis le commencement jusqu'à la fin. On a donc fait dans ce but quelques essais pour obtenir un vide parfait à l'aide de la poudre à canon ; car, par ce moyen, comme il n'y aurait plus d'air pour résister au piston, toute la colonne atmosphérique supérieure pousserait ce piston jusqu'au fond du tube avec une force uniforme. Mais jusqu'à ce moment toutes les tentatives ont été infructueuses, et après l'extinction de la poudre enflammée il est toujours resté dans le tube environ la cinquième partie de l'air. J'ai donc essayé de parvenir par une autre route au même résultat, et comme, par une propriété qui est naturelle à l'eau, une petite quantité de ce liquide, réduite en vapeur par l'action de la chaleur, acquiert une force élastique semblable à celle de l'air, et revient ensuite à l'état liquide par le refroidissement, sans conserver la moindre apparence de sa force élastique, j'ai été porté à croire que l'on pourrait construire des machines où l'eau, par le moyen d'une chaleur modérée, et sans frais considérables, produirait le vide parfait que l'on ne pouvait pas obtenir à l'aide de la poudre à canon. Parmi les différentes constructions que l'on peut imaginer à cet effet, voici celle qui m'a paru la plus commode [47].

« A est un tube d'un diamètre partout égal, exactement fermé dans sa partie inférieure ; B est un piston adapté à ce tube ; H, un manche, ou tige, fixé au piston ; EH une verge de fer qui se meut horizontalement autour de son axe : un ressort presse la verge de fer EH, de manière à la pousser nécessairement dans l'ouverture H aussitôt que le piston et sa tige sont élevés à une hauteur telle que l'ouverture soit au-dessus du couvercle ; C est un petit trou pratiqué dans le piston, par lequel l'eau peut sortir du fond du tube A lorsqu'on enfonce, pour la première fois, le piston dans ce tube.

« Voici quel est l'usage de cet instrument : on verse dans le tube A une petite quantité d'eau, à la hauteur de trois ou quatre lignes ($0^m,0067$ ou $0^m,009$), puis on introduit le piston, et on le pousse jusqu'au fond jusqu'à ce qu'une partie de l'eau versée sorte par le trou C ; alors ce trou est fortement bouché par la verge M ; on place ensuite le couvercle où sont pratiquées les ouvertures nécessaires. Au moyen d'un feu modéré, le tube A qui est en métal très-mince, s'échauffe bientôt, et l'eau changée en vapeur exerce une pression assez forte pour vaincre le poids de l'atmosphère, et pousser en haut le piston B jusqu'au moment où le trou H de la tige du piston s'élève au-dessus du couvercle ; alors on entend le bruit de la verge EH, poussée dans l'ouverture H par le ressort. Il faut, dans ce moment, ôter aussitôt le feu, et les vapeurs renfermées dans le tube à minces parois se résolvent bientôt en eau par l'action du froid, et laissent le tube parfaitement vide d'air. On retire ensuite la verge EH de l'ouverture H, ce qui permet à la tige de redescendre ; aussitôt le piston B éprouve la pression de tout le poids de l'atmosphère, qui produit avec d'autant plus de force ce mouvement désiré que le diamètre du tube est plus grand. On ne peut douter que le poids de la colonne atmosphérique ne soit mis tout entier à profit dans des tubes de cette espèce. J'ai reconnu, par expérience, que le piston élevé par la chaleur au haut du tube redescendait peu après jusqu'au fond, et cela à plusieurs reprises, en sorte que l'on ne peut supposer l'existence de la plus petite quantité d'air qui resterait dans le fond du tube ; or mon tube, dont le diamètre n'excède pas deux doigts, élève cependant un poids de soixante livres (29^{kil},370) avec la même vitesse que le piston descend dans le tube, et le tube lui-même pèse à peine cinq onces (152^{gr}). Je suis donc convaincu qu'on pourrait faire des tubes pesant au plus quarante livres chacun (19^{kil},580), et qui cependant pourraient à chaque mouvement élever à quatre pieds (1^m,299) de haut un poids de deux mille livres (979^{kil}). J'ai éprouvé, d'ailleurs, que l'espace d'une minute suffit pour qu'avec un feu modéré le piston soit porté jusqu'au haut de mon tube ; et comme le feu doit être proportionné au diamètre des tubes, de très-grands tubes pourraient être échauffés presque aussi vite que des petits : on voit clairement par là quelles immenses forces motrices on peut obtenir au moyen d'un procédé si simple, et à quel bas prix. On sait en effet que la colonne d'air pesant sur un tube d'un pied (0^m,32) de diamètre égale à peu près deux mille livres ; que si le diamètre est de deux pieds (0^m,65), ce poids sera environ de huit mille livres (3 916^{kil}), et que la pression augmentera, ainsi de suite, en raison des diamètres, il suit de là que le feu d'un fourneau qui aurait un peu plus de deux pieds (0^m,65) de diamètre suffirait pour élever à chaque minute huit mille livres (3 916^{kil}) pesant à une hauteur de quatre pieds (1^m,299) si l'on avait plusieurs tubes de cette hauteur, car le feu, renfermé dans un fourneau de fer un peu mince, pourrait être facilement transporté d'un tube à un autre ; et ainsi le même feu procurerait continuellement, soit dans l'un, soit dans l'autre tube, ce vide dont les effets sont si puissants. Si l'on calcule maintenant la grandeur des forces que l'on peut obtenir par ce moyen, la modicité des frais nécessaires pour acquérir une quantité de bois suffisante, on avouera sans doute que notre méthode est de beaucoup supérieure à l'usage de la poudre à canon, dont on a parlé plus haut, surtout puisqu'on obtient ainsi un vide parfait, et qu'on obvie aux inconvénients que nous avons énumérés.

« Comment peut-on employer cette force pour tirer hors des mines l'eau et le minerai, pour lancer des globes de fer à de grandes distances, pour naviguer contre le vent et pour faire beaucoup d'autres applications ? C'est ce qu'il serait beaucoup trop long d'examiner. Mais chacun, dans l'occasion, doit imaginer un système de machines approprié au but qu'il se propose. Je dirai cependant ici en passant sous combien de rapports une force motrice de cette nature serait préférable à l'emploi des rameurs ordinaires pour imprimer le mouvement aux vaisseaux : 1° les rameurs ordinaires surchargent le vaisseau de tout leur poids, et le rendent moins propre au mouvement ; 2° ils occupent un grand espace, et par conséquent embarrassent beaucoup sur le vaisseau ; 3° on ne peut pas toujours trouver le nombre d'hommes nécessaire ; 4° les rameurs, soit qu'ils travaillent en mer, soit qu'ils se reposent dans le port, doivent toujours être nourris, ce qui n'est pas une petite augmentation de dépense. Nos tubes, au contraire, ne chargeraient, comme on l'a dit, le vaisseau que d'un poids très-faible ; ils occuperaient peu de place ; on pourrait se les procurer en quantité suffisante s'il existait une fois une fabrique pour les confectionner ; et enfin ces tubes ne consumeraient du bois qu'au moment de l'action, et n'entraîneraient aucune dépense dans le port. Mais comme des rames ordinaires seraient mues moins commodément par des tubes de cette espèce, il faudrait employer des roues à rames telles que je me souviens d'en avoir vu dans la machine construite à Londres par l'ordre du sérénissime prince palatin Rupert. Elle était mise en mouvement par des chevaux à l'aide de rames de cette espèce, et laissait de bien loin derrière elle la chaloupe royale, qui avait cependant seize rameurs. Il n'est pas douteux que nos tubes ne pussent imprimer un mouvement de rotation à des rames fixées à un axe, si les tiges des pistons étaient armées de dents qui s'engrèneraient nécessairement dans des roues également dentées et fixées à l'axe des rames. Il serait nécessaire que l'on adaptât trois ou quatre tubes au même axe, pour que son mouvement pût continuer sans interruption. En effet, tandis qu'un piston toucherait au fond de son tube, et ne pourrait plus, par conséquent, faire tourner l'axe avant que la force de la vapeur l'eût élevé au sommet du tube, on pourrait, au moment même, éloigner l'arrêt d'un autre piston qui, en descendant, continuerait le mouvement de l'axe. Un autre piston serait ensuite poussé de la même manière et exercerait sa force motrice sur le même axe, tandis que les pistons abaissés en premier lieu seraient de nouveau élevés par la chaleur, et se retrouveraient ainsi en état de mouvoir le même axe de la manière précédemment décrite. D'ailleurs, un seul fourneau et un peu de feu suffiraient pour élever successivement tous les pistons.

Mais on objectera peut-être que les dents des tiges engrenées dans les dents des roues exerceront sur l'axe des actions en sens inverse quand elles descendront et quand elles remonteront, et qu'ainsi les pistons montants contrarieront le mouvement des pistons descendants, et réciproquement. Cette objection est sans force. Tous les mécaniciens connaissent parfaitement un moyen par lequel on fixe à un axe des roues dentées qui, mues dans un sens, entraînent l'axe avec elles, et qui, dans l'autre sens, ne communiquent aucun mouvement, et le laissent obéir librement à la rotation opposée. La principale difficulté est donc d'avoir une fabrique où l'on forge facilement ces grands tubes, comme on l'a dit en détail dans les *Actes des érudits*, du mois de septembre 1688. Et cette nouvelle machine doit être un nouveau motif pour accélérer cet établissement ; car elle démontre clairement que ces grands tubes pourraient être appliqués très-commodément à plusieurs usages importants. »

Comme on vient de le voir par la lecture de ce document si remarquable à tous les titres, Papin croyait que son appareil était susceptible de recevoir dans l'industrie une application immédiate. En cela il tombait dans l'erreur commune des inventeurs, qui n'hésitent pas à considérer la première suggestion de leur esprit comme le dernier mot de la science et de l'art. On ne peut, en effet, voir dans la machine du physicien de Blois, qu'un moyen de démontrer, par l'expérience, le principe de la force élastique de la vapeur, et du parti que l'on peut en tirer comme force motrice. Quant à l'appliquer, telle qu'elle était conçue, aux usages de l'industrie, il était impossible d'y songer. La disposition grossière, qui consistait à placer une légère couche d'eau dans le cylindre lui-même et à produire la vapeur à l'aide d'un brasier placé par-dessous, de telle sorte que l'appareil n'était alimenté que par cette petite quantité d'eau qui ne se renouvelait jamais ; — le moyen, plus vicieux encore, qui faisait dépendre la chute du piston du refroidissement spontané de la vapeur, par suite du simple éloignement du brasier ; — ces tubes de métal mince, que l'action du feu aurait rapidement détruits et incapables de résister efficacement à la pression intérieure exercée sur leurs parois ; — l'absence d'un moyen propre à prévenir les explosions : tout nous montre que cet appareil ne présentait aucune des conditions que l'on voit communément réalisées dans la plus médiocre des machines industrielles.

Cette erreur devait durement peser sur la destinée de Papin. Les défauts de sa machine étaient d'une évidence à frapper tous les yeux. Aussi fut-elle accueillie avec une désapprobation marquée et placée, d'un accord unanime, au rang des appareils imparfaits qu'il avait antérieurement fait connaître. Sa grande conception concernant l'emploi de la vapeur, fut enveloppée dans la même défaveur qui avait accueilli sa machine à double pompe pneumatique et sa machine à poudre. Aucun recueil scientifique ne reproduisit le mémoire publié dans les *Actes de Leipsick*. Le physicien Hooke se borna à faire ressortir, dans quelques notes lues à la *Société royale* de Londres, les inconvénients de la nouvelle machine motrice proposée par le Dr Papin, et tout fut dit.

L'indifférence que rencontra sa découverte, eut pour lui une conséquence funeste. En présence du peu de succès de ses idées, il se prit à douter de lui-même ; il crut avoir fait fausse route, et abandonna entièrement le projet de sa machine à vapeur. Il y avait cependant bien peu de modifications à apporter à sa construction primitive pour la rendre applicable à l'industrie. L'emploi d'une chaudière servant à amener la vapeur dans l'intérieur du cylindre, et le refroidissement de la vapeur provoqué par une aspersion d'eau froide, auraient suffi pour en faire le moteur le plus puissant que l'industrie eût possédé jusqu'à cette époque. Par malheur, les critiques qu'il rencontra, décoragèrent Papin, qui cessa entièrement de s'occuper de ce sujet, et lorsque, quinze ans après, il essaya d'y revenir, il fut conduit à proposer un appareil tout différent du premier, et dans lequel, abandonnant la grande idée dont l'honneur lui revient, il avait recours à des dispositions vicieuses.

Dans un voyage qu'il avait fait en Angleterre, en 1705, Leibnitz avait vu fonctionner la machine à vapeur de Savery, première application pratique de la puissance motrice de la vapeur d'eau. Leibnitz envoya à Papin le dessin de cette machine, afin de connaître son opinion sur l'appareil du mécanicien anglais, et celui-ci montra la lettre et le dessin à l'électeur de Hesse. C'est à l'instigation de ce prince que Papin reprit l'examen de ce sujet, qu'il avait abandonné depuis quinze ans.

Le résultat de son travail fut la publication d'un petit livre imprimé à Francfort en 1707, sous le titre de *Nouvelle Manière d'élever l'eau par la force du feu.*

La nouvelle machine à vapeur que Papin décrit dans ce mémoire, n'est autre chose, bien qu'il essaye de s'en défendre, qu'une imitation de la machine de Savery, inférieure encore à celle de son rival. Il propose d'employer la force élastique de la vapeur à élever de l'eau dans l'intérieur d'un tube. Cette eau est ainsi amenée dans un réservoir supérieur, d'où on la fait tomber sur les augets d'une roue hydraulique, à laquelle elle imprime un mouvement de rotation.

La figure 30 fera comprendre tous les détails de la seconde machine à vapeur qui fut proposée par Denis Papin en 1707. Cette figure est la reproduction exacte d'un dessin mis par l'auteur en tête de son mémoire. On remarquera que la chaudière et le corps de pompe sont munis de la soupape de sûreté. C'est, en effet, dans ce mémoire que Papin fait connaître pour la première fois l'application de la soupape qu'il avait imaginée, vingt-sept ans auparavant, pour son *digesteur des viandes.*

Une chaudière A dirige sa vapeur, au moyen du tube L, dans l'intérieur d'un cylindre I, qui doit alternativement se remplir et se vider d'eau. La vapeur vient presser la face supérieure d'un piston, ou, pour mieux dire, d'un flotteur creux, qui se maintient, grâce à sa légèreté, à la surface de l'eau qui remplit le cylindre. Refoulée par cette pression, l'eau s'élève dans le tuyau ENQ. Quand le cylindre I est vide, et le robinet C ayant été fermé de manière à empêcher l'introduction de la vapeur de la chaudière dans le cylindre, on ouvre le robinet D, qui laisse échapper la vapeur dans l'air. Dès lors la pression de l'air extérieur précipite dans cet espace, grâce à des soupapes convenablement placées, une partie de l'eau tenue en réserve dans un vase EH. Si, alors, on ouvre le robinet C, de nouvelles vapeurs arrivant de la chaudière provoquent l'ascension de l'eau dans le tube ENQ, et le même mouvement continue sans interruption, pourvu que l'on ouvre et ferme aux moments convenables le robinet C qui donne accès à la vapeur et le robinet D, qui la laisse perdre au dehors.

Fig. 30. — Seconde machine à vapeur de Denis Papin.

Tel qu'il vient d'être décrit, cet appareil ne pouvait servir qu'à l'unique objet de l'élévation des eaux. Pour en faire un moteur applicable à toute destination mécanique, Papin proposait de faire rendre l'eau ainsi élevée dans l'intérieur d'une caisse QR, fermée de toutes parts, hormis au point B, où se trouvait une ouverture munie d'un robinet, d'où l'eau retombait sur les augets d'une roue hydraulique P. Sortant de la caisse R avec une vitesse qui était encore augmentée par la compression de l'air situé au-dessus, l'eau, retombant sur la roue hydraulique, la faisait tourner, et pouvait ainsi remplir le rôle d'un moteur applicable à divers emplois.

Louis Figuier

Ainsi Papin abandonnait son idée capitale, d'employer la vapeur comme moyen d'opérer le vide dans un cylindre, pour adopter le procédé, bien moins avantageux, qui consiste à se servir de la pression de la vapeur pour élever une colonne d'eau. Il ne faisait en cela que copier, avec quelques modifications, la machine de Savery. C'est que cette machine, déjà en usage en Angleterre, avait obtenu un certain succès ; Papin, égaré par l'apparence des résultats utiles qu'elle avait fournis, perdait ainsi de vue la grande conception qui perpétuera le souvenir de son génie.

On avait pensé jusqu'à ces derniers temps, que les idées de Papin sur cette seconde machine à vapeur, n'étaient jamais sorties du domaine de la théorie. Mais une correspondance de Papin avec Leibnitz, retrouvée en 1852, par M. Kuhlmann, professeur à l'Université de Hanovre, a jeté un jour tout nouveau sur cette question. Il résulte de ces lettres, qu'après avoir fait construire le modèle de la machine précédente, Papin la fit exécuter en grand, pour l'appliquer à un bateau, qui fut essayé par l'inventeur sur la Fulda. Mais des dissentiments ayant éclaté sur ces entrefaites entre lui et quelques personnages puissants de Marbourg, Papin prit la résolution de quitter l'Allemagne, et de faire transporter son bateau en Angleterre pour y continuer ses expériences.

C'est ce que démontre suffisamment la curieuse et importante lettre de Papin à Leibnitz que nous mettons sous les yeux de nos lecteurs.

CASSEL, ce 7 juillet 1707.

« MONSIEUR,

« Vous savez qu'il y a longtemps que je me plains d'avoir ici beaucoup d'ennemis trop puissants. Je prenais pourtant patience ; mais depuis peu j'ai éprouvé leur animosité de telle manière qu'il y aurait eu trop de témérité à moi à oser vouloir demeurer plus longtemps exposé à de tels dangers. Je suis persuadé pourtant que j'aurais obtenu justice, si j'avais voulu faire un procès ; mais je n'ai déjà fait perdre que trop de temps à Son Altesse pour mes petites affaires, et il vaut bien mieux céder et quitter la place que d'être trop souvent obligé d'importuner un si grand prince. Je lui ai donc présenté une requête pour le supplier très-humblement de m'accorder la permission de me retirer en Angleterre, et Son Altesse y a consenti avec des circonstances qui font voir qu'elle a encore, comme elle a toujours eu, beaucoup plus de bonté pour moi que je ne mérite.

« Une des raisons que j'ai alléguées dans ma requête, c'est qu'il est important que ma nouvelle construction de bateau soit mise à l'épreuve dans un port de mer, comme Londres, où on pourra lui donner assez de profondeur pour y appliquer la nouvelle invention qui, par le moyen du feu, rendra un ou deux hommes capables de faire plus d'effet que plusieurs centaines de rameurs. En effet, mon dessein est de faire le voyage dans ce même bateau, dont j'ai déjà eu l'honneur de vous parler autrefois, et l'on verra d'abord que sur ce modèle il sera facile d'en faire d'autres où la machine à feu s'appliquera fort commodément. Mais il se trouve une difficulté, c'est que ce ne sont point les bateaux de Cassel qui vont à Brême, et quand les marchandises de Cassel sont arrivées à Münden, il faut les décharger pour les transporter dans les bateaux qui descendent à Brême. J'en ai été assuré par un batelier de Münden, qui m'a dit qu'il faut une permission expresse pour faire passer un bateau de la Fulda dans le Wéser. Cela m'a fait résoudre, Monsieur, de prendre la liberté d'avoir recours à vous pour cela. Comme ceci est une affaire particulière et sans conséquence pour le négoce, je suis persuadé que vous aurez la bonté de me procurer ce qu'il faut pour faire passer mon bateau à Münden, vu surtout que vous m'avez déjà fait connaître combien vous espériez de la machine à feu pour les voitures par eau. On m'a aussi averti qu'à Hamel, il y a un courant extrêmement rapide, et qu'il s'y perd des bateaux. Cela me ferait souhaiter de savoir à peu près à combien de degrés ce canal est incliné sur l'horizon. Ainsi, Monsieur, si vous avez eu la curiosité de faire cette observation, je vous supplie d'avoir aussi la bonté de me dire ce qu'il en est. En tout cas, il vaudra toujours mieux prendre trop que pas assez de précautions pour garantir mon bateau de tout accident. Si j'étais assez heureux pour que vos affaires vous appelassent dans l'une ou l'autre des deux villes dans le temps que j'y passerai, je m'y ferais une extrême satisfaction d'y entendre et d'y profiter de vos bons avis en voyant notre bateau, et de vous supplier de bouche de me continuer la même bienveillance dont vous m'honorez depuis si longtemps, et de me permettre toujours de me dire avec respect, Monsieur, votre très-humble et très-obéissant serviteur.

« D. Papin. »

Dès la réception de cette lettre, Leibnitz écrivit au conseiller intime de l'électeur de Hanovre, pour obtenir l'autorisation de faire passer le bateau de Papin des eaux de la Fulda dans celles du Wéser. Mais cette autorisation fut refusée, ou du moins elle se fit attendre ; car, dans une seconde lettre, datée du 1er août 1707, Papin se plaint des retards qu'éprouve sa demande.

Pour mettre le temps à profit, il continua les essais de son bateau. La lettre suivante, adressée à Leibnitz et datée du 15 septembre, montre que les résultats qu'il obtenait étaient de nature à l'encourager.

« L'expérience de mon bateau a été faite, et elle a réussi de la manière que je l'espérais ; la force du courant de la rivière était si peu de chose en comparaison de la force de mes rames, qu'on avait de la peine à reconnaître qu'il allât plus vite en descendant qu'en montant. Monseigneur eut la bonté de me témoigner la satisfaction d'avoir vu un si bon effet, et je suis persuadé que si Dieu me fait la grâce d'arriver heureusement à Londres, et d'y faire des vaisseaux de cette construction qui aient assez de profondeur pour appliquer la machine à feu à donner le mouvement aux rames, je suis persuadé, dis-je, que nous pourrons produire des effets qui paraîtront incroyables à ceux qui ne les auront pas vus. »

Mais il n'était pas dans sa destinée de voir ce grand projet s'accomplir. La lettre que nous venons de citer contient le *postscriptum* suivant, indice précurseur du mécompte qui l'attendait.

« Je viens de recevoir une lettre de Münden, d'une personne qui a parlé au bailli pour la permission de passer mon bateau dans le Wéser. Elle a eu pour réponse que c'est une chose impossible ; que les bateliers ne le veulent plus, parce qu'ils ont payé une amende de cent écus, et que la permission de Son Altesse électorale est nécessaire pour cela. Il est vrai que quelques bateliers m'ont dit le contraire, mais d'autres aussi ont dit qu'il fallait une permission de Son Altesse. Je ne puis croire que ceux qui m'ont dit le contraire aient voulu me tromper. Enfin, je me vois en grand danger qu'après tant de peines et de dépenses qui m'ont été causées par ce bateau, il faudra que je l'abandonne, et que le public soit privé des avantages que j'aurais pu, Dieu aidant, lui procurer par ce moyen. Je m'en consolerai pourtant, voyant qu'il n'y a point de ma faute, car je ne pouvais jamais imaginer qu'un dessein comme celui-là dût échouer faute de permission. »

Il était en effet trop pénible de penser qu'un projet qui avait coûté toute une vie de travaux pût échouer devant un si misérable obstacle. C'est là cependant le triste dénoûment que sa mauvaise étoile réservait aux efforts de Papin.

Ne recevant pas la permission qu'il avait demandée à l'électeur de Hanovre pour entrer dans les eaux du Wéser, Papin crut pouvoir passer outre. Le 25 septembre 1707, il s'embarqua à Cassel sur la Fulda, et arriva à Münden le même jour.

Münden, ville du Hanovre, est située au confluent de la Fulda et de la Wera, qui, se réunissant en ce point, forment le Wéser. Papin comptait continuer sa route sur ce fleuve, et arriver ainsi à Brême, près de l'embouchure du Wéser dans la mer du Nord, où il se serait embarqué sur un vaisseau qui l'aurait conduit à Londres, en remorquant son petit bateau. Mais les mariniers lui refusèrent l'entrée du Wéser, et comme il insistait, sans doute, et réclamait avec force contre un procédé si rigoureux, ils mirent sa machine en pièces.

Fig. 31. — Les bateliers du Wéser mettent en pièces le bateau à vapeur de Papin.

Quelque étonnant qu'il nous paraisse, ce fait est prouvé par le curieux document que l'on va lire. C'est une lettre adressée à Leibnitz par le bailli de Münden. Le bailli, honteux sans doute de la fâcheuse aventure arrivée au protégé du puissant Leibnitz, essaye de s'en excuser, et de se prémunir d'avance contre les plaintes du vieillard qu'il a laissé si inhumainement traiter. Cette lettre, rapportée par M. Kuhlmann, est écrite en français ; nous la citons textuellement :

MÜNDEN, ce 27 septembre 1707.

« MONSIEUR,

« Ayant appris par le médecin Papin, qui, venant de Cassel, passa avant-hier par cette ville, que vous vous trouvez présentement en cette cour-là, je me donne l'honneur de vous avertir, Monsieur, que ce pauvre homme de médecin qui m'a montré votre lettre de recommandation pour Londres, a eu le malheur de perdre sa petite machine d'un vaisseau à roues que vous avez vue ; les bateliers de cette ville ayant eu l'insolence de l'arrêter et de le priver du fruit de ses peines, par lesquelles il pensait s'introduire auprès de la reine d'Angleterre. Comme l'on ne m'avertit de cette violence qu'après que le bonhomme fut parti, et qu'il ne s'était point adressé à nous, mais au magistrat de la ville pour s'en plaindre, quoique cette affaire fût de ma juridiction, vous voyez, Monsieur, qu'il n'était pas en mon pouvoir d'y remédier. C'est pourquoi je prends la liberté de vous informer de ce fait, en cas que si cet homme ne voulût faire des plaintes à Hanovre et à Cassel, vous soyez persuadé de la vérité et de la brutalité de ces gens-ci. Si, en repassant à Hanovre, je puis avoir l'honneur de vous voir, Monsieur, je me donnerai celui de vous assurer moi-même de la passion constante avec laquelle je suis, Monsieur, votre très-humble et très-obéissant serviteur.

« ZEUNER. »

Le même fait est confirmé par une lettre, datée du 20 octobre 1707, adressée à Leibnitz par un certain Hattenbach, et qui contient ces deux lignes : « Le pauvre Papin a été obligé de laisser son bateau à Münden, n'ayant jamais pu obtenir de l'amener. »

On est saisi d'un profond sentiment de compassion quand on

se représente l'infortuné vieillard, privé des moyens sur lesquels il avait fondé toutes ses espérances, sans ressources, presque sans asile, et ne sachant plus en quel coin de l'Europe il irait cacher ses derniers jours. Il n'osait revenir sur ses pas, et rentrer à Marbourg, dans cette université qu'il avait volontairement abandonnée. D'un autre côté, il ne pouvait songer à la France. Plus que jamais l'accès de sa patrie lui était fermé, car l'intolérance religieuse, dont les excès ont déshonoré les dernières années du règne de Louis XIV, continuait à y déployer ses fureurs.

Mais l'Angleterre avait été pour lui une autre patrie. C'est là que la fortune avait souri un moment aux efforts de sa jeunesse. Les encouragements et l'appui qu'il avait rencontrés auprès de l'illustre Robert Boyle, les relations qu'il avait formées avec les membres de la *Société royale de Londres*, vivaient au nombre des plus doux souvenirs de son cœur. Il prit donc la résolution de continuer sa route vers l'Angleterre. Il voulut mourir sur le sol hospitalier où avaient fleuri les quelques jours heureux de son existence.

Faible et malade, il s'achemina tristement vers ce dernier asile de sa vieillesse. Mais, dans le long intervalle de son absence, ses amis avaient eu le temps de l'oublier. Robert Boyle était mort, et le nom de Papin était presque inconnu des nouveaux membres de la compagnie. Pour subvenir à ses besoins, il fut contraint de se remettre à la solde de la *Société royale*. Le grand inventeur dont notre siècle glorifie la mémoire, se trouva dès ce moment, et jusqu'aux derniers jours de sa vie, réduit à un état voisin de la misère. Il fut contraint, faute de ressources suffisantes, de renoncer à poursuivre les expériences de son bateau à vapeur. « Je suis maintenant obligé, dit-il dans une de ses lettres, de mettre mes machines dans le coin de ma pauvre cheminée. »

En effet, cette ardeur d'invention et de recherches, qui avait été comme l'aliment de son existence, persistait encore dans l'âme du noble vieillard ; c'était le dernier lien qui le rattachait à la vie. Il était sans cesse occupé à combiner de nouvelles machines, pour l'exécution desquelles il réclamait, trop souvent en vain, les secours de la *Société royale*.

Le secrétaire de la Société, M. Sloane, lui avait demandé compte d'une petite somme qu'on lui avait remise, et Papin lui écrivit pour indiquer l'emploi que cet argent avait reçu :

« Puisque vous désirez, très-honoré Monsieur, un compte rendu de ce que j'ai fait pour la *Société royale* depuis que j'ai reçu quelque argent, afin que vous puissiez mieux juger ce qu'il est convenable de me donner maintenant, j'ai déposé sur ce papier ce que j'estime le plus important. Mais, avant tout, je dois vous prier de vous souvenir que vous devez vous mettre à ma place sans restriction, afin que je sois payé selon ce que j'ai mérité, et ayant déjà dans la tête plus de travail de cette nature que je n'en pourrai faire dans le reste de ma vie, j'ai résolu de négliger tous les autres moyens de pourvoir à ma subsistance, étant persuadé qu'il ne peut y avoir de meilleure occupation que de travailler pour la *Société royale*, puisque c'est la même chose que de travailler pour le bien public. Je vous en prie, Monsieur, permettez-moi d'ajouter ici que, dans l'Académie royale de Paris, il y a trois pensionnaires pour la mécanique qui ont chacun un très-bon salaire annuel, et, en outre, qu'il y a d'habiles ouvriers de toutes sortes, payés par le roi, qui sont prêts en tout temps à exécuter tout ce que ces pensionnaires commandent. Prenez, s'il vous plaît, les Mémoires de l'Académie royale des sciences, et voyez ce que ces trois pensionnaires font chaque année, et comparez-le avec ce que j'ai fait depuis sept mois ; j'espère que vous trouverez que j'ai raison de dire que j'ai fait autant qu'on peut attendre du plus honnête homme avec ma petite capacité et ma pénurie d'argent [48]. »

Il est triste de voir le pauvre proscrit contraint d'invoquer des secours étrangers pour perfectionner les inventions utiles qui ne cessaient d'occuper les loisirs de ses derniers jours.

« Je propose humblement à la Société royale, écrivait-il le 10 mai 1709, de faire un nouveau fourneau qui épargnera plus de la moitié des combustibles. Je ne puis encore dire précisément combien ; mais il est certain que l'économie sera si considérable qu'elle fera plus que compenser la dépense nécessaire pour l'acquérir... Je désire humblement que la Société royale me donne 250 francs, et après cela il sera facile d'essayer une chose qui peut être utile à la respiration, la végétation, la cuisine, etc. »

Fig. 32. — Vieillesse et misère de Papin.

« Je suis maintenant obligé, écrit Papin, de mettre mes machines dans le coin de ma pauvre cheminée. »

On lit encore dans une lettre adressée à M. Sloane :

« Certainement, Monsieur, je suis dans une triste position, puisque, même en faisant bien, je soulève des ennemis contre moi ; cependant, malgré tout cela, je ne crains rien, parce que je me confie au Dieu tout-puissant. »

La pauvreté et l'abandon dans lesquels le malheureux philosophe traîna le poids de ses derniers jours, devaient lui être d'autant plus douloureux qu'il était chargé de famille. C'est ce qui semble résulter d'une réponse qu'il adressa au comte de Sintzendorff, lorsque ce gentilhomme l'invitait à aller visiter, en Bohême, une de ses mines abandonnée à cause de l'envahissement des eaux.

« Je souhaiterais extrêmement, dit-il, de témoigner à Votre Excellence l'ardeur de mon zèle à lui rendre mes très-humbles services, n'était que les pays que nous voyons ruinés dans notre voisinage, et l'incertitude des événements de la guerre, m'avertissent que je ne dois pas abandonner ma famille de si loin dans un temps comme celui-ci [49]. »

C'est par erreur que l'on fixe ordinairement à l'année 1710 l'époque de la mort de Papin. Il vivait encore en 1714, s'il faut s'en rapporter à une dernière lettre de Leibnitz, où il est question de lui. Cette lettre est sans date, mais la mention qui s'y trouve faite du récent avénement de George Ier au trône d'Angleterre, et de la loi anglaise intitulée *l'Acte de succession*, en fixe l'époque vers l'année 1714.

« Il y avait dans votre cour, écrit Leibnitz, un savant mathématicien et machiniste français, nommé Papin, avec lequel j'échangeai des lettres de temps en temps. Mais il alla en Hollande, et peut-être plus loin, l'année passée. Je souhaite d'apprendre s'il est revenu ou s'il a quitté le service, et s'est transporté en Angleterre, comme il en avait le dessein… — Y a-t-il donc longtemps que M. Papin est de retour chez vous ? J'avais pensé qu'il eût tout à fait quitté, car je le trouvais un peu chancelant ; et encore à présent sa lettre me paraît être de ce caractère, quoiqu'elle soit extrêmement générale. Il a un mérite qui certainement n'est pas ordinaire ; vous le trouverez, Monsieur, en le pratiquant ; et ce ne serait peut-être pas mal de le faire, pour voir un peu à quoi il s'occupe, car il ne m'en dit mot. »

Fig. 33. — Leibnitz.

C'est là, d'ailleurs, le seul document qui permette d'éclairer les derniers temps de la vie de Papin. On ne peut préciser l'époque où il acheva de mourir. Il languit sans doute quelques années encore dans l'isolement et la pauvreté, et il est douloureux de penser que le besoin a pu abréger le terme de sa triste existence.

Quelques personnes ont voulu expliquer le mystère qui couvre les derniers temps de sa vie, par son secret retour aux bords de la Loire, où il aurait voulu mourir. Ainsi il ne nous est même pas donné de connaître le coin de terre où reposent les cendres de cet homme infortuné !

Quand on jette un regard d'ensemble sur les travaux de Papin, on ne peut s'empêcher de reconnaître qu'ils sont marqués au coin du génie. Cependant le mérite de notre compatriote a été contesté, et dans une notice sur la machine à vapeur, le docteur Robison n'a pas craint de dire : « Papin n'était ni physicien ni mécanicien [50]. » La physique du XVIIᵉ siècle se composait d'un trop petit nombre de principes pour qu'il soit permis de refuser à aucun savant de cette époque la connaissance des faits si simples qu'elle embrassait. De plus, quand on a eu la pensée de créer une force motrice par la seule action de l'eau bouillante, on n'est pas seulement mécanicien, on est mécanicien de génie.

Il est juste néanmoins de reconnaître que, dans ses travaux, Papin a souvent manqué d'esprit de suite. Il procédait par sauts et comme par boutades. Il découvrait des faits épars d'une haute importance, et ne savait pas trouver le lien propre à les rattacher en faisceau. Il établissait de grands principes, et se montrait inhabile à en déduire les conséquences même les plus rapprochées. C'est dans les premiers temps de sa vie scientifique, en s'occupant de l'insignifiant objet de la cuisson des viandes, qu'il invente la soupape de sûreté, et ce n'est qu'à la fin de sa carrière qu'il songe à l'appliquer à une machine dont les dispositions sont défectueuses. Pendant la construction d'un autre appareil imparfait, le moteur à double pompe pneumatique, il invente le robinet à quatre ouvertures, organe dont Leupold et James Watt ont tiré un si grand parti dans les machines à vapeur. Enfin, il découvre le principe fondamental de l'emploi de la vapeur pour faire le vide et soulever un piston ; et bientôt, détourné par la critique, il perd de vue sa découverte, et meurt sans soupçonner l'importance extraordinaire qu'elle doit acquérir un jour. Il y a là un vice d'esprit que l'on essayerait en vain de dissimuler.

Hâtons-nous de le dire, les circonstances de la vie de Papin expliquent ce défaut. Si son existence se fût écoulée calme et honorée dans sa patrie ; s'il eût vécu entouré d'aides intelligents, de constructeurs et d'ouvriers ; s'il eût goûté quelque temps les loisirs et la liberté d'esprit qui sont nécessaires à l'exécution des longs travaux scientifiques, on n'aurait pas à défendre sa mémoire contre de tels reproches. La postérité, qui ne connaît qu'un coin de son génie, aurait alors possédé Papin tout entier. Mais éloigné dès sa jeunesse du ciel de sa patrie ; obligé de promener à travers l'Europe le poids de ses ennuis et de sa pauvreté ; contraint de frapper, de son bâton de voyage, à la porte des Académies étrangères, le malheureux philosophe pouvait-il nous léguer autre chose que les ébauches de son génie ?

Si imparfaites qu'elles soient, elles suffisent à faire comprendre ce que l'on pouvait attendre de lui dans des conditions plus favorables. Pendant qu'il végétait oublié en Allemagne, un simple serrurier du Devonshire, dépourvu de toutes connaissances scientifiques, exécutait la première machine à vapeur atmosphérique, en se bornant à rapprocher les découvertes éparses du mécanicien français. Papin n'eût-il pu suffire à la tâche accomplie par le serrurier Newcomen ? Si donc la machine à vapeur n'est pas une invention exclusivement française, il ne faut l'attribuer qu'aux tristes circonstances qui, pendant quarante ans, fermèrent à Papin l'accès de sa patrie. Il y avait dans toutes les grandes villes de la France, et surtout dans celles des bords de la Loire, une nombreuse population de huguenots industrieux, qui possédaient des capitaux immenses et concentraient dans leurs mains l'exploitation des principaux arts mécaniques. Ces hommes, qui devaient transporter l'industrie française au delà du Rhin et en Amérique, étaient tous ses amis. Nul doute qu'ils ne lui eussent offert les ressources nécessaires pour perfectionner sa découverte, et qu'il n'eût trouvé dans le concours de ses compatriotes le moyen de doter son pays de l'honneur entier de cette invention impérissable. Ainsi la révocation de l'édit de Nantes ne fut pas seulement une offense aux lois éternelles de la morale et de la justice ; elle n'eut pas uniquement pour effet l'exil d'un demi-million d'hommes et le transport à l'étranger d'une grande partie de l'industrie nationale ;

elle devait encore priver la France de l'invention de la vapeur, c'est-à-dire de la découverte qui a le plus activement contribué aux progrès de la civilisation moderne.

CHAPITRE VI

MACHINE DE SAVERY. — NEWCOMEN ET CAWLEY. — MACHINE À VAPEUR ATMOSPHÉRIQUE DE NEWCOMEN.

Papin vivait en Allemagne lorsqu'il publia la description de sa machine à vapeur atmosphérique. Mais l'Allemagne accordait alors une trop faible part à l'industrie, pour offrir un théâtre favorable au développement de ses idées. Ses projets ne pouvaient, à la même époque, trouver en France un accueil plus avantageux. Épuisée d'hommes et d'argent par trente années de guerre, la France voyait chaque jour dépérir son commerce. La révocation de l'édit de Nantes lui avait porté un coup irréparable, en la privant, suivant les termes du mémoire de d'Aguesseau, « dans toutes sortes d'arts, des plus habiles ouvriers, ainsi que des plus riches négociants, qui étaient de la religion réformée. »

L'Angleterre se trouvait dans des conditions toutes différentes. Depuis la restauration de la maison des Stuarts, le commerce et l'industrie y recevaient un développement chaque jour plus rapide. À l'ombre de la paix et d'une administration intelligente, cette grande nation commençait à tirer parti des richesses accumulées sous son sol. Les mines de houille, répandues en Angleterre avec une profusion extraordinaire, forment, comme on le sait, l'une des sources les plus importantes des revenus du pays. Depuis plusieurs années, leur exploitation se poursuivait avec ardeur. Mais en raison des dispositions géologiques de la plupart des terrains houillers de la Grande-Bretagne, d'immenses courants d'eau viennent à chaque instant alterner avec les couches du minerai. Ces nappes d'eaux souterraines apportaient les obstacles les plus graves à l'extraction du combustible, et la profondeur croissante des mines ajoutait de jour en jour à ces inconvénients et à ces dangers. Les moyens, souvent insuffisants, mis en usage pour l'épuisement des eaux, occasionnaient partout des dépenses énormes, et ces difficultés commençaient à éveiller les inquiétudes de la nation toute entière.

L'annonce d'un moteur nouveau, puissant et économique, ne pouvait donc être accueillie avec indifférence au milieu d'un peuple qui voyait sa prospérité ou sa ruine suspendues à cette question.

Thomas Savery, ancien ouvrier des mines, devenu capitaine de marine et très-habile ingénieur, s'occupait depuis longtemps de l'étude des moyens mécaniques applicables au desséchement des houillères, lorsqu'il eut connaissance des travaux de Papin. Mais les idées de ce dernier étaient devenues, en Angleterre, l'objet de vives critiques. Robert Hooke, comme nous l'avons vu, avait fait ressortir tous les défauts de sa machine atmosphérique. Les attaques de Robert Hooke étaient d'ailleurs parfaitement justifiées par les grossières dispositions de l'appareil de Papin, considéré comme machine motrice : la nécessité d'approcher et de retirer le feu à chaque instant, l'action nuisible que la chaleur aurait exercée sur les parois extérieures du cylindre, la lenteur, presque ridicule, des mouvements du piston, qui ne pouvait fournir plus d'une oscillation par minute, étaient autant d'obstacles évidents à son application à l'industrie. Mais le critique anglais, égaré par ces objections de détail, méconnaissait la grande pensée de Papin, qui, en imaginant de faire le vide dans un cylindre par la condensation de la vapeur d'eau, dotait la mécanique de l'idée la plus grande et la plus neuve que l'histoire de cette science eût jamais enregistrée.

L'argumentation et les reproches de Robert Hooke donnèrent le change à Thomas Savery. Au lieu de se borner à faire subir à la machine de Papin quelques modifications très-simples qui auraient permis de la transporter immédiatement dans la pratique, il voulut construire une machine à vapeur fondée sur un principe tout différent. Laissant de côté le cylindre et le piston, il fabriqua un modèle de machine dans laquelle il combina le vide produit par la condensation de la vapeur, avec l'emploi direct de sa force élastique. Dans sa nouvelle machine, l'eau s'élevait d'abord par aspiration lorsqu'on produisait le vide au-dessus ; ensuite elle était lancée dans un tube vertical par la pression directe d'un nouveau jet de vapeur qui, cet effet accompli, se condensait à son tour et servait à créer de nouveau le vide. Papin avait conçu un moteur universel, Savery proposait une machine qui ne pouvait servir qu'à l'élévation des eaux.

C'est en 1698 que Savery demanda un brevet pour la construction de sa machine à vapeur. Il la fit fonctionner la même année, à Hamptoncourt, en présence du roi Guillaume, qui s'y intéressa vivement, et le 14 juin 1699, on en fit l'essai devant la *Société royale de Londres.*

La machine de Savery reçut, à différentes époques, plusieurs perfectionnements de la part de l'inventeur. Les dernières modifications qu'il apporta à son appareil, et qui lui permirent de marcher avec régularité, furent consignées dans une brochure qui parut en 1702, sous le titre de *l'Ami du mineur(The miner's Friend)* [51].

Nous ne devons pas manquer de mentionner, avant de passer à la description de la machine de Savery, une prétention émise par l'auteur.

Cette prétention, c'est d'avoir imaginé à lui seul sa machine, c'est-à-dire sans avoir eu connaissance de celle de Papin, ni d'aucun appareil analogue.

Fig. 34. — Le capitaine Savery dans la taverne.

Voici l'historiette que Savery raconte dans son ouvrage, en ajoutant que cette circonstance lui suggéra l'idée de sa machine à vapeur.

Un jour, dit-il, se trouvant dans une taverne, et ayant bu une bouteille de vin de Florence, il jeta, par hasard, la bouteille vide au milieu du foyer de la cheminée. Ensuite, il appela la servante, et la pria de lui apporter une cuvette pleine d'eau, pour se laver les mains.

Il était resté dans la bouteille, quelques gouttes de vin. La chaleur du foyer ne tarda pas à convertir le liquide en vapeurs, qui s'échappèrent par le goulot. Savery fut alors frappé d'une idée ! Il mit un de ses gants de buffleterie, afin de se garantir de la chaleur, retira la bouteille du foyer et la renversa dans la cuvette, pour voir l'effet que cela produirait. Au bout de quelques instants il vit, avec surprise, l'eau monter dans la bouteille, et la remplir peu à peu. La vapeur s'était condensée au contact de l'eau froide, et le vide s'étant fait dans la bouteille, la pression de l'air avait forcé l'eau de s'y introduire.

Tel est le petit événement qui aurait fourni à Savery, s'il faut l'en croire, l'idée de sa machine. Avait-il, à cette époque, connaissance des travaux de Papin, et n'a-t-il imaginé cette aventure que pour s'attribuer la gloire d'une découverte indépendante de celle du mécanicien français, quoique postérieure ? Cela nous paraît fort probable ; mais c'est un point qu'il serait fort difficile de décider aujourd'hui. Dans tous les cas, il est certain que la machine à vapeur de Papin n'était pas alors inconnue en Angleterre.

Mais arrivons à la description de la machine de Savery.

La figure 35 présente les éléments essentiels de la machine de Savery. Voici le jeu de ses différentes pièces.

La vapeur d'eau fournie par la chaudière B arrive, en traversant le tuyau D, dans l'intérieur du vase métallique S. Elle presse l'eau contenue dans ce vase, et par sa force élastique, la refoule dans le tube A, en soulevant la soupape a qui s'ouvre de bas en haut, et fermant la soupape b qui se ferme de haut en bas. L'eau jaillit ainsi par l'extrémité supérieure du tube A et s'écoule au dehors.

Lorsque le vase S s'est vidé de cette manière, on ferme le robinet c, pour intercepter la communication avec la chaudière ; et ouvrant aussitôt le robinet e, on fait arriver un courant d'eau continu, du réservoir E. La vapeur contenue dans le vase S se trouve ainsi subitement condensée. Le vide se trouvant produit à l'intérieur de ce vase par suite de la condensation de la vapeur, la soupape b se soulève par l'afflux de l'eau, qui s'élance, par le tube D, dans l'intérieur de l'appareil, en vertu de la pression atmosphérique. Alors le robinet *c*, étant ouvert de nouveau, donne accès à de nouvelle vapeur dans le vase S, et cette vapeur, pressant le liquide, le refoule dans le tube A. La vapeur étant de nouveau condensée par une affusion d'eau froide, le vide produit dans le vase S appelle une nouvelle quantité d'eau dans ce récipient, et ainsi de suite.

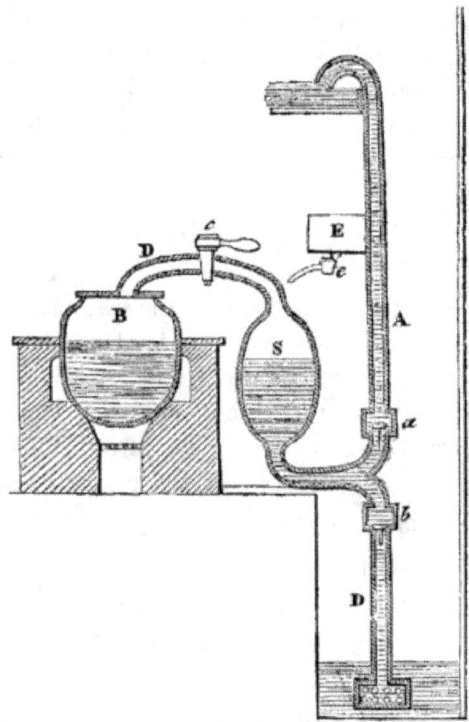

Fig. 35. — Coupe de la machine à vapeur de Savery.

Il suffit donc d'ouvrir successivement les robinets *c* et *e* pour élever, d'une manière à peu près continue, toute l'eau que l'on désire faire monter.

D'après Switzer, cette machine pouvait élever par minute, 52 gallons d'eau, c'est-à-dire quatre fois le contenu du récipient S, à la hauteur de cinquante-cinq pieds (17^m,264).

La machine de Savery présentait un défaut capital. Le récipient devait satisfaire à deux conditions incompatibles. Les parois de ce vase auraient dû être à la fois, très-épaisses pour supporter à l'intérieur, la pression considérable exercée par la vapeur d'eau, et très-minces, pour se refroidir rapidement. En outre, cette machine n'élevait l'eau qu'à la condition de l'échauffer en partie, car la vapeur, arrivant à l'intérieur du récipient S, s'y condensait en grande quantité ; de telle manière que lorsque l'eau montait dans le tube, elle avait déjà acquis une température assez élevée, par suite de la chaleur abandonnée par la vapeur revenue à l'état liquide. Cet appareil reposait donc sur un principe vicieux.

Il y aurait cependant une profonde injustice à contester à Thomas Savery l'honneur qui lui revient pour avoir imaginé et construit la première machine à vapeur qui ait fonctionné en Europe. Si la postérité doit une haute reconnaissance au savant qui découvre de grandes vérités théoriques, elle doit le même tribut d'hommages à celui qui, transportant ces mêmes idées dans la pratique, leur fait porter leurs premiers fruits.

Lorsque Savery eut terminé la construction de sa machine, il se hâta de la présenter aux propriétaires des mines. Mais elle arrivait dans un mauvais moment. Depuis plusieurs années, les propriétaires des mines de houille étaient assiégés par les faiseurs de projets, qui les avaient entraînés, sans résultats, dans toute sorte d'essais dispendieux. Les échecs nombreux que l'on avait éprouvés en expérimentant des machines imparfaites, ou de prétendus perfectionnements d'anciens mécanismes, devaient naturellement jeter de la défaveur sur toute conception nouvelle. La machine de Savery porta la peine de toutes les tentatives infructueuses exécutées jusque-là. Comme elle arrivait à la suite d'une foule de projets qui avaient trompé l'attente générale, on ne prêta aucune attention aux promesses de son inventeur. Savery essaya inutilement de lutter contre ces fâcheuses préventions ; les propriétaires des mines persistèrent à rejeter sa machine, qui ne servit guère que pour élever l'eau dans l'intérieur de palais ou quelques maisons de plaisance.

Savery n'assignait d'autres limites à la puissance de sa *pompe à feu* que l'impossibilité où l'on était de fabriquer des récipients et des tubes assez forts pour résister à la pression de la vapeur.

« Je ferai monter, disait-il, de l'eau à cinq cents ou mille pieds (152^m,39 ou 304^m,79) de hauteur, si vous pouvez m'indiquer le moyen d'avoir des vaisseaux d'une matière assez solide pour résister à un poids aussi énorme que celui d'une colonne d'eau de cette hauteur ; mais, du moins, ma machine élève aisément un plein tuyau d'eau à 60, 70 et 80 pieds [52]. »

Comme la plupart des inventeurs, Savery s'exagérait ici la puissance de son appareil. Il oubliait le danger de l'explosion. La pensée ne lui était pas venue d'appliquer à sa chaudière la soupape que Papin avait imaginée. Aussi ne pouvait-on élever l'eau avec sécurité au delà de quarante pieds (12^m,992). Si l'on dépassait cette limite, on courait le risque de voir la chaudière éclater. Lorsque Savery établit une de ses pompes pour élever l'eau dans les bâtiments d'York, il produisait de la vapeur dont la pression atteignait huit ou dix atmosphères, et alors, selon Désaguliers, « la chaleur était si grande qu'elle fondait la soudure, et sa force telle qu'elle ouvrait la machine dans différentes jointures. »

Les dangers que l'on redoutait, par suite du défaut de résistance des chaudières, furent la considération la plus grave qui s'opposa à l'emploi de la pompe à feu de Savery, pour l'épuisement de l'eau dans les mines.

Cependant l'introduction de ces premières machines à vapeur dans certains comtés de l'Angleterre, eut pour résultat d'attirer l'attention sur l'emploi mécanique de la vapeur d'eau. En même temps elle familiarisa avec son usage les populations des grands centres manufacturiers et les ouvriers des différentes professions.

En ce temps-là, vivaient dans la ville de Darmouth, deux honnêtes et industrieux artisans, unis, dès leur enfance, par une étroite amitié. C'était le serrurier Thomas Newcomen et le vitrier Jean Cawley. Une machine de Savery vint à être établie dans le voisinage de Darmouth. À leurs jours de loisir, Newcomen et Cawley aimaient à aller ensemble en considérer le mécanisme ; et ils devisaient, au retour, sur les effets de cette machine nouvelle qui les frappait de l'admiration la plus vive. Les deux amis échangeaient entre eux les différentes pensées que cette vue faisait naître dans leur esprit.

Newcomen avait quelque instruction, il n'était pas sans lecture. Compatriote du physicien Robert Hooke, il avait coutume de lui écrire, pour lui soumettre divers projets relatifs à sa profession. Jean Cawley engagea donc son ami à communiquer au docteur les réflexions que leur avait suggérées l'examen de la pompe à feu de Savery. À la suite de la correspondance qui s'établit entre eux sur ce sujet, Robert Hooke fit connaître à Newcomen la machine atmosphérique que Papin avait proposée en 1690 dans les *Actes de Leipsick.*

Il ne parut pas impossible aux deux artisans de mettre à exécution le plan du mécanicien français, et la correspondance continua sur ce nouveau point entre le docteur et l'intelligent ouvrier. Robert Hooke renouvelait auprès de Newcomen les critiques qu'il avait dirigées, devant la *Société royale,* contre la machine de Papin. Cependant ces objections ne produisaient qu'une impression médiocre sur l'esprit de l'artisan ; ses connaissances incomplètes en mécanique l'empêchaient sans doute d'apprécier toute la portée des critiques du savant.

On a trouvé dans les papiers de Robert Hooke le brouillon d'une lettre dans laquelle il essaye de dissuader Newcomen du projet de construire une machine d'après les idées du physicien français. Cette lettre renfermait ce passage significatif : « Si Papin pouvait faire le vide *subitement* dans son cylindre, votre affaire sera faite. »

Robert Hooke faisait allusion par là à l'excessive lenteur que présentaient les mouvements du piston dans la machine de Papin, par suite de l'absence de tout expédient propre à condenser rapidement la vapeur. C'est certainement en réfléchissant sur les moyens de produire plus promptement le vide dans le cylindre de Papin, que Newcomen et Cawley eurent l'idée, bien simple d'ailleurs et d'avance tout indiquée, de modifier la première machine à vapeur de Papin en condensant la vapeur par des affusions d'eau froide opérées à l'extérieur.

Quoi qu'il en soit, aidé de son ami le vitrier, Newcomen se mit à construire, au coin de sa forge, un modèle de machine, qu'il destinait à des expériences. Une chaudière servait à diriger un courant de vapeur dans l'intérieur d'un cylindre de cuivre muni d'un piston. Quand le piston était parvenu en haut de sa course, on condensait subitement la vapeur en faisant couler de l'eau froide sur la partie extérieure du cylindre. Dès lors, le poids de l'atmosphère, ne rencontrant plus de résistance au-dessous du piston, le faisait aussitôt redescendre.

Les deux artisans de Darmouth, se bornant à transporter dans la pratique les idées de Papin, venaient d'exécuter la première machine à vapeur atmosphérique, c'est-à-dire la machine la plus puissante et la plus simple qui eût été construite jusqu'à cette époque.

Newcomen et Cawley se mirent alors en campagne, pour obtenir du roi la délivrance d'un brevet qui leur assurât le privilége de leur machine. Mais le crédit d'un serrurier du Devonshire est chose assez mince, et il s'écoula un temps assez long avant que l'on songeât à examiner la demande des deux artisans.

Sur ces entrefaites, Savery fut instruit de leurs démarches. Le procédé de condensation de la vapeur par des aspersions d'eau froide, était mis en usage dans la machine de Newcomen et Cawley. Or la propriété de ce moyen, spécifié dans son brevet, était acquise à Savery aux termes de la loi anglaise. Savery s'opposa donc à l'autorisation sollicitée par Newcomen.

Un procès semblait inévitable pour vider cette question. Mais Newcomen et Cawley étaient quakers. En vertu des principes de leur secte, ils répugnaient à toute contestation, et surtout à un débat judiciaire. Ils proposèrent donc à Savery de le comprendre dans leur association, et au lieu de courir les chances d'un procès, de partager avec eux les bénéfices de l'exploitation future.

L'offre fut acceptée, et comme le capitaine Savery était sur un bon pied à la cour, il obtint aisément du roi George la délivrance du brevet.

C'est pour cela qu'en 1705 une *patente royale* fut délivrée aux trois associés, Newcomen, Cawley et Savery, pour la construction et l'exploitation d'une machine à vapeur.

En proposant à Savery de le comprendre dans leur association, Newcomen et Cawley avaient peut-être aussi quelque arrière-pensée d'intérêt. Ils étaient tous les deux dépourvus de connaissances théoriques, et comme leur machine n'avait jamais été construite que sur de petits modèles, le concours d'un ingénieur aussi habile et aussi instruit que Savery, ne pouvait leur être indifférent.

Il paraît cependant qu'ils furent trompés dans ce calcul, car peu de temps après, nous voyons les deux artisans livrés à leurs propres ressources.

Vers la fin de l'année 1711, Newcomen et Cawley firent des propositions aux propriétaires de l'une des mines de houille de Griff, dans le comté de Warwick, pour en épuiser les eaux, à l'aide de leur machine. Cinquante chevaux étaient employés, dans cette mine, aux travaux de desséchement, ce qui occasionnait pour ce seul objet, une dépense annuelle de plus de 22 000 francs.

Cette proposition ne fut point agréée ; mais les associés furent plus heureux, six mois après, car ils réussirent à passer un marché avec M. Back, de Wolverhampton, pour un travail analogue.

Il ne s'agissait donc plus que de construire la machine. Mais Newcomen et Cawley n'étaient ni assez physiciens pour se laisser guider par la théorie, ni assez mathématiciens pour calculer l'action des diverses pièces et les proportions à donner à chacune d'elles. Ils étaient donc embarrassés pour l'exécution de leur marché. Heureusement ils se trouvaient près de Birmingham, à la portée d'un grand nombre d'ouvriers ingénieux et adroits. Grâce à leur concours, ils parvinrent à fabriquer convenablement les pistons, les soupapes et les cliquets. La machine, définitivement construite, fut installée à l'entrée de la mine, et commença à fonctionner.

Elle marchait depuis quelques jours à peine, lorsque le hasard donna aux deux associés, l'occasion d'y apporter une amélioration capitale, qui en augmenta la puissance dans une proportion inattendue.

Un jour, la machine marchant comme à l'ordinaire, on la vit soudain accélérer ses mouvements, et les coups de piston se succéder avec une vitesse inusitée. Après bien des recherches, on découvrit la cause de cet heureux phénomène.

Dans les premiers temps de la fabrication des machines à vapeur, on ne possédait pas encore les moyens de construire des pistons et des cylindres assez bien ajustés pour qu'il n'existât aucun intervalle entre les parois intérieures du cylindre et celles du piston. Pour empêcher la vapeur de s'échapper par les interstices qui pouvaient se trouver entre le piston et le cylindre, Newcomen avait pris le parti de recouvrir la tête du piston d'une légère couche d'eau, qui pénétrait dans tous les vides, les remplissait, et prévenait ainsi les fuites de vapeur. Or, en examinant le piston, un ouvrier reconnut que le métal était accidentellement percé d'un trou. C'était en tombant, goutte à goutte, par ce trou, dans l'intérieur du cylindre, que l'eau froide, condensant plus rapidement la vapeur, accélérait, comme on l'avait observé, les mouvements du piston.

Cette remarque porta ses fruits. On avait opéré jusque-là la condensation de la vapeur en dirigeant un courant d'eau froide dans une enveloppe métallique qui entourait extérieurement le cylindre. L'enveloppe fut supprimée, et l'on condensa la vapeur en injectant une pluie d'eau froide dans l'intérieur même du cylindre, à l'aide d'un tube se terminant en pomme d'arrosoir.

Grâce à ce perfectionnement, la machine put donner huit à dix coups de piston par minute.

Amenée à cet état, la machine de Savery, Newcomen et Cawley, qui fut désignée généralement sous le nom de *machine de Newcomen*, se répandit en Angleterre, et fut adoptée dans presque toutes les exploitations de mines. Elle y remplaça l'ancienne pompe de Savery.

La figure 36 fera comprendre les divers éléments qui composent la machine à vapeur de Newcomen.

Une chaudière A, munie d'une soupape de sûreté O, dirige sa vapeur dans l'intérieur du cylindre C qui la surmonte. Le piston H, qui parcourt ce cylindre, est fixé, par une chaîne de fer, à l'une des extrémités d'un lourd balancier BB qui oscille autour du point d'appui L. L'autre extrémité de ce balancier est munie d'une seconde chaîne supportant un contre-poids M et une longue tige N qui lui fait suite, et qui descend dans le puits de la mine, pour y faire mouvoir les pompes destinées à l'épuisement des eaux.

Quand la vapeur arrive dans l'intérieur du cylindre, elle soulève le piston de bas en haut, en surmontant l'effort de la pression atmosphérique. Dès lors le contre-poids M s'abaisse en vertu de la pesanteur ; il fait basculer le balancier, qui achève de soulever le piston jusqu'au bout de sa course. Si l'on ferme alors le robinet *a*, pour arrêter l'afflux de la vapeur venant de la chaudière, et qu'en même temps, on ouvre le robinet *b*, de manière à faire arriver dans l'intérieur du cylindre, un courant d'eau froide qui descend par un tuyau *d*, du réservoir G, on détermine la condensation subite de la vapeur qui remplissait le cylindre. La condensation de la vapeur opère le vide dans cet espace, et dès lors le poids de l'atmosphère au-dessus du piston, n'étant plus contre-balancé au-dessous, par la tension de la vapeur, précipite jusqu'au bas de sa course le piston, qui entraîne le balancier dans sa chute.

Fig. 36. — Coupe de la machine à vapeur de Newcomen.

Il suffit donc d'ouvrir alternativement les deux robinets *a* et *b* pour obtenir, d'une manière continue, les mouvements ascendant et descendant de la tige N.

L'eau qui a servi à la condensation s'écoule hors du cylindre à l'aide d'une ouverture F et d'un tuyau *c*, muni d'un robinet que l'on ouvre de temps en temps.

Comme l'effet de la machine dépend uniquement de la pression exercée par l'air atmosphérique sur la tête du piston, on comprend que l'on peut obtenir une puissance motrice aussi grande qu'on le désire, en donnant à la surface du piston les dimensions nécessaires.

Tel est le mécanisme de la pompe à feu de Newcomen, dont le

principe moteur est, à proprement parler, le poids de l'atmosphère, et qu'il faudrait, d'après cela, désigner sous le nom de *machine atmosphérique*, ou si l'on veut, de *machine à vapeur atmosphérique*. Elle présente la plus remarquable application des travaux exécutés par les physiciens du XVIIᵉ siècle sur la pesanteur de l'air et sur l'emploi de cette force motrice ; il était donc nécessaire de rappeler l'histoire de ces travaux, pour faire comprendre les dispositions primitives de la machine à vapeur.

La figure 37, qui est empruntée à un ouvrage du dernier siècle, la *Physique*de Désaguliers, fait voir, en perspective, la machine de Newcomen, telle qu'elle fonctionnait à Londres, vers le milieu du XVIII, pour la distribution des eaux.

Fig. 37. — Machine à vapeur de Newcomen employée à Londres, au XVIIIᵉ siècle, pour l'élévation des eaux.

C représente le cylindre destiné à recevoir la vapeur provenant de la chaudière *oo*, qui est, en partie, recouverte à l'extérieur d'une enveloppe de maçonnerie. La vapeur s'introduit dans ce cylindre, par le robinet *d* qui peut être alternativement ouvert ou fermé. Un disque, manœuvré par une tige indiquée sur la figure par le chiffre

3 et qui est mue par la machine elle-même, permet de fermer ou d'ouvrir ce tuyau, pour introduire la vapeur dans le cylindre, ou suspendre son admission.

Quand la vapeur s'introduit dans le cylindre, elle pousse de bas en haut le piston, en surmontant l'effet de la pression atmosphérique. Le colossal balancier de la machine, dont une extrémité est attachée aux tiges qui doivent faire jouer les pompes pour l'ascension de l'eau qu'il s'agit d'élever, est parfaitement équilibré. Dès lors, le piston du cylindre, en s'élevant sous la pression inférieure de la vapeur, dérange cet équilibre, et le balancier se meut, c'est-à-dire qu'il oscille de haut en bas, et les tiges i, k des pompes descendant dans le puits à eau, le bras droit de ce balancier H s'abaisse, et le bras gauche h s'élève.

Quand le piston est arrivé au haut de sa course, la machine suspend elle-même l'admission de la vapeur dans le cylindre à vapeur, en fermant le tuyau d'admission d. En même temps, la machine, au moyen d'un engrenage convenablement placé, et marqué sur la figure par les chiffres 1, 2, ouvre un robinet qui laisse couler dans le cylindre, sous forme d'une pluie fine, l'eau froide contenue dans le réservoir supérieur R, qui, descendant par le tuyau recourbé MN, s'introduit par l'effet de son poids, dans cette capacité. La condensation de la vapeur s'opère aussitôt dans le cylindre par cette injection d'eau froide. Lorsque le vide est ainsi produit dans le cylindre à vapeur, le piston de ce cylindre redescend, pressé par tout le poids de l'air atmosphérique s'exerçant sur sa tête ; l'extrémité gauche du balancier h s'abaisse ; l'extrémité droite H se relève, les tiges des pompes i, k remontent et élèvent de l'eau du puits par le jeu de leurs pistons.

Z est un tube par lequel une certaine quantité d'eau est amenée à la surface du piston, de manière à humecter constamment le cuir dont il est entouré. Le tube WI sert à alimenter la chaudière, au moyen de l'eau déjà échauffée qui a séjourné au-dessus du piston. L'eau d'injection est évacuée par le tube L, qui part du sommet du cylindre. Le tube TV est un vide-trop-plein pour l'eau qui recouvre le piston. On voit en X un petit tube, muni d'une soupape appelée*soupape reniflante*, par laquelle s'échappe, lorsque le piston arrive au bas de sa course, l'air provenant de la vapeur et de l'eau de condensation. Le peu d'eau qui sort par la soupape reniflante, va se dégorger dans le tube TV.

L'eau froide qui sert à condenser la vapeur dans le cylindre, est prise sur une partie de celle que la pompe *i* extrait de l'intérieur du puits. À cet effet, une partie de cette eau est refoulée par la tige *k* dans un tuyau de fer placé sous terre et qui, se recourbant, remonte le long du massif en maçonnerie qui supporte le balancier et dirige l'eau dans le réservoir R, d'où elle doit partir pour servir à la condensation de la vapeur.

QQ est une tringle verticale de bois attachée au balancier, et qui, pourvue d'une rainure et de diverses chevilles, est destinée à ouvrir et à fermer successivement le robinet d'admission de la vapeur dans le cylindre et le robinet d'injection d'eau froide dans le même cylindre. C est la tringle que l'on a désignée, en Angleterre, sous le nom de *plug-frame* et qui rend la machine à vapeur automatique, c'est-à-dire réglant elle-même ses propres mouvements.

Les tiges L, QQ, *k*, *i* restent constamment dans une ligne verticale, grâce aux arcs de cercle sur lesquels s'enroulent et se déroulent les chaînes d'attache, dans les mouvements oscillatoires du balancier. F indique une soupape de sûreté, chargée directement et non par l'intermédiaire d'une romaine, système fort inférieur à celui que Papin avait proposé et qui n'était pas encore en usage. Du reste, sur la proposition de Désaguliers, on ne tarda pas à adapter aux machines de Newcomen la soupape de sûreté, telle que Papin l'avait imaginée.

On voit en G deux robinets d'épreuve, qui sont en tout semblables aux deux robinets qui existent dans nos chaudières actuelles, et qui ont pour but de montrer à l'extérieur si le niveau de l'eau se maintient au niveau voulu à l'intérieur de la chaudière. À cet effet, ces robinets sont fixés sur des tubes dont les extrémités inférieures doivent plonger, l'une dans l'eau, l'autre dans la vapeur, lorsque le niveau de l'eau dans la chaudière est à la hauteur convenable. Pour que cette condition soit remplie, il faut que le robinet de gauche donne un jet d'eau liquide et celui de droite un jet de vapeur. Lorsqu'en les ouvrant on trouve que cette condition n'est pas remplie, on hâte ou l'on ralentit l'alimentation de la chaudière, suivant que l'eau y est descendue trop bas ou s'y est élevée trop haut.

Louis Figuier

Le dessinateur n'a pas manqué de représenter, sur la figure précédente, le mécanicien auquel est confiée la conduite de l'appareil. On voit qu'un seul homme suffit à gouverner tout. Tranquillement assis, appuyé contre le massif du milieu, il n'a à accomplir aucun travail pénible. Il se borne à surveiller la marche de sa machine, à s'assurer que toutes les pièces marchent régulièrement, à ralentir ou à activer le feu du fourneau, car il ne s'agit que de fournir du combustible à cet appareil intelligent, qui exécute à lui seul, et sans que la force de l'homme ait jamais besoin d'intervenir, des ouvrages qui auraient exigé autrefois le concours d'un nombre immense de travailleurs.

Ainsi, dès le milieu du XVIIIe siècle, l'immortelle conception de Papin était entrée définitivement dans le domaine de l'industrie. Les idées mises en avant par le génie du physicien de Blois, étaient toutes réalisées et portaient leurs fruits. La machine de Newcomen n'était autre chose, en effet, que la traduction pratique des idées nouvelles que Denis Papin avait jetées dans la science de la mécanique.

Le bel appareil que nous venons de décrire a été le point de départ de toutes les machines à vapeur modernes. Il nous reste à faire connaître les perfectionnements successifs qui en ont fait la machine à vapeur de notre siècle.

CHAPITRE VII

PERFECTIONNEMENTS APPORTÉS À LA MACHINE DE NEWCOMEN. — PROGRÈS DE LA PHYSIQUE TOUCHANT LA THÉORIE DE LA CHALEUR. — DÉCOUVERTE DU THERMOMÈTRE. — TRAVAUX DE BLACK SUR LA CHALEUR LATENTE ET LA VAPORISATION.

La pensée qui nous guide dans cette notice, c'est de montrer que la création des différents organes de la machine à vapeur, fut toujours la conséquence et l'application des découvertes théoriques successivement réalisées dans la science. On a vu qu'avant l'institution de la physique moderne, rien de ce qui ressemble à la machine à vapeur n'avait été ni n'avait pu être conçu. Mais dès que la physique commence à essayer ses premiers pas, dès le moment où les découvertes de Galilée, de Pascal et d'Otto de Guericke ont marqué ses brillants débuts, on voit ces faits passer immédiatement dans la pratique, et le génie de Papin s'en emparer, pour en tirer des applications mécaniques par la création d'un nouveau moteur.

Cette liaison étroite qui se fait remarquer entre la situation de la science et les progrès de la machine à vapeur, deviendra plus sensible et plus évidente encore à mesure que nous avancerons dans l'histoire de ses perfectionnements. Nous allons voir une période de plus de soixante ans s'écouler sans apporter aucune amélioration aux principes mécaniques concernant l'emploi de la vapeur d'eau. L'explication de ce fait paraîtra fort simple, si l'on considère que, dans ce long intervalle, la théorie de la chaleur resta complétement stationnaire. Les physiciens, tout entiers à l'étude nouvelle et si remplie d'attrait, des phénomènes électriques, n'avaient pas encore abordé l'examen des faits qui se rapportent à la chaleur. Ce n'est que vers l'année 1760 que les théories de la vaporisation, de la condensation et du changement d'état des corps, furent établies par Joseph Black. Aussi, durant cette suite d'années qui s'étend depuis la construction de la première machine atmosphérique par Newcomen, jusqu'aux travaux de Black, en 1760, l'histoire de la machine à vapeur n'offre-t-elle à signaler que des perfectionnements apportés à la partie exclusivement mécanique des appareils. Tout ce qui concerne le principe d'action de la machine reste entièrement en dehors de ces modifications secondaires, qu'il nous suffira dès lors de mentionner en quelques mots.

Le premier perfectionnement apporté au mécanisme de la pompe à feu, est dû à une circonstance qu'il est assez curieux de connaître. Dans la machine telle que Newcomen l'avait construite, les deux robinets destinés, l'un à donner accès à la vapeur, l'autre à introduire l'eau de condensation dans l'intérieur du cylindre, s'ouvraient et se fermaient à la main. Un ouvrier, et souvent un enfant, étaient chargés d'exécuter cette opération, et quelles que fussent leur habitude ou leur adresse, on ne pouvait ainsi obtenir plus de dix à douze coups de piston par minute ; en outre, la moindre distraction de la part de l'apprenti, non-seulement retardait le jeu de la machine, mais pouvait compromettre son existence.

En 1713, un enfant chargé de ce soin, contrarié, dit-on, de ne pouvoir aller jouer avec ses camarades, imagina un moyen de se soustraire à cette sujétion forcée. Il avait remarqué que l'un des robinets devait être ouvert au moment où le balancier a terminé sa course descendante, pour se fermer au commencement de l'oscillation opposée : la manœuvre du second robinet était précisément l'inverse. Les positions du balancier et du robinet se trouvant ainsi dans une dépendance nécessaire, l'enfant reconnaît que le balancier lui-même pourrait servir à ouvrir et à fermer les robinets. Son plan est aussitôt conçu et mis à exécution. Il attache à chacun des robinets deux ficelles de longueur inégale, et après de longs tâtonnements, il fixe leur extrémité libre à des points convenablement choisis sur le balancier ; de telle sorte qu'en s'élevant ou s'abaissant par l'action de la vapeur, le balancier ouvrait ou fermait lui-même les robinets au moment nécessaire. La machine put ainsi marcher sans surveillant, et l'apprenti s'en alla triomphalement rejoindre ses camarades.

La tradition nous a conservé le nom de cet utile paresseux, de ce paresseux de génie : il s'appelait Humphry Potter.

Fig. 38. — Humphry Potter ou le paresseux de génie.

Le mécanicien Beighton substitua aux ficelles du jeune Potter une tringle de fer verticale ; c'est la partie de la machine de Newcomen que l'on voit représentée sur la figure 37, par les lettres QQ, c'est-à-dire le *plug-frame*. C'est en 1718 que Beighton établit à Newcastle une machine de Newcomen dans laquelle, pour la première fois, l'ouvrier chargé de faire manœuvrer les robinets fut remplacé par une tige métallique suspendue au balancier et qui exécutait cette opération à l'aide de chevilles disposées sur des points convenables de sa longueur. La machine put alors donner quinze coups par minute ; mais l'idée première de charger le balancier d'exécuter ces mouvements revient à l'apprenti dont le nom est acquis à la postérité.

En 1758, le mécanicien Fitz-Gerald fit connaître, dans les *Transactions philosophiques*, le moyen de transformer le mouvement vertical de la machine atmosphérique en un mouvement rotatoire, grâce à un système de roues dentées et par l'addition d'un volant destiné à régler le mouvement,

L'emploi d'un flotteur, imaginé par Brindley, vers 1760, pour régulariser l'entrée de l'eau d'alimentation dans les chaudières, est un utile perfectionnement qu'il est bon de signaler ici.

Nous aurons terminé la revue des principales modifications apportées aux différentes pièces de la pompe à feu, si nous ajoutons que, dans plusieurs machines qu'il fut chargé de construire, l'ingénieur Smeaton parvint à perfectionner beaucoup la fabrication des pistons et des cylindres, et qu'il réussit de cette manière à éviter les pertes considérables de vapeur qu'occasionnaient les machines antérieures. D'importantes modifications apportées à la construction des chaudières et à la disposition du foyer, permirent enfin d'économiser une certaine partie du combustible. Nous ne dirons rien des perfectionnements introduits par Smeaton dans la pompe de Savery, car cette dernière avait déjà presque partout cessé d'être en usage.

On le voit pourtant, de toutes ces utiles modifications apportées à la machine atmosphérique, aucune ne touchait au principe même de son action, c'est-à-dire à la manière de mettre en jeu la force élastique de la vapeur. La machine de Newcomen, avec son énorme balancier et l'excessive consommation de combustible qu'elle exigeait, continuait de fonctionner en conservant l'ensemble des dispositions imaginées soixante ans auparavant par le serrurier de Darmouth. C'est que la théorie générale de la chaleur et les théories particulières de la vaporisation et de la condensation, qui en sont la conséquence, étaient encore à créer tout entières. Les premiers linéaments de la théorie du calorique ne furent tracés que vers l'année 1694, par la main de Guillaume Amontons. Ce physicien ingénieux et modeste, qui eut, comme on le verra dans le cours de cet ouvrage, le mérite de découvrir le principe de la télégraphie aérienne, est, en effet, l'auteur des premières vues raisonnables que l'on ait conçues sur la nature et les effets de la chaleur ; c'est à lui que revient l'honneur d'avoir substitué une opinion sérieuse, fondée sur l'observation et l'expérience, aux divagations de l'ancienne physique concernant ces phénomènes.

Amontons émit le premier cette idée, vraie et profonde, que les divers états de la matière, solide, liquide et gazeux, sont dus à l'existence, dans les corps, d'un fluide impondérable, qu'il désigna sous le nom de *calorique*. Par diverses expériences, exécutées avec la précision que pouvaient comporter les moyens d'observation de son époque, il constata les effets de dilatation que provoque, dans les corps, l'accumulation du calorique. Il reconnut que l'air échauffé augmente de force élastique, et découvrit ce fait important, que l'eau se maintient à une température invariable quand elle a atteint le terme de son ébullition. En un mot, il procéda le premier, par la voie de l'expérience, à l'examen des phénomènes calorifiques.

Cependant un obstacle capital empêchait la théorie de la chaleur de s'établir sur des bases solides. Pour qu'une branche quelconque des sciences physiques puisse se constituer, se perfectionner ou s'étendre, il ne suffit pas qu'elle possède un certain nombre de faits ; il faut encore que ces faits puissent être rapprochés et comparés entre eux ; il faut que les actions, une fois produites, puissent être soumises à la mesure. Or, les phénomènes relatifs à la chaleur n'étaient alors susceptibles d'aucune comparaison, car les physiciens ne possédaient encore aucun instrument de mesure. À la vérité, il existait depuis un siècle, un petit appareil désigné sous le nom de *thermomètre* ; mais c'est à tort qu'il portait ce nom, car il ne pouvait servir en aucune manière à mesurer et à comparer les différentes températures des corps. Il permettait seulement d'apprécier une différence de température entre deux corps inégalement échauffés.

Les instruments qui nous servent à rechercher les lois de la nature étaient entachés, à leur origine, d'imperfections que l'on a vues successivement disparaître devant les résultats de l'expérience. À l'exception du baromètre, qui conserve encore les dispositions que lui assigna Torricelli, tous les instruments d'observation ou de mesure physique, tels que le télescope, le microscope, la machine pneumatique, la machine électrique, la pile de Volta, etc., ont dû subir un très-grand nombre de transformations avant de recevoir la forme qu'ils présentent de nos jours. Le thermomètre offre particulièrement un exemple de ce fait. Il a fallu deux siècles de travaux pour porter cet instrument au degré de perfection qui le distingue aujourd'hui.

On a revendiqué en faveur d'un grand nombre de savants la découverte du thermomètre. François Bacon, Fludd, Drebbel, Sanctorius, Galilée, Van Helmont même, ont été successivement honorés du titre d'inventeurs de cet instrument. Les idées insuffisantes et vagues qui présidèrent à sa construction primitive, au XVIIe siècle, ne méritaient guère d'être disputées entre des savants d'un tel ordre. Rien ne ressemble moins à un appareil de mesure que le thermomètre dont les physiciens du XVIIe siècle ont fait usage.

Le premier de ces instruments, qui paraît avoir été construit par le Hollandais Cornélius Drebbel, se composait d'un simple tube de verre rempli d'air, fermé à son extrémité supérieure, et plongeant, par son extrémité ouverte, dans un petit flacon qui contenait de l'eau-forte étendue d'eau. Selon la température extérieure, et par l'effet de la dilatation de l'air enfermé dans le tube, le liquide montait ou s'abaissait dans le tube. L'instrument était muni d'une échelle divisée en parties égales. Mais sa graduation, qui n'était fondée sur aucun principe déterminé, ne fournissait aucune indication comparable.

Un membre de l'Académie *del Cimento*, de Florence, perfectionna, vers le milieu du XVIIe siècle, cet instrument grossier, sans réussir à rendre ses degrés comparables.

Le thermomètre de l'Académie *del Cimento* consistait simplement en un tube de verre purgé d'air et rempli d'alcool coloré. On le portait dans une cave et l'on marquait d'un trait le point où s'arrêtait le liquide ; les portions du tube situées au-dessus et au-dessous de ce trait étaient ensuite divisées en 100 parties égales. Avec une division aussi arbitraire, ces instruments ne pouvaient s'accorder entre eux. Deux thermomètres construits suivant cette même méthode, parlaient, chacun, une langue différente. Cependant la physique se contenta, durant un demi-siècle, de cet instrument grossier [53]. C'est un physicien de Pise, Renaldini, professeur à Padoue, qui reconnut le premier la nécessité de bannir du thermomètre toutes les mesures vagues et arbitraires adoptées jusque-là, et qui proposa de choisir, pour établir la graduation de l'instrument, des *points fixes* que l'on pût retrouver en toute occasion.

Peu de temps après, Newton mit à exécution l'idée que le professeur de Padoue n'avait réalisée que d'une manière incomplète. L'illustre physicien donna, en 1701, dans les *Transactions philosophiques*, la description du premier thermomètre à indications comparables. Le liquide employé par Newton pour la mesure de la chaleur, était l'huile de lin. Les points fixes adoptés pour sa graduation étaient la température du corps humain pour le terme supérieur, et pour le point inférieur, le point où s'arrêtait l'huile au moment de sa congélation, que l'on provoquait en plongeant l'instrument dans de la neige. L'intervalle entre ces deux points fixes était divisé en douze parties, et la division prolongée au delà de ces deux limites. Le point d'ébullition de l'eau correspondait ainsi au degré 34, celui de la fusion de l'étain à 72, etc. Newton détermina, à l'aide de cet instrument, plusieurs termes de température dont la connaissance importait à la physique.

Cependant la faible dilatation de l'huile par l'action de la chaleur, et sa congélation à une température modérée, rendaient incertain et délicat l'emploi du thermomètre de Newton. C'est ce qui détermina Amontons à chercher un agent thermométrique plus sensible aux influences du calorique. Dans cette vue, le physicien français construisit un thermomètre à air. Le point fixe de cet instrument fut déterminé par la température de l'eau bouillante, qu'Amontons avait reconnue le premier comme un terme constant.

Mais cet instrument présentait, dans la pratique, toutes les difficultés qui se rattachent à l'emploi du thermomètre à gaz, et qui dépendent surtout de la dilatation trop considérable que les fluides élastiques éprouvent par l'action de la chaleur. Il exigeait la correction de la hauteur barométrique, et de plus, comme il avait au moins quatre pieds (1m,299) de long, il était assez difficile à manier, à cause de son poids et de sa fragilité.

Le problème de la construction d'un thermomètre comparable, exact, sensible et commode, présentait, on le voit, des difficultés de plus d'un genre. Ce ne fut qu'en 1714 qu'il fut à peu près résolu par un fabricant d'instruments de Dantzig, nommé Gabriel Fahrenheit.

Dans ses premiers thermomètres, l'artiste allemand avait adopté l'alcool comme liquide thermométrique ; mais il eut plus tard l'heureuse idée de choisir le mercure. Ce métal, employé comme agent de mesure pour la chaleur, réunit en effet toutes les conditions désirables. Il n'entre en ébullition qu'à une température très-élevée, et peut servir, par conséquent, à mesurer la chaleur dans des termes fort étendus ; — il ne se congèle qu'à une température qui ne se présente jamais dans nos régions ; — enfin, et c'est là le point capital pour son application comme agent thermométrique, il se dilate uniformément, c'est-à-dire que son augmentation de volume est exactement proportionnelle, au moins dans une échelle très-étendue, à la quantité de calorique qu'il reçoit. Les points fixes choisis par Fahrenheit étaient l'ébullition de l'eau pour le terme supérieur, et pour le terme inférieur, le point auquel l'instrument s'arrêtait quand il le plongeait dans un mélange de sel ammoniac et de neige, mélange dont il n'a jamais fait connaître, d'ailleurs, les proportions relatives. L'intervalle qui séparait ces deux points était divisé en 212 parties, de telle sorte que le point de la congélation de l'eau correspondait à 32 degrés, celui de la température du corps humain à 96 degrés, celui de l'ébullition de l'eau à 212 degrés. La plupart de ses thermomètres n'étaient pas gradués au delà de 96 degrés [54].

Le thermomètre de Fahrenheit fut immédiatement adopté en Angleterre et en Allemagne, où il est encore en usage aujourd'hui. En France, on se servit de préférence du thermomètre construit, vers 1730, par Réaumur, qui choisit pour les deux points fixes, le terme de la glace fondante et celui de l'ébullition de l'eau, et divisa l'entre-deux en 80 parties égales.

Enfin Celsius, professeur à Upsal, construisit, en 1741, le thermomètre que l'on connaît aujourd'hui sous le nom de *thermomètre centigrade* ou de *Celsius*. Il divisa en 100 parties égales l'intervalle entre les deux points fixes de la glace fondante et de l'ébullition de l'eau [55].

La physique possédait enfin un instrument qui permettait de mesurer les phénomènes calorifiques. On pouvait donc aborder l'étude des lois de la chaleur avec des moyens rigoureux d'observation, et, grâce à leur emploi, la théorie du calorique ne tarda pas à se constituer.

C'est au physicien écossais Joseph Black, professeur à l'université de Glascow, que revient l'honneur d'avoir fondé la théorie générale de la chaleur. Après avoir confirmé par l'expérience la vérité de l'opinion d'Amontons touchant la cause de l'état physique des corps, Joseph Black créa, par une suite d'observations et de mesures précises, la théorie du *calorique latent* et celle du*calorique spécifique*. La première de ces théories était appelée à jeter la plus vive lumière sur les phénomènes qui accompagnent la vaporisation des liquides et la condensation des vapeurs. Elle se résume dans l'expérience suivante exécutée par Black en 1762.

Fig. 39. — Joseph Black fait l'expérience du *calorique latent* devant les élèves de l'université de Glascow.

Si l'on prend 1 kilogramme d'eau à la température de 79 degrés et 1 kilogramme d'eau à la température de zéro degré, et qu'on les mêle, le thermomètre, plongé dans ce mélange, indique 39°,5, c'est-à-dire la moyenne entre les températures des deux liquides mélangés à poids égaux. Mais le résultat sera tout autre si, au lieu d'employer de l'eau liquide à zéro degré, on emploie de la glace, c'est-à-dire de l'eau présentant toujours la température de zéro degré, mais offrant la forme solide.

Quand on mêle, en effet, 1 kilogramme de glace à zéro degré et 1 kilogramme d'eau chauffée à 79 degrés, on observe que la glace se fond et que le mélange tout entier devient liquide. Mais si l'on prend la température du mélange, on reconnaît qu'au lieu d'être, comme dans l'expérience précédente, la moyenne entre les deux températures, elle est seulement de zéro degré. Les 79 degrés de chaleur que renfermait le kilogramme d'eau ont ainsi disparu sans laisser de traces ; seulement la glace s'est fondue, et le mélange a pris la forme liquide. Que conclure de ce fait remarquable ? C'est que le kilogramme de glace a dû absorber, pour se fondre, les 79 degrés de chaleur qui ont disparu, et que cette quantité de calorique a été employée à déterminer sa fusion, puisque la température n'a pas varié. Ainsi 1 kilogramme d'eau solide a besoin pour se liquéfier, d'absorber 79 degrés de chaleur. En d'autres termes, 1 kilogramme d'eau liquide diffère d'un même poids d'eau solidifiée, en ce qu'elle contient 79 degrés de chaleur de plus que cette dernière.

Mais cette chaleur n'est pas appréciable à nos organes ; elle n'est pas accusée par le thermomètre : elle est latente. C'est pour cela que Black, et avec lui tous les physiciens modernes, donnent le nom de *chaleur latente* à cette quantité de calorique qui n'affecte pas le thermomètre, et qui est nécessaire pour provoquer le changement d'état des corps [56].

Les phénomènes qui s'observent pendant le passage d'un corps de l'état solide à l'état liquide, se reproduisent quand un liquide passe à l'état de vapeur. Pour se vaporiser, tous les liquides ont besoin d'absorber une quantité déterminée de calorique. Aussi la vapeur d'eau à 100 degrés diffère-t-elle de l'eau liquide à la même température, en ce qu'elle renferme une quantité considérable de calorique dissimulé, ou latent, qui la maintient à l'état de fluide élastique. En effet, lorsque la vapeur d'eau se condense, elle rend subitement libre tout le calorique latent qu'elle contenait, et cette quantité est très-considérable, puisque l'on a reconnu que 1 kilogramme de vapeur d'eau à la température de 100 degrés met en liberté, en revenant à l'état liquide, une quantité de calorique suffisante pour porter à l'ébullition 5^{kil},35 d'eau à zéro.

Telles sont les simples et grandes vérités mises en évidence par les expériences de Joseph Black, et entièrement ignorées avant lui. On comprend sans peine de quelle utilité était la connaissance de ces faits pour le perfectionnement des machines mises en jeu par la force élastique de la vapeur. C'est avec leur secours qu'il fut permis, dès ce moment, de calculer la quantité de chaleur mise en liberté par la condensation d'un volume donné de vapeur dans le cylindre de la machine de Newcomen, d'expliquer les phénomènes qui accompagnent cette condensation, d'apprécier la force élastique de la vapeur à différentes températures ; en un mot, d'étudier, par la voie de l'expérience, un grand nombre d'éléments pratiques qui jouent un rôle dans les effets de cette machine.

Fig. 40. — Joseph Black.

Les découvertes de Black concernant le *calorique spécifique*, c'est-à-dire la quantité de chaleur nécessaire pour élever d'un même nombre de degrés un poids donné des différents corps, apportèrent à l'étude théorique de la machine à vapeur des éléments d'un ordre nouveau et de la même importance.

Joseph Black, l'un des physiciens les plus remarquables du siècle dernier, n'a presque rien imprimé. Si l'on en excepte deux mémoires insérés dans les *Transactions philosophiques*, le seul témoignage écrit qu'il nous ait laissé de ses travaux se réduit à son traité intitulé : *Expériences sur la magnésie, la chaux vive et les substances alcalines.* Professeur depuis l'année 1754 à l'université de Glascow, Joseph Black se contentait d'exposer dans ses cours le résultat de ses recherches. C'est ainsi que sa théorie du calorique latent fut développée chaque année, à partir de 1763, devant les élèves qui se pressaient à ses cours.

Parmi les personnes qui suivaient à cette époque, les leçons de Joseph Black, se trouvait un jeune ouvrier mécanicien que la protection de l'Université venait de tirer d'une position embarrassante. Appartenant à une famille honorable d'Écosse, ruinée par de mauvaises spéculations commerciales, il avait été forcé de renoncer à la carrière des sciences pour laquelle il avait manifesté, dès son enfance, des dispositions extraordinaires. À l'âge de seize ans, ses parents l'avaient mis en apprentissage à Greenock, sa ville natale, dans un petit atelier où l'on exécutait des compas, des cadrans solaires, et quelques appareils de physique. Quatre années après, on l'avait envoyé à Londres, chez un constructeur d'instruments de navigation. Mais la faiblesse de sa santé et une grave maladie qu'il avait contractée en travaillant pendant toute une journée d'hiver près de la porte de l'atelier, l'avaient obligé de quitter Londres. Pour essayer les effets de l'air natal, il était revenu en Écosse, et s'était rendu à Glascow avec l'intention d'y exercer la profession de constructeur d'appareils de mathématiques. Mais la corporation d'arts et métiers de la ville, s'appuyant sur d'antiques priviléges, s'était obstinément opposée à ce qu'il ouvrît à Glascow le plus humble atelier. Le jeune artiste se trouvait donc dans une situation assez pénible, lorsque l'Université intervint en sa faveur, et, pour terminer la difficulté, lui accorda le titre de son constructeur d'appareils de physique. Elle lui permit d'ouvrir une petite boutique dans un local de ses bâtiments. Il fut convenu que, tout en s'occupant de réparer ou de construire les appareils de l'université, il pourrait travailler pour le public aux divers objets de sa profession. Le nom qui fut inscrit sur l'humble enseigne de sa pauvre boutique était alors profondément inconnu, mais il était destiné à traverser les siècles : c'était celui de *James Watt*.

Fig. 41. — James Watt dans sa petite boutique de Glascow.

CHAPITRE VIII

JAMES WATT. — SES DÉCOUVERTES CONCERNANT LA MACHINE À VAPEUR. — SES EXPÉRIENCES THÉORIQUES. — DÉCOUVERTE DU CONDENSEUR ISOLÉ. — MACHINE À SIMPLE EFFET. — JAMES WATT ET LE DOCTEUR ROEBUCK. — ASSOCIATION DE BOULTON ET DE WATT. — NOUVELLES DÉCOUVERTES DE WATT POUR L'APPLICATION DE LA MACHINE À VAPEUR AUX USAGES GÉNÉRAUX DE L'INDUSTRIE. — MACHINE À DOUBLE EFFET. — PARALLÉLOGRAMME ARTICULÉ. — APPLICATION DE LA MANIVELLE À LA TRANSFORMATION DU MOUVEMENT. — RÉGULATEUR À FORCE CENTRIFUGE. — DÉCOUVERTE DE LA DÉTENTE DE LA VAPEUR.

En arrachant James Watt aux tracasseries de ses confrères, les professeurs de Glascow croyaient seulement s'être attaché un ouvrier adroit et d'un commerce agréable ; mais ils ne tardèrent pas à reconnaître qu'ils avaient mis la main sur un homme supérieur. Les brillantes qualités intellectuelles du jeune fabricant de l'université furent promptement appréciées, et bientôt son étroite boutique devint le lieu préféré où se rencontrait chaque jour tout ce que Glascow pouvait réunir d'hommes instruits et d'élèves studieux. L'un de ses contemporains, le docteur Robison, va nous faire connaître le rôle que jouait le jeune ouvrier mécanicien dans ce cercle de talents distingués :

« Quoique élève encore, dit l'auteur du *Philosophical Magazine*, j'avais la vanité de me croire assez avancé dans mes études favorites de mécanique et de physique, lorsqu'on me présenta à Watt. Aussi, je l'avoue, je ne fus pas médiocrement mortifié en voyant à quel point le jeune ouvrier m'était supérieur. Dès que, dans l'université, une difficulté nous arrêtait, et cela quelle qu'en fût la nature, nous courions chez notre artiste. Une fois provoqué, chaque sujet devenait pour lui un texte d'études sérieuses et de découvertes. Jamais il ne lâchait prise qu'après avoir entièrement éclairci la question proposée, soit qu'il la réduisît à rien, soit qu'il en tirât quelque résultat net et substantiel. Un jour la solution désirée sembla exiger la lecture de l'ouvrage de Leupold sur les machines : Watt apprit aussitôt l'allemand. Dans une autre circonstance, et pour un motif semblable, il se rendit maître de la langue italienne… La simplicité naïve du jeune ingénieur lui conciliait sur-le-champ la bienveillance de tous ceux qui l'approchaient. Quoique j'aie assez vécu dans le monde, je suis obligé de déclarer qu'il me serait impossible de citer un second exemple d'un attachement aussi sincère et aussi général, accordé à quelque personne d'une supériorité incontestée. Il est vrai que cette supériorité était voilée par la plus aimable candeur, et qu'elle s'alliait à la ferme volonté de reconnaître libéralement le mérite de chacun. Watt se complaisait même à doter l'esprit inventif de ses amis de choses qui n'étaient souvent que ses propres idées présentées sous une autre forme [57]. »

Les choses en étaient là, lorsque, dans l'hiver de l'année 1763, le professeur de physique de la classe de philosophie naturelle du collége de Glascow, envoya à James Watt un modèle de la machine de Newcomen, avec prière de le réparer. À cette époque, le développement considérable que l'industrie commençait à prendre en Angleterre avait répandu dans tous les esprits le goût des connaissances scientifiques, et dans la plupart des universités on avait eu la bonne pensée de seconder ces dispositions en adjoignant aux études littéraires l'exposition des éléments de la mécanique appliquée. Le collége de Glascow possédait, à cet effet, la collection des principales machines en usage dans l'industrie, et l'on voyait figurer dans ses galeries, un très-beau modèle de la machine de Newcomen. Mais, en raison de certains défauts de construction, ce modèle n'avait jamais pu bien fonctionner, et le professeur Anderson chargea le jeune constructeur de l'université de le mettre en état de servir aux démonstrations du cours. Telle fut la circonstance qui amena James Watt à s'occuper pour la première fois, de la machine à vapeur, dans laquelle, nouveau Christophe Colomb, il devait découvrir tout un monde.

Watt se mit à réparer la machine du collége de Glascow ; mais quand tout fut terminé et qu'il essaya de la faire fonctionner, il reconnut qu'elle pouvait à peine soulever le piston. En augmentant l'activité du feu, on obtenait quelques oscillations ; mais alors il fallait employer, pour condenser la vapeur, une énorme quantité d'eau froide. Ce défaut tenait à un vice de proportion entre les dimensions du cylindre et celles de la chaudière : celle-ci était trop petite relativement à la capacité du corps de pompe, et elle ne pouvait fournir qu'une quantité de vapeur insuffisante pour mettre le piston en jeu. Watt diminua la longueur du cylindre, et dès lors la machine put marcher avec une certaine régularité.

Mais il y avait dans cet appareil d'autres défauts beaucoup plus sérieux et qu'il était impossible de faire disparaître au moyen d'un raccommodage, parce qu'ils tenaient au principe même sur lequel reposait tout son mécanisme.

La pompe à feu de Newcomen présente un vice de la dernière gravité. Lorsque l'eau d'injection afflue dans le corps de pompe, elle condense immédiatement la vapeur qui le remplit, ce qui permet à l'atmosphère, pesant sur la tête du piston, de le précipiter jusqu'au bas de sa course. Mais l'eau froide, une fois en contact avec les parois du cylindre échauffées par la vapeur, les refroidit aussitôt, et lorsque ensuite, une nouvelle quantité de vapeur arrive sous le piston pour le soulever, cette vapeur est nécessairement ramenée en partie à l'état liquide en touchant les parois froides du cylindre. Une grande partie de la vapeur envoyée par la chaudière est donc perdue, puisqu'elle est uniquement employée à réchauffer le corps de pompe.

Watt constata que le modèle de Glascow usait, à chaque oscillation du piston, un volume de vapeur plusieurs fois supérieur au volume du cylindre, ce qui amenait la perte de la moitié du combustible employé.

Un second défaut inhérent à la machine de Newcomen, c'est que l'eau injectée dans le corps de pompe, pour y condenser la vapeur, s'échauffait elle-même en s'emparant du calorique latent de la vapeur condensée. Dès lors cette eau échauffée, fournissait des vapeurs, ce qui rendait le vide imparfait.

La résistance que le piston rencontrait dans la machine de Glascow, par suite de cette dernière circonstance, était équivalente, selon Watt, au quart de la pression atmosphérique.

Après avoir reconnu les vices de la machine de Newcomen, Watt pensa qu'il ne serait pas impossible de parer à ces défauts. Mais pour réaliser les perfectionnements dont cet appareil lui semblait susceptible, il fallait commencer par en fixer la théorie avec exactitude. C'est dans ce but que le jeune artiste se décida à entreprendre une série d'expériences relatives à la théorie des divers phénomènes sur lesquels repose l'emploi de la vapeur dans la pompe à feu. Il détermina donc, par expérience, la quantité de vapeur que fournit un poids donné de charbon, brûlé sous la chaudière d'une machine de Newcomen. Il rechercha ensuite, d'une manière générale, le volume de vapeur que produit un certain volume d'eau porté à l'ébullition, et il reconnut ainsi qu'un volume d'eau liquide fournit environ 1 700 volumes de vapeur.

Ce fut en se servant de simples fioles à l'usage des pharmaciens, que Watt parvint à fixer ce chiffre important, que les expériences des physiciens modernes, exécutées avec toute la précision et la rigueur de nos méthodes actuelles, n'ont pu que légèrement modifier.

Watt détermina également la quantité de chaleur mise en liberté par la condensation d'un certain volume d'eau, et c'est ici que la théorie de Black sur la chaleur latente, lui devint d'une haute utilité.

Étonné de la grande quantité d'eau froide qu'il fallait injecter dans le cylindre de Newcomen pour y condenser la vapeur, et frappé de la chaleur considérable que cette eau empruntait au faible volume de vapeur contenu dans le cylindre, il cherchait inutilement à s'expliquer la cause de ce phénomène :

« J'en parlai alors, a écrit Watt lui-même, à mon ami, le docteur Black, qui me développa à cette occasion sa doctrine du *calorique latent*, dont il avait conçu l'idée quelques années auparavant. Absorbé moi-même par mes travaux et mes propres recherches, j'avais pu entendre parler de cette nouvelle doctrine sans y donner toute l'attention qu'elle méritait, jusqu'au moment où je me vis ainsi arrêté devant l'un des principaux faits sur lesquels repose cette admirable théorie [58]. »

Guidé par les vues de Joseph Black, Watt put déterminer la quantité d'eau froide qu'il fallait injecter dans le cylindre d'une pompe de Newcomen de dimensions connues, pour obtenir une condensation parfaite, et le volume de vapeur qu'une pareille machine dépense à chaque oscillation du piston. Enfin, comme la force élastique de la vapeur s'accroît avec la température, il essaya, sans prétendre cependant résoudre en entier une question si difficile, de déterminer la force élastique de la vapeur qui correspond à chaque degré du thermomètre.

Ainsi le jeune et pauvre fabricant d'instruments de l'université de Glasgow se trouvait sérieusement engagé dans le grand problème du perfectionnement de la machine de Newcomen, question qui commençait alors à occuper un grand nombre d'ingénieurs distingués.

En effet, malgré tous ses défauts et la dépense énorme de combustible qu'elle entraînait, la pompe de Newcomen était déjà très-répandue en Angleterre. Employée, dans un grand nombre de mines de houille, à l'épuisement des eaux, elle y remplaçait les moteurs anciennement en usage, et elle avait contribué à faire sortir cette branche de l'industrie britannique de l'état précaire où elle avait longtemps langui. Il était donc facile de prévoir de quelle importance serait, pour l'avenir du pays, une modification de cette machine qui, tout en ajoutant à la puissance de ses effets, permettrait d'économiser une grande partie du combustible.

Watt embrassa d'un coup d'œil toute la portée de la tâche qu'il allait entreprendre. Mais les travaux de sa profession absorbaient la plus grande partie de ses moments et l'empêchaient de suivre ses expériences avec l'attention et les soins nécessaires. Il prit donc la résolution de se consacrer tout entier à l'étude expérimentale de la machine à vapeur.

Une circonstance nouvelle le décida à hâter l'exécution de ce projet. Il s'occupait avec ardeur des travaux de son atelier, pour venir en aide à sa famille, que de nouveaux revers venaient de réduire à un état voisin de la misère. La seule distraction qu'il se permettait, c'était de se rendre, le dimanche, dans une maison de campagne située aux environs de Glascow, et habitée, pendant la belle saison, par un de ses oncles, M. Miller. Or, M. Miller avait une fille de dix-huit ans. James Watt s'éprit de la jeunesse, des charmes et des qualités aimables de sa cousine, et sa demande ayant été agréée, il épousa miss Miller en 1764.

Cette union, en lui assurant une certaine aisance, le détermina à fermer le petit atelier qu'il occupait dans les bâtiments de l'université de Glascow. Il s'établit dans l'intérieur de la ville, avec l'intention d'y exercer la profession d'ingénieur civil, et de s'occuper en même temps de ses recherches sur le perfectionnement de la machine de Newcomen.

Les heureuses qualités de miss Miller exercèrent sur la carrière de Watt, la plus heureuse influence. Quoique doué au suprême degré du génie de la mécanique, le célèbre constructeur avait dans le caractère une indolence assez marquée. Celui qui, sur la fin de sa vie, disait : « Je n'ai connu que deux plaisirs, la paresse et le sommeil, » avait besoin de ce doux et secret empire qu'exerce le cœur d'une femme aimée pour réveiller et tenir en haleine son insoucieux génie.

Cette influence ne tarda pas à se manifester, car ce fut en 1765, un an après son mariage, que Watt, donnant enfin un corps aux idées qui depuis longtemps flottaient dans son esprit, réalisa la première et peut-être la plus importante de ses découvertes, celle du *condenseur isolé*.

On a vu que le vice capital de la machine de Newcomen consistait dans la nécessité de refroidir et de réchauffer alternativement le cylindre, pour y opérer la condensation de la vapeur : le refroidissement du corps de pompe, par suite de l'injection d'eau froide, faisait perdre l'effet utile des trois quarts du combustible employé. Le problème, regardé jusque-là comme insoluble par tous les ingénieurs, de condenser la vapeur sans refroidir le corps de pompe, fut complétement résolu, grâce à l'idée admirable qui vint à l'esprit de James Watt, de condenser la vapeur dans un vase isolé, séparé du cylindre et ne communiquant avec lui que par un tube.

On conçoit en effet, que si, au moment où le corps de pompe est rempli de vapeur, on ouvre tout à coup une issue à cette vapeur, à l'aide d'un robinet qui lui donne accès dans un vase continuellement entretenu à une basse température par un courant d'eau froide, toute la vapeur se précipitera dans l'intérieur de ce vase en raison de son expansibilité. Le vide sera même obtenu de cette manière beaucoup plus promptement, car la condensation de la vapeur appellera presque instantanément dans le second vase toute la vapeur qui remplissait le corps de pompe. Ainsi la condensation pourra s'opérer sans que jamais le cylindre soit refroidi ; une économie considérable de vapeur, et par conséquent de combustible, sera du même coup réalisée.

L'appareil qui remplit cet important objet porte le nom de *condenseur*.

Mais il restait une autre difficulté, c'était de se débarrasser de la grande quantité d'eau employée pour refroidir le condenseur. Watt la surmonta en établissant dans l'intérieur de ce vase, une pompe à eau, mue par le balancier de la machine elle-même, et qui épuisait l'eau à mesure qu'elle avait servi à opérer la condensation. On perdait ainsi une notable partie de la force de la machine qui était employée à faire jouer la pompe ; mais la perte était peu de chose relativement à celle que déterminait auparavant la condensation d'une grande partie de la vapeur sur les parois refroidies du cylindre.

Par l'addition du condenseur isolé, Watt apportait à la machine de Newcomen une modification capitale : il y diminuait de plus de moitié la dépense du combustible. Mais la machine ainsi modifiée reposait encore sur le même principe. C'était toujours la *machine atmosphérique*, dans laquelle la force motrice était fournie par le seul poids de l'air s'exerçant sur la tête du piston. Par une invention postérieure, Watt changea complétement le principe moteur de cette machine. Bannissant toute intervention de la pression atmosphérique, il fit dépendre uniquement ses effets de la force élastique de la vapeur.

Quelques détails sont nécessaires pour faire comprendre cette disposition nouvelle, qui diffère complétement du système de Newcomen. La figure 43 permettra d'expliquer comment la force élastique de la vapeur fut mise à profit dans ce nouveau système, qui a reçu de nos jours le nom de *machine à simple effet*.

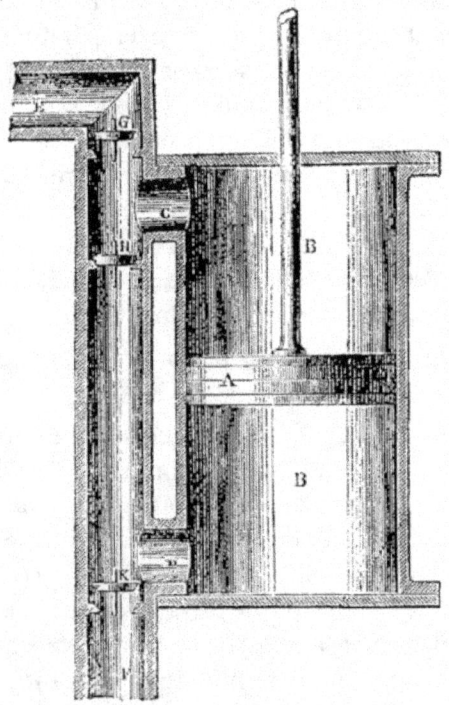

Fig. 43. — Cylindre à vapeur de la machine à simple effet.

Le cylindre B est fermé à sa partie supérieure, par un couvercle métallique percé d'une ouverture garnie d'étoupes grasses et bien pressées, de manière à laisser librement monter et descendre la tige d'un piston A, en interceptant tout passage à la vapeur et à l'air extérieur. La vapeur arrive de la chaudière par un large tuyau E et s'introduit dans le haut du cylindre par l'ouverture C, lorsque la *soupape d'admission* G est ouverte et la *soupape d'équilibre* H fermée. Elle exerce alors sa pression sur la face supérieure du piston et le fait descendre jusqu'au bas de sa course. Pendant ce temps, la *soupape d'exhaustion* K est également ouverte ; elle permet à la vapeur qui s'était précédemment introduite au-dessous du piston, de s'écouler par le tube F dans le condenseur, où elle se liquéfie en produisant le vide. Rien ne s'oppose donc à l'abaissement du piston A, qui est chassé par la vapeur de haut en bas. Au moment où il arrive au bas du corps de pompe, on ferme les soupapes G et K et l'on ouvre la soupape d'équilibre H. Par ce moyen, on met en communication le haut et le bas du cylindre, et la vapeur qui en remplit la partie supérieure, se rend, par le tuyau HK et par l'ouverture D, dans la partie inférieure du cylindre. Le piston, qui tout à l'heure ne se trouvait pressé que par sa face supérieure, se trouve maintenant soumis sur ses deux faces, à des pressions égales et peut se mouvoir librement. Il remonte donc sans difficulté sous l'action de la tige de pompe, lestée d'un poids, qui se trouve suspendue à l'autre extrémité du balancier, comme dans la machine de Newcomen. Le piston revient ainsi jusqu'au haut de sa course.

On comprend que si l'on ouvre maintenant les deux soupapes G et K et qu'on ferme la soupape intermédiaire H, de manière à ne permettre à la vapeur que d'arriver à la partie supérieure du cylindre, tandis que la soupape K, ouverte, laisse écouler la vapeur dans le condenseur, la force élastique de la vapeur doit précipiter de nouveau le piston à la partie inférieure du corps de pompe. Si alors on fait de nouveau communiquer entre elles les capacités supérieure et inférieure du corps de pompe par l'action de la même cause, le même effet recommence, le piston remonte pour s'abaisser de nouveau, etc.

Ainsi le simple jeu de ces trois soupapes provoque le mouvement continu de la tige du piston.

Par ce nouvel et ingénieux emploi de la force élastique de la vapeur d'eau, Watt créa, on peut le dire, la véritable machine à vapeur. La machine de Newcomen ne méritait, à proprement parler, que le nom de *machine atmosphérique* ; car la pesanteur de l'air était le seul élément auquel sa force fût empruntée. Pour la première fois on tirait la puissance motrice de la seule force élastique de la vapeur.

Les expériences multipliées auxquelles il devait se livrer pour arriver à de si importants résultats, Watt les exécutait dans un modeste atelier installé au rez-de-chaussée de sa maison, avec le secours d'un petit nombre d'ouvriers, confidents discrets de ses espérances et de ses travaux. Le modèle dont il se servit pour essayer le jeu des divers organes de sa machine, consistait en un cylindre de cuivre de moins de 2 pouces (0^m,051) de diamètre auquel une chaudière fournissait de la vapeur, qui s'introduisait, à l'aide d'un tube bifurqué, au-dessus et au-dessous de la tête du piston. Les robinets se tournaient à la main. Le condenseur était simplement formé de deux tuyaux d'étain de 10 pouces (0^m,254) de longueur, disposés verticalement, et venant aboutir à un tuyau d'un diamètre plus grand qui plongeait dans un bassin d'eau froide. Pour juger définitivement le jeu des divers organes de sa machine, Watt la fit exécuter en grand avec tous les éléments nouveaux qu'il avait imaginés.

C'est à cette occasion qu'il fit pour la première fois usage de l'enveloppe de bois entourant le cylindre, communément appelée *chemise du corps de pompe*, et qui a pour effet de prévenir les pertes de chaleur que le cylindre éprouve par suite de son rayonnement dans l'air. Par cet artifice, il parvint à diminuer encore très-sensiblement la dépense du combustible.

Ainsi la machine à vapeur était désormais complète. À la machine atmosphérique, dont les découvertes de Torricelli, de Pascal et d'Otto de Guericke avaient fait naître l'idée, que le génie de Papin et la sagacité de Newcomen avaient transportée dans la pratique, Watt substituait une machine infiniment supérieure par l'intensité de ses effets, et qui devait son principe à la seule force de la vapeur d'eau. Sous le rapport de la puissance et de l'économie, les avantages de ce nouveau moteur étaient de nature à dépasser toutes les espérances. Il ne restait donc plus qu'à le transporter dans la pratique industrielle. Mais Watt n'avait aucune des qualités nécessaires pour faire comprendre à des capitalistes, obligés par état à beaucoup de défiance, toute la portée d'une invention nouvelle. Assez insouciant par caractère, il détestait l'exagération de promesses qui sont familières aux inventeurs de tous les rangs.

Louis Figuier

D'ailleurs, il n'était pas encore entièrement satisfait des résultats qu'il avait obtenus. Il rêvait des perfectionnements nouveaux, et répugnait à faire connaître ses idées avant d'avoir produit tout ce qu'il en espérait. Enfin, les périls des entreprises industrielles avaient de quoi effrayer la timidité de son esprit. Il hésitait à risquer ses faibles ressources sur cette mer trop fertile en naufrages.

Fig. 42. — James Watt étudiant le perfectionnement de la machine de Newcomen.

Une circonstance fortuite put seule le décider à céder aux instances de ses amis.

Quoique voué tout entier aux travaux de son art, Watt était cependant assez répandu dans le monde, où le faisaient rechercher ses qualités agréables et la gaieté de son humeur. Nourri de bonne heure de toute espèce de lectures, doué d'une mémoire prodigieuse, d'une parole facile et d'une imagination intarissable, il n'avait pas tardé à acquérir à Glasgow la réputation d'un causeur accompli. Aussi sa maison était-elle le rendez-vous de tous les personnages distingués de la cité. Outre son ami Joseph Black, on trouvait chez lui : Adam Smith, le célèbre auteur des *Recherches sur la cause de la richesse des nations* ; Robert Simson, le patient restaurateur des ouvrages mathématiques des anciens, et divers littérateurs ou artistes qui aimaient à jouir des charmes et des profits de sa conversation. C'est par là que le docteur Roebuck fut amené à lier quelques relations avec James Watt.

Roebuck, fondateur de la célèbre usine de Carron, se distinguait du commun des financiers par son esprit et sa bonne humeur. Il fut présenté à Watt et fréquenta sa maison. Le hasard d'un entretien amena ce dernier à lui communiquer les modifications qu'il avait apportées à la machine de Newcomen. Le capitaliste anglais était lancé à cette époque dans des spéculations assez difficiles pour l'exploitation des mines de houille et des salines de Borrowstones, dans le comté de Linlithgow. Comprenant toute la portée de l'invention de Watt, il lui offrit immédiatement les capitaux nécessaires pour les exploiter. Il proposait de se charger de toutes les dépenses, à la condition d'obtenir les deux tiers des bénéfices de l'entreprise.

Le marché fut accepté. James Watt commença à construire à Kinneil, aux environs de Borrowstones, une pompe à feu, qui fut placée à l'entrée d'un puits de mine, pour y servir à l'épuisement des eaux. Comme cette machine n'était qu'une sorte de dernier essai, Watt lui fit subir différentes modifications, jusqu'à ce qu'elle eût atteint un haut degré de perfectionnement. Pour s'assurer alors la propriété exclusive de ses inventions, il s'occupa d'obtenir un brevet qui lui concédât le privilége de la construction des machines à vapeur modifiées. Ce brevet lui fut accordé en 1769.

James Watt se disposait à créer un vaste établissement pour la construction des machines à vapeur, lorsque, à la suite de spéculations manquées, la fortune de Roebuck vint à recevoir de graves atteintes qui l'obligèrent d'abandonner cette entreprise. Watt, envers qui il se trouvait débiteur d'une somme assez importante, eut la générosité de rompre l'association et de le libérer de tout engagement. Ensuite, avec une modestie, une sérénité admirables, ce dernier reprit paisiblement le cours de ses occupations d'ingénieur.

Pendant quatre ans il se consacra exclusivement aux travaux de cette profession. Il traça les plans et dirigea la construction d'un canal destiné à porter à Glascow le charbon des mines de Monkland. Il dressa les projets de divers autres canaux, et se livra à des études relatives à certaines améliorations des ports d'Ayr, de Glascow et de Greenock. Il construisit les ponts d'Hamilton et de Rutherglen, et s'occupa enfin de l'exploration des terrains à travers lesquels devait passer le canal Calédonien. L'homme de génie, à qui l'Angleterre allait devoir, dans un délai prochain, les plus brillantes créations de la mécanique moderne, ne dédaignait pas de s'employer aux simples travaux d'un conducteur des ponts et chaussées.

Un coup terrible, qui vint le frapper à cette époque, contribua encore à éloigner de son esprit les grands projets qui l'avaient un instant séduit. Pendant qu'il se trouvait retenu dans le nord de l'Écosse, il eut la douleur de perdre sa douce et tendre compagne. Tout entier à ses regrets, Watt n'accordait plus une seule pensée à ses premiers travaux. Il semblait avoir oublié qu'il tenait dans ses mains la richesse future de son pays. Heureusement ses amis ne l'oubliaient pas.

En 1775, on réussit enfin à triompher de ses répugnances, et on le décida à se mettre en rapport avec le célèbre industriel Mathieu Boulton, de Birmingham.

Boulton possédait le génie de l'industrie autant peut-être que Watt celui de la mécanique. Il avait la réputation du plus riche, du plus habile et du plus entreprenant manufacturier de l'Angleterre. L'établissement qu'il avait fondé peu d'années auparavant à Soho, près de Birmingham, pour la fabrication de toutes sortes d'ouvrages de fer, d'acier, d'argenterie et de plaqué, était un des plus importants et des mieux tenus du royaume. À peine eut-il connaissance des modifications apportées à la machine à vapeur par l'ingénieur de Glascow, qu'il en devina tout l'avenir et n'hésita pas à mettre sa fortune entière à la disposition de l'inventeur. Il passa avec James Watt un acte d'association, et fit aussitôt construire une première machine de proportions considérables, qui fut établie dans son usine de Soho, afin que le public pût être témoin de ses effets.

Mais le brevet d'exploitation, pris en 1769 par James Watt, n'avait plus que quelques années à courir. On s'adressa donc au parlement, pour en obtenir la prolongation. Grâce au crédit et à l'activité de

Boulton, le parlement consentit, non cependant sans de longues difficultés, à prolonger le privilége.

Fig. 44. — Ateliers de construction de machines à vapeur de Boulton et Watt, à Soho, près Birmingham.

En 1775, contrairement aux dispositions qui régissent les brevets, on accorda à Boulton et Watt un nouveau privilége de vingt-cinq ans de durée « en considération du mérite éminent des inventions de l'auteur, » attesté par les savants les plus recommandables de Londres. Boulton et Watt purent alors se lancer hardiment dans la carrière brillante qui s'ouvrait devant eux.

Par le genre particulier et surtout par la diversité de leur esprit, Boulton et Watt semblaient avoir été, chacun de son côté, créés tout exprès pour mener à bien une entreprise de cette nature.

« M. Watt, dit Playfair, était réservé, studieux et fuyant le monde ; au lieu que M. Boulton était un homme remuant, actif, intelligent, très-répandu dans la haute société, et cependant ennemi des façons et sachant se mettre à l'aise avec les hommes de toutes les classes. Quand M. Watt aurait cherché par toute l'Europe, il n'aurait pu trouver personne aussi propre à produire ses inventions d'une manière aussi digne de leur mérite et de leur importance. Quoique tous deux fussent de mœurs tout à fait différentes, il semblait que le ciel les eût faits l'un pour l'autre, car on ne vit jamais, dans le commerce ordinaire de la vie, plus d'harmonie qu'il n'en régnait entre ces deux hommes [59]. »

Le brevet obtenu, Boulton convertit une partie de son établissement de Soho en ateliers consacrés à la fabrication des machines à vapeur. On fit constater par des expériences authentiques, exécutées sous les yeux des propriétaires et des actionnaires des mines, l'économie réalisée par la nouvelle pompe à feu installée à Soho. Il fut reconnu qu'à égalité d'effet, elle réduisait des trois quarts la dépense du combustible consommé par la machine de Newcomen. Bientôt, grâce au système établi par Boulton pour l'exécution des différentes pièces mécaniques, plusieurs machines à feu, destinées à l'épuisement des mines, se trouvèrent construites et prêtes à fonctionner.

C'est alors que l'on fut témoin, en Angleterre, d'un phénomène industriel qui probablement ne se reproduira jamais, et qui faisait également honneur à l'audace du spéculateur et au génie du mécanicien. Boulton et Watt ne vendaient pas leurs machines, ils les donnaient à qui voulait les prendre. Ils se chargeaient même de les monter et de les entretenir à leurs frais. Quant aux anciennes machines de Newcomen, on les reprenait à un prix bien au-dessus de leur valeur.

Boulton avança de cette manière jusqu'à 47 000 livres sterling (1 175 000 fr.) avant de songer à effectuer une seule rentrée. Toute la redevance qu'il réclamait des propriétaires des mines, c'était le *tiers de la somme annuellement économisée sur le combustible.*

Les propriétaires de mines ne pouvaient hésiter en présence de telles conditions. Les machines de Watt commencèrent à être adoptées dans le Cornouailles, où le prix du charbon les rendait doublement précieuses. Elles se répandirent de là dans la plupart des comtés houillers de l'Angleterre, et les associés commencèrent à réaliser d'importants bénéfices.

En effet, la combinaison imaginée par Boulton, avec toutes les apparences d'une générosité exemplaire, avait pour résultat de porter le prix des machines à un taux exorbitant. On en jugera par un exemple. Dans les mines de Chacewater, où l'on employait trois pompes à feu, les propriétaires payaient annuellement à Boulton et Watt, pour le tiers du combustible économisé, la somme de 60 000 francs [60].

Les propriétaires de mines, qui d'abord avaient accepté cette combinaison avec reconnaissance, ne purent se résigner longtemps à voir les associés toucher des droits si considérables. On mettait de jour en jour plus de répugnance à s'acquitter, et bientôt des procès nombreux vinrent menacer sérieusement le sort de l'entreprise de Boulton.

On s'appuyait sur de prétendus perfectionnements apportés aux appareils de Watt, pour se déclarer affranchis de toute redevance. On allait fouiller les bibliothèques pour y découvrir des titres d'antériorité contre lui et demander la déchéance de ses brevets.

Le grand argument consistait à prétendre que Watt avait été bien suffisamment rétribué de ses peines, pour un homme qui, en fin de compte, n'avait inventé que des idées. C'est ce qui amena devant le tribunal cette apostrophe d'un avocat : « Allez, Messieurs, allez vous frotter à ces prétendues idées abstraites, à ces combinaisons intangibles, ainsi qu'il vous plaît d'appeler nos machines ; elles vous écraseront comme des mouches, elles vous lanceront dans les airs à perte de vue ! »

Cependant l'imperfection que présentait à cette époque la loi anglaise concernant les brevets, laissait une large prise à la mauvaise foi et à la fraude. Il régnait, en outre, dans l'esprit des juges, beaucoup de préventions et de défiance contre les brevetés. Leurs Seigneuries déployaient un zèle et une ardeur infatigables pour découvrir des vices de forme dans les brevets de James Watt, et pour chercher dans le texte d'anciennes lois des dispositions opposées à son privilége.

Aussi, en dépit de l'évidence de leurs droits, Watt et Boulton furent-ils battus en cours de justice.

Cet échec était grave : il redoublait l'audace et les prétentions des plagiaires. Des capitalistes qui n'auraient pas osé enfreindre ouvertement les brevets de Watt, encouragés par ce premier succès, s'employaient activement à faire délivrer à des hommes sans crédit des brevets nouveaux spécifiant quelque modification insignifiante ; puis, armés de ces pièces suspectes, ils venaient battre en brèche, devant le tribunal, les réclamations des associés.

De pareilles difficultés, chaque jour renaissantes, et qui devenaient de plus en plus compliquées, auraient été de nature à déconcerter un autre homme que Watt. Mais il était sorti vainqueur, durant sa vie, de combats plus difficiles ; il ne recula pas devant ces luttes nouvelles. Il se décida à abandonner pour quelque temps la surveillance de ses ateliers, et se rendit à Londres, pour y mener, au milieu des gens d'affaires et des hommes de justice, l'existence agitée du plaideur. Pendant huit années consécutives, le génie du grand mécanicien fut détourné de sa voie naturelle, et dans ce long intervalle, il eut le temps de devenir un légiste accompli.

Le succès vint enfin couronner ses efforts, mais l'heure de la justice avait été longue à sonner. Ce ne fut qu'en 1799, trente-cinq ans après ses premières découvertes, que, libéré définitivement par une décision de la cour du roi, il fut remis en possession entière de son privilége. Seulement, comme le terme de son brevet expirait l'année suivante, cette satisfaction était presque dérisoire.

C'est ce qui faisait dire gaiement à James Watt, qu'il se félicitait d'habiter un pays dans lequel il ne faut que trente-cinq ans de discussion et une douzaine de procès pour assurer à un citoyen la récompense de son travail.

Vers l'année 1776, à peu près déchargé du trop long ennui des contestations judiciaires, Watt put revenir à ses travaux accoutumés ; et dès lors il se voua sans réserve à la solution du problème capital qui depuis plusieurs années ne cessait de se poser dans son esprit.

La machine à vapeur n'avait jusque-là servi qu'à l'épuisement de l'eau dans les mines ; il voulait transformer la puissance dont il s'était rendu maître, en un moteur susceptible de recevoir toutes les applications que, peut exiger l'industrie. Il avait créé la *pompe à feu*, il fallait créer le moteur universel. Ce grand problème, son génie devait le résoudre de la manière la plus absolue, dans son principe général et dans ses détails les plus délicats, grâce à une série de découvertes dont il nous reste à exposer les éléments.

On a vu que dans la *machine à simple effet*, dans laquelle Watt substituait à la pression atmosphérique la seule puissance de la vapeur, l'action motrice ne s'exerce réellement que pendant l'abaissement du piston. L'oscillation ascendante est simplement déterminée par le contre-poids attaché au balancier, qui fait remonter le piston, lorsque la pression de la vapeur est rendue égale sur ses deux faces. Il y avait donc dans le jeu de cette machine, une interruption d'action manifeste. Cet inconvénient n'avait qu'une faible importance quand il s'agissait d'élever les eaux ; l'exploitation des mines pouvait parfaitement se contenter d'une telle disposition. Mais pour l'application de la machine à vapeur à tous les usages de l'industrie, ce défaut n'était aucunement tolérable. Le travail égal et continu des manufactures exige que la force motrice puisse s'exercer aussi bien pendant l'ascension que pendant la chute du piston. Il fallait obtenir de la machine à vapeur une continuité d'effet.

Watt parvint à atteindre cet important résultat par le moyen suivant. Au lieu de se borner à faire agir la vapeur sur la tête du piston, il la dirigea alternativement au-dessus et au-dessous du piston de manière à provoquer par la seule action de la vapeur, son élévation et sa chute. Il établit les communications entre le cylindre et le condenseur, de telle sorte que la vapeur contenue dans la capacité située au-dessus du piston s'écoulait dans le condenseur au moment même où le piston était arrivé au bas de sa course. Dès lors la vapeur, arrivant au-dessous du piston pour le soulever, ne rencontrait aucune résistance capable de contrarier son effet, puisque par suite de la condensation de la vapeur qui remplissait naguère la partie supérieure du cylindre, un vide parfait existait dans cette capacité.

Cette nouvelle disposition de la machine à vapeur rendait son mécanisme parfait. Les contre-poids énormes que l'on avait employés jusque-là pour équilibrer le piston, devenaient ainsi inutiles, et pour la première fois, on put débarrasser la machine de ces lourdes masses qui formaient le balancier de Newcomen. On put également faire disparaître les quantités considérables de fer ou de bois que l'on employait dans la construction de certaines pièces de la machine pour adoucir ses mouvements.

La *machine à double effet* exécute dans le même temps, le double de travail de la machine à simple effet ; mais elle dépense deux fois plus de vapeur. L'avantage réside donc seulement dans la succession plus rapide de ses effets, circonstance de la plus haute utilité, lorsque la machine est destinée à servir de moteur d'une application universelle.

Pour tirer parti de la force motrice développée par la machine à vapeur ainsi modifiée, il fallait, de toute nécessité, adopter une manière nouvelle de communiquer au balancier le mouvement du piston. Il est facile de comprendre, en effet, que le moyen employé dans la machine de Newcomen, dans laquelle la vapeur n'imprime qu'une impulsion de haut en bas, ne pouvait s'appliquer à la machine à double effet, qui fournit une impulsion de haut en bas et de bas en haut. Dans la machine de Newcomen, deux chaînes de fer fixées à ses deux extrémités, comme on le voit dans la figure 37, suffisaient pour mettre le balancier en jeu. Dans l'oscillation descendante, le piston tirait le balancier par le secours de la chaîne ; dans l'oscillation ascendante, c'était le balancier ou son contre-poids, qui, au moyen de la seconde chaîne, faisait remonter le piston. Mais dans la machine à double effet, la pression de l'air n'entre pour rien ; c'est la pression de la vapeur qui fait monter et descendre le piston. Il fallait donc imaginer un autre procédé pour communiquer au balancier les deux mouvements ascendant et descendant ; il fallait, pour cela, faire coïncider le mouvement de l'extrémité du balancier qui décrit un arc de cercle avec le mouvement rectiligne de la tige du piston.

Dans ses premières machines, Watt s'était contenté de garnir la partie de la tige du piston qui s'élève au dehors du corps de pompe, d'une série de dents qui engrenaient dans une roue dentée. Cette crémaillère était le moyen le plus simple pour transmettre le mouvement. Mais, indépendamment de son peu d'élégance, elle ne manœuvrait qu'avec grand bruit et était sujette à se déranger, surtout quand on voulait imprimer au mouvement une seconde direction. Watt remplaça ce mécanisme trop élémentaire, par un appareil plus compliqué, qui porte le nom de *parallélogramme articulé*.

Voici d'abord l'explication théorique de cet ingénieux appareil.

Soient AC (fig. 45) un levier mobile autour d'un centre C, et A'C' un levier, d'égale longueur, mobile autour de C' ; supposons en outre qu'ils soient réunis par leurs bouts A et A', au moyen de la bielle articulée AA'. Le point A décrira un arc de cercle autour

158

de C, le point A′ un arc semblable autour de C′. La bielle AA′ s'appuiera donc sans cesse sur deux circonférences de cercle. On peut démontrer que dans ce cas, et pourvu que les excursions des points A, A′ ne soient pas considérables, le milieu M de la barre AMA′ décrit une courbe très-peu différente d'une ligne droite. Il suffit donc de suspendre la tige d'un piston au point M pour lui imprimer un mouvement sensiblement rectiligne.

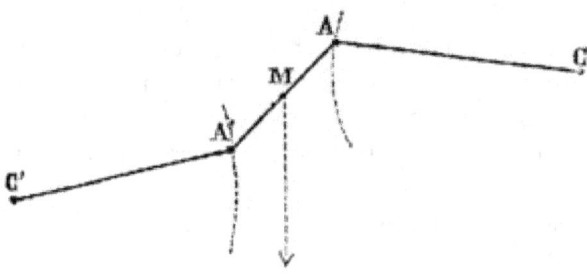

Fig. 45.

L'appareil composé de deux leviers et d'une bielle s'appelle ordinairement le *parallélogramme simple de Watt*, quoiqu'il n'y ait pas de parallélogramme dans cette combinaison. La dénomination qu'il a reçue est destinée à rappeler le *parallélogramme articulé de Watt*, auquel cet appareil simplifié sert de base, et que nous allons maintenant expliquer.

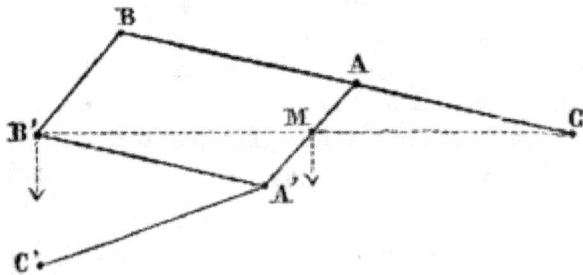

Fig. 46.

Concevons que le levier AC (*fig.* 46) soit prolongé au delà du point d'attache A, d'une quantité AB, égale à AC, et que sa nouvelle extrémité B soit reliée avec le point A' par deux bras articulés BB' et B'A', de sorte que les quatre points A, A', B, B' forment un parallélogramme mobile, qui peut prendre toutes sortes d'inclinaisons à l'aide de charnières placées à ses quatre angles. Tirons une ligne CB', elle passera par le milieu M de la bielle AA', et sera elle-même partagée en deux moitiés égales par le point M. Il s'ensuit que le point B' décrira une courbe tout à fait semblable à celle que parcourt le point M ; c'est-à-dire que le point B' restera aussi sensiblement sur une ligne droite. Si l'on attache à ce point B' un deuxième piston, le premier étant fixé en M, on obtient pour les deux tiges, des mouvements parallèles et rectilignes.

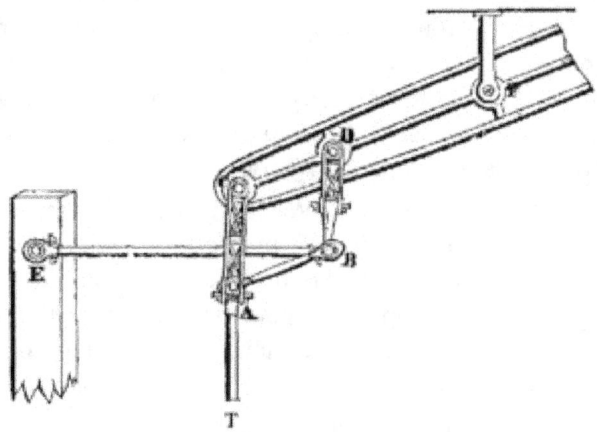

Fig. 47.

La figure 47 représente le *parallélogramme articulé de Watt*, tel qu'il est employé dans les machines à vapeur. EB est un levier rigide, qui tourne autour d'un centre fixe E, et qui s'articule en B, avec le parallélogramme ABCD. L'extrémité de la tige du piston de la machine à vapeur AT, est fixée à l'angle A du parallélogramme. Quand la tige AT est poussée en haut par l'élévation du piston, auquel elle est attachée, l'extrémité C décrit un arc de cercle, mais les points A et M se meuvent en ligne droite, de bas en haut. Pendant la descente du piston, le même jeu se répète d'une manière inverse ; les points A et M descendent verticalement et en ligne droite.

Dans les machines à vapeur à condensation, on fixe ordinairement la tige de la pompe d'alimentation au point M du balancier, point qui se meut aussi verticalement en ligne droite, comme nous venons de l'expliquer.

Tel est le principe du curieux mécanisme imaginé par James Watt, en 1784, pour transmettre au balancier le mouvement du piston. Quelques dispositions différentes ont été adoptées plus tard pour la construction de cet appareil, mais elles n'ont rien changé au principe sur lequel repose son mécanisme.

La force une fois commodément transmise au balancier, il fallait s'occuper de transformer le mouvement de *va-et-vient* de ce balancier en un mouvement de rotation, propre à faire marcher une roue ou un volant fixé sur l'axe de la machine, et à s'adapter par conséquent à tous les usages auxquels un moteur peut être consacré. Le mécanicien Stewart avait tenté, sans y réussir, d'employer, dans cette vue, des roues à rochet. Watt résolut le problème d'une manière beaucoup plus heureuse, par une simple application de la manivelle du rémouleur.

« Des nombreux projets, dit Watt, qui me passèrent par la tête, aucun ne me parut si propre à me conduire au but que je me proposais d'atteindre, que l'application d'une simple manivelle dans le genre de celle dont se sert le rémouleur, et qu'il fait mouvoir avec le pied : invention de grand mérite et dont on ne connaît ni la date ni le modeste inventeur. »

L'appareil imaginé par Watt pour appliquer la manivelle du rémouleur à la transformation du mouvement rectiligne de la tige du piston en un mouvement rotatoire, donna les meilleurs résultats. Mais il arriva que l'un de ses concurrents, M. Wasbrough, en eut connaissance par suite de l'infidélité d'un ouvrier, et qu'il s'empressa de prendre un brevet spécifiant l'application de la manivelle au mécanisme de la machine à vapeur.

Watt avait jugé inutile de prendre un brevet pour un moyen connu depuis un temps immémorial et qui se trouve employé dans tous les rouets des fileuses et dans toutes les roues des rémouleurs. Il aurait sans peine prouvé judiciairement que l'on ne pouvait interdire à personne l'usage d'un artifice aussi banal. Il trouva plus simple d'arriver au même but par une autre voie, et il inventa l'appareil connu en Angleterre sous le nom de *soleil et planète*. La figure 48 représente cet appareil.

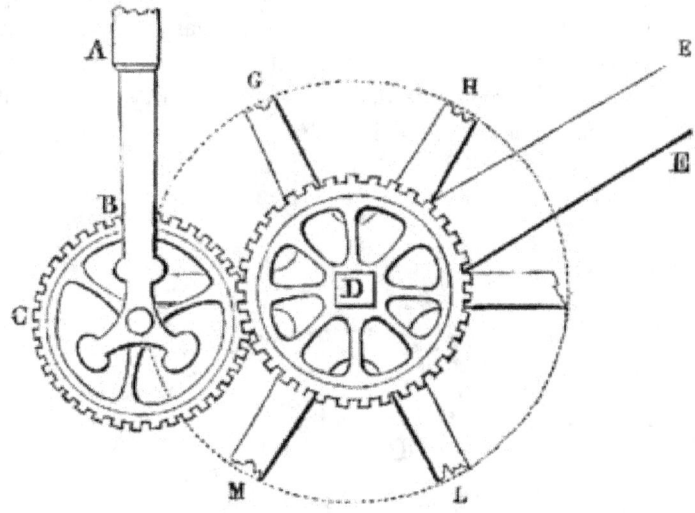

Fig. 48.

CB est une roue dentée qui, conduite par la tige AB, du piston de la machine à vapeur, tourne autour de la roue D, en parcourant sa circonférence et engrenant avec elle. La roue D est fixée elle-même à l'arbre de couche de la machine, et fait tourner cet arbre. EE est la courroie de transmission du mouvement, GHLM, la circonférence du volant.

On voit que la roue CB paraît tourner autour de la roue D, comme une planète autour du soleil. C'est ce qui a fait donner en Angleterre, à cet assemblage mécanique, le nom bizarre de *soleil et planète*. D se nomme la *roue solaire*, et CB la *roue planétaire*.

Mais cet appareil, délicat à construire, coûteux et sujet à se déranger, fut abandonné par Watt dès que l'expiration du brevet de M. Wasbrough lui permit de revenir à l'emploi de la manivelle.

La manivelle et le volant, qui, dans les machines actuelles, servent à transformer le mouvement rectiligne de la tige du piston en un mouvement circulaire, sont représentés dans la figure 49. B est la bielle ou tige qui descend de l'extrémité du balancier ; elle s'articule avec la manivelle C, dont le bras est lié au centre E de la roue, ou volant, A, et peut tourner avec cette roue. Lorsque le balancier s'abaisse, par suite du mouvement du piston, il abaisse en même temps la manivelle, et fait tourner le volant, dont la vitesse acquise le fait élever au-dessus du centre E. Alors le balancier, en se relevant par le second coup de piston, communique son mouvement au volant et lui fait achever de décrire le cercle : un mouvement de rotation continu est donc ainsi produit.

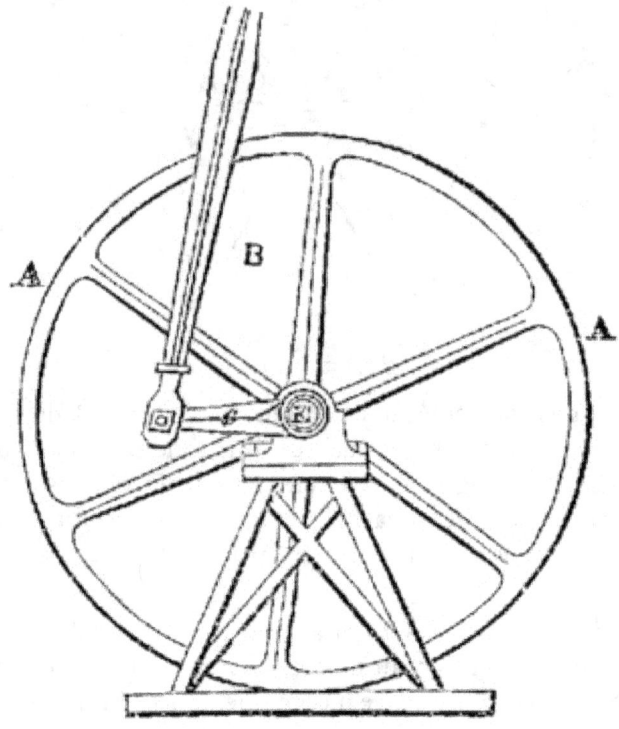

Fig. 49. — Manivelle pour la transformation du mouvement du piston.

Une force considérable et une continuité d'effet ne sont pas les seules conditions que doit réunir une machine destinée à devenir d'un usage général comme moteur. Pour la plupart des industries auxquelles elle doit s'appliquer, la régularité, l'égalité d'action, sont tout aussi importantes que l'intensité de la force. Or, tout le monde voit que l'effet mécanique produit par la machine à vapeur doit être d'une irrégularité excessive. Le degré de sa puissance dynamique dépend en effet, du nombre de coups de piston qu'elle frappe dans un temps donné ; mais ceux-ci varient nécessairement selon que le feu est activé ou ralenti dans le foyer. Une force qui s'engendre par des pelletées de charbon jetées sous une chaudière, doit naturellement présenter dans son intensité les plus grandes variations. C'est à ce défaut si grave qu'il importait de parer. Voici la simple et admirable disposition que le génie de Watt imagina pour y porter remède.

Admettons que, dans l'intérieur du tuyau destiné à introduire dans le cylindre la vapeur fournie par la chaudière, on dispose une sorte de soupape ou plaque mobile, susceptible de fermer ce tuyau ou de le laisser ouvert, de manière à suspendre ou à rétablir à volonté la communication entre la chaudière et le cylindre ; selon que cette plaque mobile sera plus ou moins ouverte, une quantité de vapeur plus ou moins grande sera admise dans le corps de pompe. On pourra, grâce à ce moyen, régler le jeu de la machine, puisque, en augmentant ou en diminuant la quantité de vapeur qui arrive dans le cylindre, on pourra augmenter ou diminuer le nombre des coups de piston. Cette soupape ou plaque mobile, Watt est parvenu, par un artifice des plus ingénieux, à la faire manœuvrer par la machine elle-même ; de telle sorte que, lorsque les mouvements du piston sont trop précipités, la machine ferme en partie la soupape et réduit ainsi la quantité de vapeur introduite ; si, au contraire, les coups de piston se ralentissent, elle dilate la soupape, et, admettant ainsi dans le cylindre une plus grande quantité de vapeur, elle augmente, dans la proportion nécessaire, l'intensité des effets mécaniques.

L'appareil qui sert à obtenir ce curieux et remarquable effet, était désigné par James Watt sous le nom de *gouverneur*. Il en trouva l'idée dans un petit mécanisme employé depuis longtemps dans les moulins à farine pour écarter ou rapprocher les meules et régulariser ainsi leur mouvement.

La figure 50 fera comprendre le jeu de cet appareil de Watt, que l'on désigne aujourd'hui sous le nom de *régulateur à force centrifuge*.

dd est une corde, ou une chaîne sans fin, qui embrasse une poulie D, tournant autour de la tringle verticale DF, qui est elle-même mobile et tourne autour des deux points fixes J, K. Deux boules métalliques E, E, sont fixées à l'extrémité de deux leviers brisés.

Ces leviers sont coudés au point où ils touchent la tringle D, et, au moyen de deux articulations ou charnières *f, f*, ils se rattachent à deux autres leviers plus courts *fh*, attachés eux-mêmes à une espèce de tube F qui peut glisser librement de haut en bas sur la tringle verticale *e*.

Ce petit cylindre est lié lui-même à un levier horizontal HH′ qui a son point d'appui en G, et qui porte à son extrémité une bielle ou tige verticale HL, qui fait mouvoir, à l'aide d'une manivelle V, la soupape ou plaque mobile Z, destinée elle-même à régler l'entrée de la vapeur dans le cylindre.

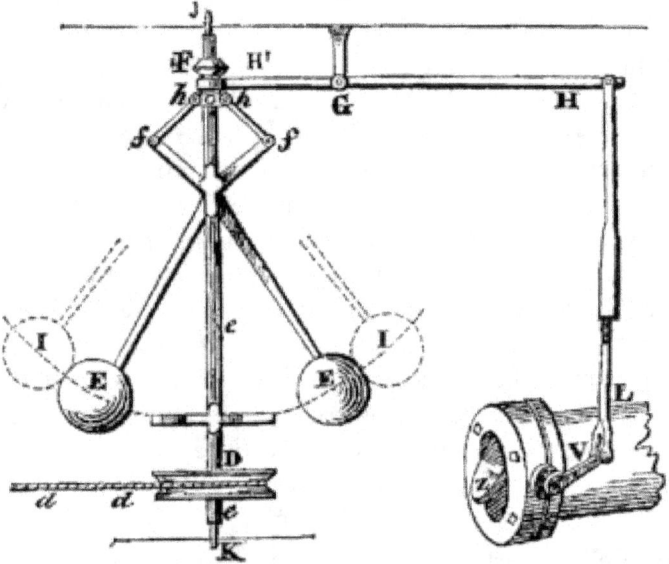

Fig. 50. — Régulateur de Watt à force centrifuge.

Voici maintenant le jeu de ces différentes pièces. Lorsque le balancier marche avec le degré de vitesse convenable, les boules de métal, par l'intermédiaire de la corde *dd* qui se trouve liée à l'arbre de la machine, tournent autour de la tringle, avec la position représentée dans la figure. Mais si le mouvement vient à s'accélérer, il se transmet à la tringle par la corde de la poulie, et dès lors, les globes, entraînés par la force centrifuge, s'écartent et prennent la position représentée par les circonférences pointées I, I. Cet écartement des boules a pour effet nécessaire l'abaissement des petits leviers*fh*, ainsi que du cylindre F et de l'extrémité du levier horizontal HH' qui vient y aboutir ; par suite, l'extrémité H de ce dernier levier s'élève, elle entraîne alors dans son mouvement la tige HL qui, au moyen de la manivelle V, ferme en partie la soupape Z, et diminue ainsi la quantité de vapeur introduite dans le cylindre. Si, au contraire, le mouvement de la machine vient à se ralentir, il se produit dans le jeu des mêmes pièces, des effets inverses des précédents. Les boules, tournant avec moins de rapidité, se rapprochent l'une de l'autre, et, par suite du mouvement des leviers auxquels elles sont liées, la soupape Z s'ouvre davantage et laisse pénétrer dans le corps de pompe une plus grande quantité de vapeur, ce qui accélère aussitôt les mouvements du piston.

C'est donc à bon droit que cet ingénieux appareil est désigné sous le nom de *régulateur à force centrifuge*.

La dernière des découvertes de Watt est relative à l'emploi de la détente de la vapeur, conception des plus remarquables, dont l'honneur revient tout entier au célèbre mécanicien, bien qu'il n'en ait jamais tiré lui-même grand parti.

Quelques explications sont nécessaires pour bien comprendre en quoi consiste le phénomène de la détente de la vapeur, qui fournit dans les machines modernes les résultats les plus remarquables sous le rapport de l'économie du combustible.

Si le robinet qui sert à introduire la vapeur dans le cylindre, reste ouvert pendant toute la durée du mouvement ascendant ou descendant du piston, celui-ci arrivera à l'extrémité de sa course, avec une vitesse toujours croissante, et qui aura pour résultat d'imprimer à toutes les pièces de la machine un choc et un ébranlement fâcheux. Mais si, au lieu de laisser le robinet d'admission ouvert pendant toute la durée de l'oscillation du piston, on le ferme lorsque celui-ci est parvenu seulement au tiers ou à la moitié de sa course, la quantité de vapeur ainsi introduite suffira pour produire le refoulement du piston. En effet, la vapeur, se dilatant dans le vide à la manière d'un gaz, continuera de presser le piston, qui, en raison, d'ailleurs, de sa vitesse acquise, arrivera aisément à l'extrémité de sa course. Ainsi une moindre quantité de vapeur sera employée pour faire marcher le piston. En agissant de cette manière, la vapeur ne pourra pas évidemment produire un effet dynamique aussi puissant que si elle agissait à pleine pression, pendant toute la durée de la course du piston, mais aussi la quantité de vapeur dépensée ne sera que la moitié ou le tiers de celle qu'on aurait employée en opérant à pleine pression. Pour reconnaître si cette disposition présente des avantages, il suffit donc de savoir si, par ce moyen, la dépense du combustible est réduite dans un plus grand rapport que l'effet produit. Or, c'est ce que l'expérience a parfaitement établi.

L'emploi de la vapeur avec détente introduit aujourd'hui dans la plupart de nos machines, a permis de réaliser une économie considérable sur le combustible, et, selon Arago, « de très-bons juges placent la détente, quant à la dépense économique, sur la ligne du condenseur. » Cependant Watt ne l'a mise en usage que vers 1782, dans un petit nombre de machines. Son but principal, dans l'emploi de ce moyen, était de modérer la vitesse de la chute du piston, et de rendre uniforme le mouvement accéléré qui lui est propre lorsque la vapeur agit à pleine pression. Ce n'est qu'à notre époque que la détente de la vapeur a été utilisée de manière à réaliser les avantages immenses qui résultent de son emploi.

Par cette belle série de découvertes, dont aucune n'avait été le produit du hasard, mais qui résultaient toutes de persévérantes recherches, Watt avait donc résolu le grand problème du moteur universel tant poursuivi depuis un siècle. Un simple ouvrier mécanicien, sans fortune et sans études, s'emparant d'unemachine imparfaite, et qui depuis cinquante ans fonctionnait sans progrès notables, l'avait transformée en un agent moteur d'une force presque sans mesure et d'une application illimitée. En raison du principe sur lequel elle repose, sa puissance motrice était incalculable ; grâce aux artifices employés pour en modérer et en régulariser l'action, elle pouvait servir aux usages les plus variés et les plus délicats.

Aussi quelques années suffirent-elles pour répandre en Angleterre ce précieux appareil. Dans les grands centres manufacturiers, tels que Birmingham, Manchester, Liverpool, etc., la machine à vapeur fut appliquée au cardage de la laine et du coton, à la fabrication des draps et de tous les tissus de fil, de coton ou de soie. Par son secours, l'industrie de l'exploitation de la houille ne tarda pas à étendre ses bénéfices dans une proportion extraordinaire. La machine à vapeur fut aussi employée dans les usines métallurgiques, pour marteler, laminer le fer, le cuivre et le plomb, pour étirer en fil le fer et l'acier ; on l'appliqua à tous les travaux hydrauliques, au sciage mécanique du bois, à la fabrication du papier, de la porcelaine et de la faïence, à l'impression des livres, à la préparation et au broiement des couleurs destinées à la peinture ; en un mot, à presque toutes les branches de l'industrie britannique.

Un chiffre suffira pour faire connaître l'économie prodigieuse que l'emploi de la machine à vapeur a permis de réaliser dans les opérations industrielles. Selon Arago, un boisseau de charbon brûlé dans les machines à vapeur du Cornouailles produit l'ouvrage de vingt hommes travaillant dix heures. Or, dans les comtés houillers de l'Angleterre, un boisseau de charbon coûte environ 0^f,90. La machine de Watt a donc permis, en Angleterre, de réduire le prix d'une journée d'homme, de la durée de dix heures, à moins de 0^f,05 de notre monnaie.

Après un tel résultat, on est moins surpris d'apprendre que, suivant des relevés authentiques, les machines à vapeur qui existent aujourd'hui en Angleterre remplacent à elles seules le travail de trente millions d'hommes.

CHAPITRE IX

DERNIÈRES ANNÉES DE JAMES WATT.

Ces machines admirables qui devaient exercer une influence si extraordinaire sur la prospérité de la nation britannique, Watt les faisait exécuter sous ses yeux, dans l'immense établissement de Soho. C'est de là que partaient les puissants appareils qui allaient fonctionner dans les diverses parties des trois royaumes. La manufacture de Soho était pour les Anglais une sorte d'école des ponts et chaussées ; c'était comme un établissement d'instruction pour les ingénieurs et les mécaniciens de la Grande-Bretagne. Les étrangers s'y rendaient aussi pour étudier le mécanisme des nouvelles machines, et pour en transporter l'usage dans leur patrie. C'est ainsi que Bettancourt, envoyé par le gouvernement espagnol, put introduire dans son pays les premiers appareils de ce genre ;

l'habile ingénieur avait deviné le mécanisme de la machine à double effet à la seule inspection de son jeu extérieur. C'est encore de la même manière que l'aîné des frères Perrier, qui fit, dans cette vue, jusqu'à cinq voyages en Angleterre, put installer à Paris une machine à vapeur qui n'était que la reproduction de la machine de Watt à simple effet. C'est la même machine qui a fonctionné jusqu'à l'année 1854 sur les rives de la Seine pour la distribution des eaux, et qui était connue sous le nom de *pompe à feu de Chaillot*.

Watt continua de résider à Birmingham ou à Soho, jusqu'au terme de son association avec Mathieu Boulton ; leur société devait durer jusqu'à l'expiration du premier brevet de Watt. Ce brevet, concédé en 1775, pour un espace de vingt-cinq années, expirait en 1800. À cette époque, Watt et Boulton se séparèrent de la société. Ils y furent remplacés chacun par son fils, et la nouvelle compagnie continue de diriger de nos jours, l'admirable établissement dû à la persévérance et au génie de ses fondateurs.

En se retirant des affaires, James Watt vint se fixer dans une terre voisine de Soho, nommée Heathfield, dont il avait fait l'acquisition en 1790. Il passa ses derniers jours dans cette heureuse retraite, pratiquant les maximes de sa douce philosophie, jouissant du repos et de la fortune acquis pendant le cours de sa glorieuse carrière, éprouvant le bonheur ineffable d'être témoin de l'extension prodigieuse que prenait, par suite de ses travaux, la prospérité de sa patrie.

Les plaisirs et les relations de la société l'occupèrent exclusivement jusqu'à la fin de sa vie. Pendant qu'il résidait à Birmingham ou à Soho, il avait pris l'habitude de réunir autour de lui un petit cercle d'amis, parmi lesquels se remarquaient l'illustre chimiste Priestley, le poëte Darwin, le botaniste Withering, le chimiste Keir, traducteur de Macquer, M. Edgeworth, père de miss Maria Edgeworth, et quelques artistes ou littérateurs en renom. Cette petite académie portait le nom de *Société lunaire* (*Lunar Society*), titre sur lequel il est bon de ne pas prendre le change, et qui signifiait seulement que les académiciens se réunissaient les soirs de pleine lune, afin d'y voir clair en rentrant chez eux. Watt rassembla à Heathfield les restes épars de sa petite académie, et c'est dans ce cercle distingué qu'il aimait à s'abandonner à sa verve de causeur et de conteur. Nul ne possédait ces talents à un plus haut degré. Il avait dévoré dans sa jeunesse tous les ouvrages de fiction et de poésie légère, et sa mémoire y retrouvait le texte d'inépuisables emprunts. À leur défaut, son imagination lui suggérait, pendant des soirées entières, toutes sortes de récits de fantaisie que son air de conviction et l'assurance de son débit faisaient accepter comme autant de faits incontestables.

Fig. 51. — Le cercle des lunatiques, ou les soirées intimes de Watt dans sa terre de Heathfield.

Que d'anecdotes racontées dans les *Revues* anglaises et dans les *Magazines*, qui n'étaient que des jeux de l'imagination de Watt bénévolement transmis au public par ses auditeurs mystifiés ! Un jour cependant, ayant étourdiment lancé les personnages de son récit dans une situation des plus compliquées, il éprouvait quelque embarras à les tirer de ce dédale. Darwin l'interrompant :

— Est-ce que par hasard, monsieur Watt, vous nous raconteriez une histoire de votre cru ?

Watt s'arrêta, et regardant son interlocuteur avec le plus grand sérieux :

— Votre question, monsieur Darwin, m'étonne au dernier point. Depuis vingt ans que j'ai le plaisir de passer mes soirées avec vous, est-ce que je fais autre chose ? Est-il donc possible qu'on ait voulu faire de moi un émule de Robertson ou de Hume, lorsque toutes mes prétentions se bornaient à marcher sur les traces de la princesse Schéhérazade [61] ?

Ces heureuses réunions, sur lesquelles l'esprit aimable et les grâces enjouées du vieillard savaient répandre tant de charmes, étaient encore animées par la présence de la femme distinguée à laquelle il avait donné son nom. James Watt s'était décidé, après quelques années de veuvage, à épouser la fille d'un fabricant du comté. Les goûts éclairés, le jugement solide et les connaissances sérieuses de mademoiselle Mac-Gregor, avaient surtout contribué à fixer son choix. Les premières relations s'étaient établies autour d'une table à thé, dans l'une des soirées de Watt. On avait parlé de Shakespeare et de Racine, et Watt avait défendu l'auteur de *Macbeth* contre le poëte d'*Athalie* prôné par mademoiselle Mac-Gregor. La discussion amena un échange de lettres, et le mariage s'ensuivit. Les précieuses qualités de madame Watt rendaient sa maison doublement chère à ses amis : nulle part, en effet, la science du bon accueil n'était mieux entendue.

La littérature et les événements du jour n'étaient pas cependant la seule matière des entretiens. Comme on le pense, la science avait son tour, et la chère mécanique n'était pas oubliée. Le génie fertile de Watt y trouvait quelquefois de soudaines occasions de s'exercer avec profit. Un jour Darwin entrant chez lui :

— Je viens d'imaginer, dit-il, certaine plume à deux becs, à l'aide de laquelle on écrira chaque chose deux fois, et qui donnera ainsi d'un seul coup l'original et la copie d'une lettre.

— J'espère trouver une meilleure solution, répliqua James Watt. J'y penserai ce soir, et je vous communiquerai demain le résultat de mes réflexions.

Le lendemain la presse à copier les lettres était inventée.

C'est de cette manière qu'il imagina la curieuse machine qui permet d'obtenir, par des moyens très-simples, la reproduction d'une statue, d'un bas-relief ou d'un buste. Cette invention intéressante fut réalisée dans les dernières années de James Watt. Il en distribuait les produits à ses amis, en les priant d'accepter « cette œuvre d'un jeune artiste qui ne fait que d'entrer dans sa quatre-vingt-troisième année. »

Louis Figuier

Ainsi le feu de son heureux génie, qui s'était fait jour dès les premiers instants de sa jeunesse, brillait encore aux derniers temps de sa vie. Il faut connaître, pour ne point s'en étonner, le caractère et les qualités spéciales de l'esprit de James Watt. Le célèbre ingénieur avait reçu en partage le don rare et précieux de l'imagination. C'est par une vue très-fausse et très-mal justifiée, que l'on s'accorde généralement à resserrer le rôle de l'imagination dans le domaine exclusif des lettres et des beaux-arts. Cette heureuse faculté préside plus qu'on ne le pense aux créations scientifiques. Pour se lancer, dans les hautes régions de la science, à la recherche de l'inconnu ; pour marcher, par des sentiers nouveaux, vers ces horizons voilés que l'avenir nous dérobe, il faut souvent suivre des yeux l'étoile inspiratrice qui brille au firmament des poëtes. C'est en s'écartant des règles établies, en s'élançant, par une vue souveraine, hors du cercle étroit des opinions communes, qu'un homme supérieur s'élève aux grandes conceptions qui immortalisent son génie. Watt en fournirait au besoin un éclatant exemple. Il avait reçu de la nature la faculté de l'imagination, et il eut la fortune de préserver ce don brillant du dangereux contact de l'éducation des écoles. Son humble origine, les modestes occupations de sa jeunesse, eurent pour résultat d'éloigner de son esprit les règles absolues et les tranchantes formules de l'enseignement classique. S'il eût pris sa part de l'instruction banale qui se débitait à l'université d'Oxford, il serait devenu sans doute un professeur érudit ; livré à lui-même, il devint le premier mécanicien de son temps. Il est reconnu que Watt n'avait aucune de ces connaissances obligées et communes qui font le savant mathématicien. On assure qu'il n'avait jamais résolu une équation d'algèbre. Comme Ferguson, il se contentait de l'emploi des procédés géométriques ; et c'était même son amusement favori de représenter par des figures de géométrie les tables numériques qu'il avait besoin de consulter pour établir les proportions de ses machines. Les traités de mécanique étaient le seul genre d'ouvrages dont il se refusât la lecture : on aurait dit que son intelligence avait besoin d'être affranchie de tout joug étranger. Il ne communiquait ses idées à personne, et quand il avait imaginé quelque appareil nouveau, c'est à peine s'il s'occupait d'en surveiller l'exécution ou de prendre des avis, comme s'il avait eu la conviction secrète que son esprit n'avait jamais plus de puissance que quand il était entièrement livré à lui-même. Les idées sortaient de son esprit comme pousse l'herbe des champs sur un terrain vigoureux.

On lui demandait un jour si la découverte du parallélogramme articulé lui avait coûté beaucoup de calculs et d'efforts de tête : « Non, répondit-il, et j'ai même été très-surpris de la perfection de son jeu. En le voyant fonctionner pour la première fois, j'éprouvais autant de plaisir que si j'avais examiné l'invention d'une autre personne. »

Il a dit, en donnant le récit de ses découvertes relatives au perfectionnement de la machine de Newcomen : « L'idée une fois conçue d'opérer la condensation hors du cylindre, toutes les autres améliorations s'effectuèrent avec une incroyable rapidité ; tellement que, dans l'espace d'un ou deux jours, mon plan fut parfaitement arrangé dans ma tête, et que, pour en faire l'essai, je le mis tout de suite à exécution. »

Aussi avait-il l'habitude de considérer toutes ses inventions comme le résultat de pensées tellement simples, qu'elles auraient pu se présenter à tout autre qu'à lui. Il ajoutait qu'il avait été seulement assez heureux pour les soumettre le premier à l'expérience. Et cette déclaration était sincère de tous points.

Grâce à cette organisation intellectuelle, James Watt pouvait s'occuper avec succès d'objets dont il n'avait aucune idée. Pendant qu'il résidait à Glascow, Darwin vint un jour le prier de lui fabriquer un orgue.

— Comment voulez-vous que je vous construise un orgue ? répondit Watt. J'ai la musique en horreur, et tous les instruments me sont étrangers. Je ne puis distinguer deux sons : l'une de mes oreilles est en *ut* et l'autre en *fa*.

— Bah ! essayez. Vous pouvez tout ce que vous voulez : vous êtes le dieu de la mécanique.

Watt essaya. Il n'avait à sa disposition que l'ouvrage très-confus du docteur Robert Smith de Cambridge. Cependant l'orgue fut construit, et ses qualités harmoniques charmaient jusqu'aux musiciens de profession. Il réalisa le tempérament des diverses notes d'après la seule connaissance du phénomène physique des battements qu'il avait ignoré jusque-là, et dont il trouva l'exposition dans le traité obscur de Robert Smith.

Cette organisation extraordinaire de Watt, le développement vraiment prodigieux de ses facultés, pourraient nous sembler aujourd'hui douteux, si quelques-uns de ses contemporains n'avaient pris soin d'en fournir des témoignages irrécusables. Son élève Playfair a dit :

« L'esprit de James Watt pouvait être comparé à une encyclopédie qui, dans quelque endroit qu'on l'ouvrît, offrait à votre curiosité ou quelque fait nouveau, ou le développement d'une vérité, ou la découverte de quelque rapport. »

Walter Scott, dans sa préface du *Monastère*, s'exprime en ces termes au sujet du célèbre ingénieur :

« Watt n'était pas seulement le savant le plus profond, celui qui, avec le plus de succès, avait tiré de certaines combinaisons de nombres et de forces des applications nouvelles ; il n'occupait pas seulement un des premiers rangs parmi ceux qui se font remarquer par la généralité de leur instruction ; il était encore le meilleur, le plus aimable des hommes. La seule fois que je l'aie rencontré, il était entouré d'une petite réunion de littérateurs du Nord. Là je vis et j'entendis ce que je ne verrai et n'entendrai plus jamais. Dans la quatre-vingt-unième année de son âge, le vieillard, alerte, aimable, bienveillant, prenait un vif intérêt à toutes les questions : sa science était à la disposition de qui la réclamait. Il répandait les trésors de ses talents et de son imagination sur tous les objets. Parmi les *gentlemen* se trouvait un profond philologue ; Watt discuta avec lui sur l'origine de l'alphabet comme s'il avait été le contemporain de Cadmus. Un célèbre critique s'étant mis de la partie, vous eussiez dit que le vieillard avait consacré sa vie tout entière à l'étude des belles-lettres et de l'économie politique. Il serait superflu de mentionner les sciences : c'était sa *carrière* brillante et spéciale. Cependant, quand il parla avec notre compatriote Jedediah Cleishbotham, vous auriez juré qu'il avait été le contemporain de Claverhouse et de Burley, des persécuteurs et des persécutés ; il avait fait, en vérité, le dénombrement exact des coups de fusil que les dragons tirèrent sur les covenantaires fugitifs. Nous découvrîmes enfin qu'aucun roman du plus léger renom ne lui avait échappé, et que la passion de l'illustre savant pour ce genre d'ouvrages était aussi vive que celle qu'ils inspirent aux jeunes modistes de dix-huit ans. »

Enfin, Arago nous fournit ce curieux témoignage sur les facultés intellectuelles de James Watt.

« La santé de Watt s'était fortifiée avec l'âge. Ses facultés intellectuelles conservèrent toute leur puissance jusqu'au dernier moment. Notre confrère crut une fois qu'elles déclinaient, et, fidèle à la pensée qu'exprimait le cachet dont il avait fait choix (un œil entouré du mot *observare*), il se décida à éclaircir ses doutes en s'observant lui-même, et le voilà, plus que septuagénaire, cherchant sur quel genre d'étude il pourrait s'essayer, et se désolant de ne trouver aucun sujet sur lequel son esprit ne se fût déjà exercé. Il se rappelle enfin qu'il existe une langue anglo-saxonne, que cette langue est difficile ; et l'anglo-saxon devient le moyen expérimental désiré, et la facilité qu'il trouve à s'en rendre maître lui montre le peu de fondement de ses appréhensions [62]. »

C'est ainsi que l'illustre mécanicien, conservant jusqu'à ses derniers jours l'entier usage de ses facultés, vieillissait entouré des affections de sa famille, jouissant d'un repos noblement acquis pendant le cours de sa vie laborieuse, recevant avec un orgueil légitime les hommages que ses concitoyens rendaient à ses vertus et à son génie. Dans l'été de l'année 1819, quelques symptômes alarmants annoncèrent sa fin prochaine. Il ne se méprit pas à la nature de son mal, et dès ce moment il ne fut occupé que du soin de consoler ses amis. Il remerciait la Providence de tous les bienfaits versés sur ses longs jours. Il exprimait sa gratitude profonde pour les services qu'il lui avait été donné de rendre à sa patrie, pour la sérénité et le calme qui avaient embelli le doux soir de sa vie. Le noble vieillard s'éteignit le 25 août 1819.

Watt fut enterré dans l'église paroissiale de Heathfield. Son fils, M. James Watt, fit ériger sur sa tombe un monument gothique au centre duquel s'élève une statue de marbre due au ciseau de Chantrey. Une seconde statue du même artiste a été placée par M. Watt fils, dans l'une des salles de l'université célèbre qui protégea l'illustre mécanicien aux jours difficiles de sa jeunesse.

Mais le peuple anglais sait trop dignement glorifier ses morts illustres pour avoir laissé à la piété filiale le soin d'honorer seule la mémoire de ce grand citoyen. Une statue de bronze, dressée sur un piédestal de granit, a été élevée à Watt sur l'une des places de

Glascow. En outre, les habitants de Greenock, sa ville natale, ont placé, à leurs frais, une statue de marbre dans la bibliothèque de la ville.

La haute reconnaissance de la nation ne devait pas s'en tenir au tribut isolé des compatriotes de Watt. L'abbaye de Westminster possède aujourd'hui un monument digne de son génie.

Fig. 52. — Statue de James Watt à Westminster.

L'inauguration du monument de Westminster eut lieu dans une séance solennelle, au milieu d'une réunion des plus imposantes, où se trouvaient un grand nombre de pairs d'Angleterre et les membres les plus éminents de la chambre des communes, sous la présidence du premier ministre, lord Liverpool. Ce monument consiste en une admirable statue de marbre, l'un des plus beaux ouvrages de Chantrey, qui reproduit avec une fidélité remarquable la physionomie calme et méditative du grand inventeur ; les ornements et les emblèmes qui le décorent sont du plus majestueux effet. L'Angleterre a voulu, par ce magnifique hommage, consacrer dignement la gloire de l'un des plus grands hommes qu'elle ait produits.

Mais que peuvent pour de tels génies ces somptueux témoignages de l'admiration du monde ? Ni l'airain ni le marbre ne sont nécessaires pour consacrer leur mémoire. Les services que Watt a rendus à sa patrie, à l'Europe, à l'humanité tout entière, suffisent pour perpétuer son nom. La machine qu'il a créée a été l'origine du bien-être général dont jouit la société moderne. Multipliant dans une proportion extraordinaire la somme du travail public, elle a couvert le sol des nations libérales de ces milliers de travailleurs, dociles autant qu'infatigables, qui dorment à nos pieds sous la forme d'un bloc de charbon, et qui, sur un geste, sur un signe de nous, s'éveillent pour nous offrir leurs bras de fer et leurs muscles d'acier. C'est par le secours de ces légions paisibles que des améliorations incalculables ont été introduites en quelques années dans le sort et les conditions d'existence des classes pauvres. Les produits du luxe utile mis à la disposition de tous, l'existence rendue plus douce et plus facile, la vie intellectuelle agrandie dans tous les esprits ; tels sont les immortels résultats des travaux de James Watt. Les bienfaits que son génie a versés sur le monde, voilà la véritable, voilà l'impérissable statue qui perpétuera sa mémoire, et qui fera vivre à jamais son nom dans le cœur des générations présentes et de la postérité.

CHAPITRE X

PERFECTIONNEMENT ET PROGRÈS DE LA MACHINE À VAPEUR DEPUIS WATT JUSQU'À NOS JOURS. — MACHINE DE WOLF. — MACHINES À HAUTE PRESSION. — HISTORIQUE DE LA DÉCOUVERTE DES MACHINES À HAUTE PRESSION. — LEUPOLD. — OLIVIER EVANS. — MACHINE DU CORNOUAILLES, OU PERFECTIONNEMENT DE LA MACHINE À SIMPLE EFFET. — VULGARISATION DE LA MACHINE À VAPEUR. — SES PROGRÈS EN FRANCE.

Pendant une longue suite d'années on n'a fait usage que de la machine de Watt, ou *machine à basse pression et à condenseur* dont l'histoire descriptive vient de nous occuper. En Angleterre et dans les autres pays, elle fut longtemps conservée sans aucune modification, même dans le cas où elle perd une grande partie de ses avantages, c'est-à-dire pour la production de petites forces. Cependant la nécessité d'approprier l'action de la vapeur à différentes natures de travaux, et le désir de réduire la dépense assez considérable de combustible qu'elle entraîne, ont obligé, de nos jours, à modifier, dans presque toutes ses parties, la machine de Watt. C'est l'examen de ces dispositions nouvelles qui doit maintenant nous occuper et qui terminera l'histoire des machines à vapeur fixes.

En 1804, les brevets de Watt étant expirés, une modification de la plus haute importance fut apportée à la machine à vapeur, par la construction des *machines à double cylindre* ou *machines de Wolf*. Le constructeur Homblower avait le premier conçu, en 1798, l'idée de ce système, qui fut perfectionné et exécuté par Arthur Wolf, constructeur anglais, dont le nom est demeuré, à juste titre, attaché à ce nouveau type de machines.

L'objet de la *machine de Wolf*, c'est d'obtenir le plus grand avantage possible de la détente de la vapeur.

Nous avons vu que Watt n'avait retiré que peu de profit de l'expansion de la vapeur dans le vide. Il avait consigné ce fait dans ses brevets, plutôt comme une vue théorique que pour en faire l'objet d'une application sérieuse. Son but était surtout, en détendant la vapeur, d'éviter les chocs du piston contre le fond du cylindre.

La machine de Wolf a pour objet, disons-nous, de tirer le parti le plus efficace de la *détente de la vapeur*. Mais que faut-il entendre par la *détente de la vapeur* et comment cet effet peut-il être mis à profit ?

Si on laisse la vapeur arrivant de la chaudière exercer son action sur le piston pendant toute la durée de sa course ; en d'autres termes, si on laisse libre la communication entre la chaudière et le cylindre à vapeur pendant toute la course ascendante ou descendante du piston, ce dernier, soumis à l'action d'une force constante, accélère son mouvement sous l'influence de cette impulsion continuelle, et il arrive à l'extrémité de sa course animé d'une très-grande vitesse. Cette vitesse a pour résultat de produire sur le fond du cylindre un choc nuisible à la solidité de l'appareil, et de faire perdre, en même temps, une partie de la force motrice.

C'est pour remédier à ce double inconvénient que Watt, comme nous l'avons déjà dit, imagina, en 1769, de suspendre la communication entre la chaudière et le cylindre à vapeur à un certain moment de la course du piston. Si l'on interrompt l'entrée de la vapeur dans le corps de pompe, en fermant le robinet d'accès lorsque le piston est parvenu, par exemple, au tiers ou au quart de sa course, le piston ne s'arrêtera pas pour cela dans son mouvement ; il continuera de s'élever ou de s'abaisser, en vertu de sa vitesse acquise, et en même temps aussi en vertu de la force élastique très-considérable que possède la vapeur, bien qu'elle ne soit plus en communication avec la chaudière. En effet, en arrivant dans le vide qu'a provoqué dans le cylindre la marche du piston, la vapeur se dilate, *se détend*, comme le ferait un ressort comprimé, et elle exerce, par la force élastique qui lui est propre, une impulsion mécanique. L'effort produit par l'expansion de la vapeur dans le vide suffit à pousser le piston, et à le faire parvenir à l'extrémité du cylindre, avec une vitesse moindre sans doute que si la vapeur agissait à pleine pression, mais toujours suffisante pour lui faire terminer sa course. Il résulte de là que, la vitesse du piston étant progressivement diminuée et devenant presque nulle au moment où il atteint le bas du cylindre, les chocs qui pouvaient compromettre le jeu de la machine se trouvent annulés. Il en résulte encore, et c'est là l'avantage principal, que la consommation du combustible est diminuée, puisque l'on envoie dans le cylindre une quantité de vapeur moindre que si l'on agissait à pleine pression.

Cette disposition, qui n'avait été adoptée par James Watt (en 1782) que pour adoucir les mouvements de la machine à vapeur, et remédier à des chocs trop violents, a été promptement généralisée après lui dans le but d'économiser le combustible. La détente fut d'abord produite en arrêtant l'entrée de la vapeur dans le cylindre à un certain moment de la course du piston, grâce au jeu du *tiroir*, c'est-à-dire d'une lame métallique qui vient fermer, à un moment donné, l'orifice d'entrée de la vapeur dans le corps de pompe. Mais le constructeur anglais Arthur Wolf, pour mettre plus largement en pratique l'emploi de la détente, changea complétement la disposition des cylindres à vapeur. À côté du cylindre ordinaire, il en disposa un second, plus petit. La vapeur arrive à pleine pression et avec une tension de 4 à 5 atmosphères dans ce premier corps de pompe, et elle agit sur le balancier avec cette intensité mécanique. Mais la partie inférieure du petit cylindre communique, par un tube, avec la partie supérieure du grand. Introduite dans cette seconde capacité, la vapeur s'y *détend*, c'est-à-dire pousse le piston en vertu de sa seule force élastique, et le chasse jusqu'à l'extrémité de sa course ; d'où il résulte une seconde impulsion communiquée au balancier et qui vient s'ajouter à la première. Ce n'est qu'après avoir produit ce dernier effet que la vapeur s'écoule dans le condenseur pour s'y liquéfier.

Telle est la disposition de la *machine de Wolf*, ou *machine à double cylindre*, qui, en raison des nombreux avantages qu'elle présente sous le rapport de la régularité d'action et de l'économie, est devenue, depuis quelques années, d'un usage général dans l'industrie.

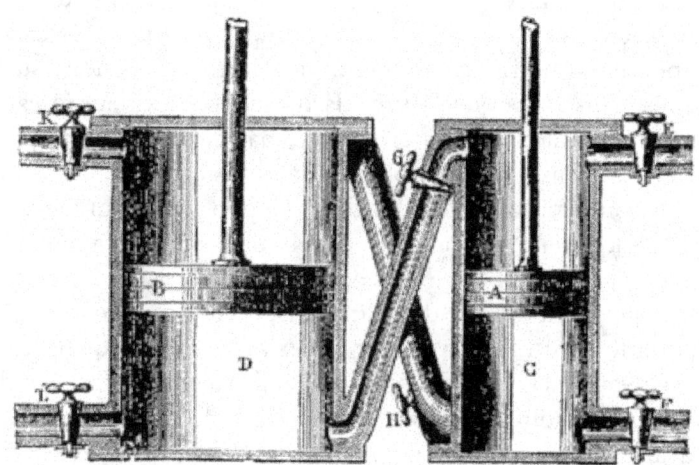

Fig. 54. — Double cylindre de la machine de Wolf.

La figure 54 fait comprendre la marche de la vapeur dans les deux cylindres de la machine de Wolf. Les robinets qui s'y trouvent indiqués n'ont pour but que de faciliter l'explication ; en réalité ce sont des *tiroirs* ou soupapes qui remplissent le même objet dans la pratique.

Les deux pistons A, B qui se meuvent dans les deux cylindres accouplés C, D, sont liés l'un à l'autre par les extrémités supérieures de leurs tiges, de sorte qu'ils restent toujours au même niveau, montant et s'abaissant avec un ensemble parfait. C'est dans le plus grand des deux cylindres, D, que s'effectue la détente de la vapeur qui vient d'agir à pleine pression dans le petit cylindre C. La communication a lieu par les deux tuyaux entre-croisés : la partie inférieure de C communique avec la partie supérieure de D, et réciproquement. Les robinets E, F permettent à la vapeur de la chaudière de pénétrer dans le cylindre C, soit au-dessus, soit au-dessous du piston A ; les robinets K, L ouvrent une issue à la vapeur, quand elle s'est détendue dans le cylindre D, et l'envoient au condenseur.

Supposons maintenant les robinets E, H, L ouverts, et les trois autres fermés. La vapeur arrive par E et agit à pleine pression sur le piston A, qu'elle précipite au bas de sa course. La vapeur qui s'était précédemment introduite sous le même piston, est chassée dans le haut du cylindre D ; elle agit donc simultanément sur la face inférieure du piston A et sur la face supérieure de B. Mais cette seconde pression l'emporte sur la première, parce que la surface de B est plus large que l'autre ; la différence des deux pressions agit donc de haut en bas et s'ajoute, par conséquent, à la force qui tend à abaisser l'ensemble des deux pistons. Quand les deux pistons sont arrivés au bas des corps de pompe, les robinets E, H, L se ferment, et les robinets F, G, K s'ouvrent. La vapeur arrive sous le piston A, le soulève, chasse la vapeur qui est au-dessus, dans la partie inférieure du cylindre D, où elle se détend et aide à soulever le piston B, et la vapeur qui existe au-dessus de B, s'écoule par le tuyau K dans le condenseur, où elle va se liquéfier. Les deux pistons remontent donc sous l'action d'une force égale à celle qui les avait fait descendre, et ainsi de suite. Ces mouvements répétés continuant par le jeu des mêmes moyens, l'effet combiné des deux pistons entretient l'oscillation du balancier.

La machine de Wolf, où l'on fait usage de la détente de la vapeur dans les conditions les plus étendues, a eu pour résultat de diminuer, dans une forte proportion, la quantité de combustible consommée par la machine, tout en ajoutant à la régularité de ses effets. Elle présente sur la machine de Watt une économie considérable. Selon MM. Grouvelle et Jaunez, elle consomme seulement 3 kilogrammes de bonne houille par force de cheval et par heure de travail dans les machines de la force de 8 à 12 ou 15 chevaux [63]. On sait, d'après les résultats obtenus, tant en Angleterre qu'en Belgique et en France, que la machine à basse pression de Watt brûle ordinairement de 6 à 7 kilogrammes par force de cheval produite et par heure de travail.

La machine de Wolf n'a reçu depuis sa création que des modifications de très-peu d'importance.

L'économie qui résulte de l'emploi de la machine de Wolf, la fit accepter assez généralement en Angleterre, malgré la faveur dont jouissait dans ce pays la machine primitive de Watt. Son succès fut plus complet et plus rapide en France, où le mécanicien Edwards, qui l'avait perfectionnée dans quelques détails de son mécanisme, en fit adopter l'usage. Aujourd'hui la machine de Wolf est extrêmement répandue dans le nord de la France ; les filatures l'emploient presque exclusivement en raison de la régularité extrême et de la douceur de son mouvement.

C'est vers l'année 1815 que les *machines à haute pression,* ou mieux les *machines sans condenseur,* commencèrent à s'introduire sérieusement dans l'industrie européenne. Nous n'avons pu parler jusqu'ici que d'une manière incomplète de ce genre de machines, dont les applications sont toutes modernes. C'est ici le lieu de les examiner avec plus de détails.

Avant de présenter l'historique de la découverte et des progrès de la machine à haute pression, nous commencerons par donner l'exposé des principes sur lesquels repose son mécanisme.

Dans la machine de Watt, ou *machine à condenseur,* on emploie de la vapeur chauffée seulement à la température de l'ébullition de l'eau, sous une pression qui ne dépasse pas de beaucoup celle de l'atmosphère. La condensation alternative de cette vapeur, sous les deux faces du piston, détermine un vide, qui permet à la vapeur de produire toute son action mécanique. Mais on peut aussi construire des machines réalisant de très-puissants effets, sans qu'il soit nécessaire d'y condenser la vapeur. Il suffit, pour obtenir ce résultat, de communiquer à la vapeur une tension supérieure à celle de l'atmosphère [64]. En effet, si le piston est pressé sur ses deux faces par de la vapeur dont la force élastique dépasse de beaucoup la pression de l'atmosphère, il suffira de chasser dans l'air la vapeur qui se trouve au-dessous du piston, pour que celui-ci s'abaisse aussitôt dans le cylindre. Quand le cylindre est rempli de vapeur d'eau présentant une force élastique supérieure à celle de l'atmosphère, et que ses deux capacités, supérieure et inférieure, communiquent entre elles, le piston est soumis sur ses deux faces à la même pression ; il reste donc immobile. Mais si tout d'un coup on vient à donner issue à la vapeur qui remplissait, par exemple, la capacité inférieure du cylindre, en ouvrant un robinet qui la fasse écouler dans l'air, la pression qui s'exerce sur la tête du piston, n'étant plus exactement contre-balancée au-dessous, précipite nécessairement le piston jusqu'au bas de sa course. Admettons, par exemple, que le cylindre soit rempli de vapeur à la tension de trois atmosphères ; si l'on chasse dans l'air la vapeur qui se trouve au-dessous du piston, la capacité inférieure du cylindre, communiquant dès lors librement avec l'air extérieur, n'opposera plus à la vapeur une résistance capable de la maintenir en équilibre, et le piston sera poussé au bas de sa course en raison de la différence des pressions qu'il supporte sur ses deux faces. Le poids que supporte la tête du piston est représenté par trois atmosphères, la pression qui le sollicite au-dessous est seulement d'une atmosphère, attendu que ce n'est pas autre chose que la pression même de l'air ; par conséquent le piston doit s'abaisser dans le cylindre en vertu de la différence des deux pressions, c'est-à-dire par une pression de deux atmosphères. Si maintenant on fait écouler dans l'air la vapeur à haute pression qui remplit la partie supérieure du cylindre, et qu'en même temps on dirige au-dessous du piston de nouvelle vapeur à trois atmosphères envoyée par la chaudière, le piston sera soulevé, puisque la vapeur qui se trouve contenue dans la partie supérieure du cylindre est en communication avec l'air extérieur. Ainsi, en dirigeant alternativement de la vapeur à haute pression au-dessus et au-dessous du piston, et mettant chaque fois l'une des extrémités du cylindre eu communication avec l'air, on obtiendra un mouvement continu du piston et l'on pourra se passer de condenser la vapeur. Tel est le principe des machines à haute pression.

La première idée des machines à haute pression a été émise par Leupold, vers 1725. Dans son célèbre recueil [65], le physicien allemand donne la description de deux machines à feu propres à l'élévation des eaux, qui ne sont autre chose que des machines à haute pression. La première, qu'il annonce sous ce titre : *Double machine à feu pour élever l'eau par expansion, d'après le procédé de Papin*, ressemble beaucoup à la seconde machine à vapeur du physicien de Blois. À l'exemple de Savery et de Papin, Leupold se sert de la pression de la vapeur pour élever de l'eau dans un réservoir, et la faire retomber de là sur les augets d'une roue hydraulique ; seulement, après que la vapeur a exercé sa pression, il la rejette dans l'air. Sa seconde machine n'est plus consacrée à comprimer une colonne d'eau, mais, comme celle de Newcomen, à faire mouvoir directement la tige d'une pompe qui élève des eaux.

La figure 55, qui s'éloigne peu de celle que Leupold donne dans son ouvrage, représente les éléments de cette dernière machine.

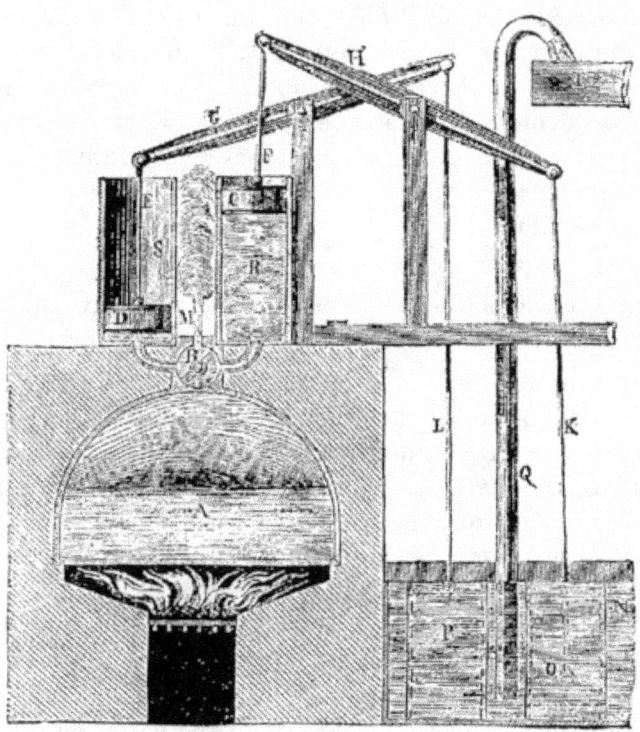

Fig. 55. — Machine de Leupold.

A est la chaudière ; R, S, deux cylindres avec lesquels elle communique alternativement par le robinet B qui est pourvu de quatre ouvertures, de manière à donner successivement accès à la vapeur dans l'un des deux cylindres ou dans l'atmosphère. Dans la situation indiquée par la figure, le cylindre R est rempli de vapeur qui soulève le piston C ; le cylindre S est vide de vapeur, celle qui le remplissait s'étant échappée dans l'air par le tuyau M, et grâce à l'ouverture pratiquée en un point convenable du robinet B. Les pistons C et D de ces deux cylindres agissent chacun sur un balancier particulier H, G, et ces balanciers font mouvoir les tiges K, L de deux pompes foulantes O, P, qui puisent l'eau dans un réservoir N et élèvent cette eau, par un tuyau O, dans un réservoir supérieur T. La machine décrite par Leupold était proposée en effet pour servir à l'élévation des eaux. Elle réalise complétement, comme on le voit, le principe de la machine à haute pression.

C'est donc à Leupold qu'il faut rapporter l'honneur de la découverte du principe théorique de la machine à haute pression. Contemporain de Papin, de Savery et de Newcomen, il avait eu l'occasion d'étudier leurs appareils, et il eut le mérite d'indiquer, dès l'apparition des premières machines de ce genre, un nouveau mode d'emploi de la vapeur qui devait plus tard jouer un si grand rôle dans l'industrie.

Leupold paraît avoir compris l'importance que devait acquérir plus tard la machine dont il propose l'usage. Après avoir décrit son second appareil, il ajoute :

« Cette machine peut être employée dans le même cas que la précédente… Tout peut être disposé de telle sorte que les robinets s'ouvrent et se ferment d'eux-mêmes, ce que j'omets entièrement à dessein, comme aussi la manière de remplacer l'eau dans la chaudière, parce qu'il ne s'agit ici que d'une esquisse, et qu'il faudrait une étude plus approfondie et des expériences. Je me suis proposé de faire un jour une expérience en grand et un essai, savoir : si l'on pourrait établir avantageusement de cette manière, une scierie dans une forêt où il y aurait assez de bois et d'eau. Mais comme le temps et l'occasion me manquent pour exécuter tout de suite cette machine, ainsi que d'autres expériences ou recherches coûteuses, j'ai l'espoir qu'il y aura peut-être des amateurs qui saisiront l'occasion que je leur offre pour faire quelques expériences à ce sujet [66]. »

Louis Figuier

Cependant le principe découvert par Leupold passa sans exciter l'attention. Perdus dans son volumineux recueil, ses projets de machines restèrent inaperçus. Ajoutons qu'il eût été bien difficile, à cette époque, de mettre en pratique les idées du physicien allemand, en raison de la nature du métal dont on faisait usage pour la construction des chaudières. La voûte des chaudières employées par Newcomen était ordinairement de plomb, et les parties inférieures de cuivre. La présence d'un métal aussi fusible et aussi peu résistant que le plomb, n'aurait pas permis de communiquer sans danger à la vapeur des tensions considérables.

Dans la série de ses recherches, James Watt ne manqua pas de reconnaître l'importance du rôle que pourraient jouer, dans l'emploi mécanique de la vapeur, les moyens proposés par Leupold. Le célèbre constructeur parle, dans un de ses brevets, de son projet de construire des machines dans lesquelles la vapeur serait chassée au dehors après avoir produit son effet ; cependant il n'exécuta jamais aucune machine fondée sur ce principe.

L'honneur d'avoir construit et répandu dans l'industrie les premières machines à haute pression revient à l'Américain Olivier Evans, homme doué d'un remarquable génie mécanique, et que ses compatriotes eurent le tort de longtemps méconnaître.

L'attention d'Olivier Evans fut dirigée pour la première fois, sur les effets de la vapeur par une sorte de jeu familier aux habitants de son pays. En Amérique, les enfants s'amusent, dit-on, à boucher avec une forte cheville la lumière d'un canon de fusil ; ils versent ensuite un peu d'eau dans le canon, et placent par-dessus une bourre fortement pressée. La culasse du canon étant exposée à l'action d'un feu de forge, la cheville finit par être chassée avec une violente détonation. On donne à ce jeu, qui n'est, comme on le voit, que l'expérience du marquis de Worcester, le nom de *pétards de Noël*. Le 2 décembre 1773, Olivier Evans, alors âgé de dix-huit ans et simple ouvrier charron à Philadelphie, fut témoin, dans une fête de village, des effets des pétards de Noël. Son esprit en était vivement frappé. Depuis ce moment il s'amusait souvent à placer dans sa forge, de vieux canons de fusil pleins d'eau, et il s'émerveillait de la puissance des effets explosifs qui se produisaient ainsi. Comme il avait longtemps réfléchi aux moyens de découvrir quelque force motrice autre que celle du vent, des ressorts ou des chevaux, sa jeune imagination s'enflamma à l'idée de créer un nouveau moteur avec la vapeur d'eau.

Fig. 53. — Olivier Evans enfant fait partir un pétard de Noël.

Cependant il ne tarda pas à apprendre que les mécaniciens avaient déjà tiré parti de cette force motrice. La description d'une machine de Newcomen qui lui tomba sous la main, et la lecture de quelques ouvrages abrégés sur les machines à condenseur, le mirent au courant de l'état de la science sur cette question.

Il s'étonna, à bon droit, que l'on n'eût encore employé que pour faire le vide un agent dont la puissance lui semblait sans limites, et, sur cette donnée, il s'appliqua à combiner des machines nouvelles dans lesquelles la vapeur agissait par sa seule élasticité, et se perdait dans l'air après avoir exercé sa pression. Il construisit divers modèles de ce nouveau genre de machines, dans lesquels la vapeur agissait jusqu'à la tension de dix atmosphères.

C'est en appliquant ses idées sur la haute pression, qu'Olivier Evans imagina, en 1782, ces admirables moulins à farine mus par la vapeur, dont les États-Unis ont retiré et retirent encore de si grands services. Il essaya bientôt après de construire, suivant les mêmes principes, une voiture marchant par l'effet de la vapeur.

Malgré des efforts laborieusement continués pendant plus de vingt ans, Evans ne put réussir à faire adopter ses idées. Il revint donc aux travaux ordinaires de sa profession de constructeur de machines à vapeur, et se consacra d'une manière spéciale à fabriquer des machines à haute pression. Il fonda à Philadelphie de grands ateliers pour leur confection ; son fils dirigeait à Pittsburg un établissement analogue. Les nombreux appareils qu'il répandit dans les États-Unis finirent par démontrer avec évidence la vérité, trop longtemps contestée, de ses assertions, et bien que cet enthousiaste inventeur s'exagérât beaucoup la puissance des effets dynamiques de la vapeur à haute pression, on peut dire que c'est à lui seul qu'il faut rapporter l'honneur des innombrables services que ce genre de machines rend de nos jours à l'industrie.

Cependant Olivier Evans ne devait pas être témoin de l'extension prodigieuse que ses idées ont reçue. Le 11 mars 1819, un incendie considérable réduisit en cendres son établissement de Pittsburg, et anéantit pour plus de 100 000 francs de machines. Ce désastre fut pour lui le coup de la mort. Il expira quatre jours après.

Les machines à haute pression ont eu beaucoup de peine à s'introduire en Europe, et la lutte a duré longtemps entre la machine à condenseur, sortie des ateliers anglais, et la machine à haute pression d'origine américaine. La machine de Watt, création éminemment nationale, s'était pour ainsi dire identifiée avec l'industrie de la Grande-Bretagne, qui avait engagé dans son exploitation des capitaux immenses. Elle était dès lors un obstacle naturel à l'adoption des machines américaines. Cependant il était difficile de méconnaître les avantages de ces appareils, qui ne demandent qu'un emplacement exigu, suppriment l'encombrement excessif qu'entraîne le condenseur, et, avec un mécanisme des plus simples, développent une puissance extraordinaire.

Les mécaniciens Trevithick et Vivian ont les premiers introduit en Angleterre l'usage des machines à haute pression. Ils commencèrent dès l'année 1801, à en construire quelques-unes ; mais ce n'est que dans les années 1825 à 1830 que ce genre d'appareil se répandit sérieusement en Angleterre. Le constructeur Maudslay leur ayant donné une forme élégante par l'adjonction d'une bielle articulée, qui remplaçait avantageusement l'énorme balancier de Watt, cette circonstance donna beaucoup de faveur aux machines à haute pression. Dans les *machines de Maudslay*, que l'on désigne aussi sous le nom de *machines à bielle articulée*, la tige du piston est maintenue en ligne droite par une traverse à articulation mobile roulant entre deux coulisses. Elles sont encore très-répandues aujourd'hui en Angleterre et en France, en raison de leur disposition aussi élégante que commode, par la faculté qu'elles donnent de marcher avec ou sans condenseur, et de graduer à volonté la détente. C'est sur ce modèle que sont construites un grand nombre de machines à haute pression fonctionnant aujourd'hui dans nos usines.

Après l'emploi général des machines à haute pression, le fait le plus important à signaler dans cet historique, c'est l'ensemble de perfectionnements vraiment extraordinaires qui fut apporté en 1830, aux pompes à feu du Cornouailles. Pendant que Wolf et ses successeurs modifiaient profondément la machine à balancier, en y introduisant la haute pression et la détente dans une large mesure, et pendant que les machines à haute pression commençaient à se répandre en Angleterre et sur le continent, les constructeurs du Cornouailles, et principalement Trevithick, s'occupaient à perfectionner la machine à simple effet de Watt, qui servait et qui sert encore, dans les mines du Cornouailles, à l'épuisement des eaux, et ils parvenaient, par une série d'inventions remarquables, et surtout grâce à l'emploi admirablement entendu de la détente, à la porter à un degré étonnant de perfection.

Les machines du Cornouailles sont à simple effet et à moyenne pression, c'est-à-dire à la pression de trois ou quatre atmosphères. Leurs dimensions sont colossales ; les cylindres ont de 2 à 3 mètres de diamètre, le piston une course de 3 à 4 mètres ; la détente s'y effectue sans l'emploi d'aucun cylindre additionnel, et elle s'y trouve portée néanmoins jusqu'à dix fois le volume de vapeur introduite à chaque oscillation. La soupape à double recouvrement, imaginée par les constructeurs du Cornouailles, permet d'ouvrir à la vapeur de larges orifices, et n'exige, pour être manœuvrée, qu'un très-faible effort. C'est par la réunion de ces divers perfectionnements que l'on est parvenu, dans les machines du Cornouailles, à faire descendre la consommation du charbon à 1 kilogramme par heure et par force de cheval. Ce résultat extraordinaire, des rapports fréquemment

publiés sur le produit de ces machines, des expériences faites à ce sujet sur une échelle considérable, ont donné aux machines du Cornouailles une réputation immense et d'ailleurs méritée.

Fig. 56. — Machine du Cornouailles.

La figure 56 représente l'ensemble de l'une des machines du Cornouailles. A est le cylindre où la vapeur, agissant à simple effet, met en action le piston. Le tuyau H sert à mettre alternativement en communication la partie supérieure et l'inférieure du corps de pompe, pour donner accès à la vapeur, tantôt au-dessous, tantôt au-dessus du piston, tantôt enfin avec le condenseur, ainsi que nous l'avons expliqué en donnant la théorie de la machine à simple effet de Watt. Une longue tige GG, liée au balancier, et que l'on nomme la *poutrelle*, sert à manœuvrer les soupapes hydrauliques qui servent à régler l'admission de la vapeur dans l'intérieur du cylindre. On voit, en P, ce régulateur hydraulique. K est le condenseur ; il consiste en une capacité fermée, placée au milieu d'une bâche contenant de l'eau froide, qui pénètre continuellement dans le condenseur par un jet. L est la *pompe à air* qui sert à retirer constamment l'eau qui s'accumule dans le condenseur. M est la pompe destinée à l'alimentation de la chaudière, c'est-à-dire au remplacement continuel de l'eau qui s'évapore dans le générateur.

Les machines du Cornouailles présentent dans leur mécanisme plusieurs particularités secondaires d'un grand intérêt, mais que nous passons ici sous silence, nous bornant à donner une vue d'ensemble de ce puissant appareil.

L'annonce des résultats économiques produits par les machines du Cornouailles, dans lesquelles on ne brûlait qu'un kilogramme de houille par force de cheval et par heure de travail, produisit en France une grande sensation. Ces résultats étaient dus : 1° à la manière de conduire le feu ; 2° à l'augmentation considérable des surfaces de la chaudière exposées à l'action de la chaleur ; 3° à l'emploi de la détente de la vapeur dans des limites jusque-là inconnues ; 4° à l'ingénieuse et utile disposition des soupapes. Toutes ces dispositions furent le point de départ de recherches nombreuses sur les perfectionnements des divers organes de la machine à vapeur.

C'est vers l'année 1832 que l'art de construire les machines à vapeur se répandit et se multiplia en France. Notre pays avait jusqu'alors emprunté à l'Angleterre la plus grande partie de ses appareils moteurs. En 1789, par exemple, il n'existait encore en France qu'une seule machine à vapeur : c'était la pompe à feu de Chaillot, destinée à la distribution de l'eau dans Paris, et que les frères Perrier avaient fait construire à Birmingham, en 1773, dans l'usine de Boulton et Watt. Elle demeura la seule en France longtemps encore après cette époque.

Sous le premier empire seulement, on commença à construire chez nous, quelques machines à vapeur ; mais ce ne fut qu'à la restauration des Bourbons, à l'époque du rétablissement de la paix, que l'on s'occupa de créer des usines pour la construction des machines à vapeur. En 1824, trois grands ateliers s'élevèrent dans ce but : les établissements de Cavé et Pihet, de Desrone et Cail, à Paris, et de Halette, à Arras ; enfin, la Société Mamby et Wilson, qui eut ses ateliers d'abord au Creusot, ensuite à Charenton, près de Paris. En 1826, l'établissement du Creusot créa la pompe à feu de Marly, qui fut un tour de force pour cette époque. Dans la dernière période de la restauration, on construisait déjà en France une cinquantaine de machines à vapeur par an.

Vers 1832, l'art du fondeur devenait une industrie courante, et la machine à vapeur commençait à se vulgariser. Un grand nombre d'ateliers furent créés à Paris et dans les villes manufacturières du nord de la France, entre autres à Lille et à Rouen, pour la construction des machines à vapeur.

Dès lors, cette machine se modifia très-rapidement et avec beaucoup d'avantages dans ses divers organes. La disposition des cylindres fut changée de plusieurs manières ; les bielles, le bâti, le volant et le balancier, reçurent des dispositions qui permirent d'appliquer l'action de la vapeur à tous les usages exigés par l'industrie. Par suite de l'émulation qui s'établit à ce sujet entre nos constructeurs, chacun voulut avoir ses formes et ses dispositions particulières, et l'on vit apparaître une série nombreuse de machines, plus ou moins bien conçues, en partie originales, en partie empruntées aux constructeurs anglais.

C'est dans la période de vingt années, qui s'étend de 1832 à 1852, que l'art de construire les machines à vapeur s'établit et se naturalisa, pour ainsi dire, dans notre pays.

Il a été longtemps de tradition, en France, d'accorder à l'Angleterre le monopole de la construction des machines à vapeur. Ce temps est passé, et pour ce qui concerne la construction des appareils à vapeur, la France est aujourd'hui parfaitement au niveau de toute nation de l'Europe, quelle qu'elle soit. En dépit de notre peu d'aptitude aux grandes entreprises industrielles, malgré le prix élevé du fer et la trop longue imperfection de notre outillage, le talent de nos constructeurs, l'intelligence de nos ouvriers, ont fini par triompher de tous les obstacles ; et dès aujourd'hui, nos ateliers de construction n'ont plus rien à envier à ceux de nos voisins. Si l'Angleterre nous a depuis longtemps devancés dans cette voie ; si elle a su, par son génie mécanique et grâce à des capitaux immenses, créer cet outillage merveilleux qui forme la base de toute l'industrie de la construction des machines à vapeur, et si nous avons dû commencer par lui emprunter ce premier et essentiel élément du travail, il faut reconnaître que nous en avons promptement tiré un parti admirable. On peut déclarer avec confiance que, pour la mécanique à vapeur, nous sommes désormais en mesure de nous passer de tout secours étranger. Quand on songe que ce n'est que depuis l'année 1832 que l'on a commencé à construire, parmi nous, de grandes machines à vapeur ; qu'à l'exposition de 1834 on n'en vit figurer qu'une seule, et qu'en 1845 la France tirait encore presque toutes ses locomotives de l'Angleterre, on peut éprouver quelque orgueil de nos progrès dans une voie si importante.

Mais ce n'est pas seulement par fierté nationale qu'il faut s'applaudir de l'état florissant où se trouve, dans notre pays, la construction des machines à vapeur. Quelle confiance ne devons-nous pas puiser, pour l'avenir, dans la certitude de pouvoir, à un moment donné et quelles que soient les circonstances extérieures, trouver sur notre sol toutes les ressources nécessaires pour créer et répandre partout ces formidables machines, qui sont à la fois le signe et les agents de la puissance industrielle ? Nos usines du Creusot, de Rouen, de Lille, de Mulhouse, et les ateliers si nombreux de Paris, sont aujourd'hui en mesure de suffire à une production établie sur la plus vaste échelle.

En 1852, nous possédions 6 080 machines d'une force totale de 75 518 chevaux-vapeur. En 1863, le nombre des machines à vapeur employées en France était de 22 513, représentant une force de 617 890 chevaux-vapeur. Depuis cette époque, les recensements officiels n'ont pas été publiés, mais si l'on calcule, avec un savant constructeur de Paris, M. Hermann-Lachapelle, d'après le mouvement progressif des années précédentes, on peut, sans crainte d'exagération, porter ce nombre pour l'année 1866, à 30 000.

Trente mille machines à vapeur représentent une force d'environ un million de chevaux-vapeur. Or, comme un cheval-vapeur est l'équivalent de 3 chevaux de trait, ou de 21 hommes de peine, il en résulte qu'en 1866, les machines à vapeur françaises exécutent le travail de plus de 3 millions de chevaux de trait, ou de 20 millions d'hommes. C'est à peu près deux fois le nombre d'hommes capables de travailler, qui existent en France.

CHAPITRE XI

DESCRIPTION DES PRINCIPAUX ORGANES DES MACHINES À VAPEUR EN GÉNÉRAL. — LES CHAUDIÈRES. — LES SOUPAPES DE SÛRETÉ. — LES MANOMÈTRES. — LE FLOTTEUR D'ALARME, ETC.

Dans l'exposition des découvertes scientifiques, la méthode historique nous semble constituer le mode qui permet le plus aisément d'atteindre à la clarté. Mais on ne peut prétendre à obtenir ainsi un résultat complet, qu'à la condition de présenter, après l'exposé historique, une description générale des appareils, résumant l'état actuel de la découverte que l'on étudie. Il nous reste donc à faire connaître les différentes dispositions qui sont en usage de nos jours, pour appliquer à l'industrie la puissance mécanique de la vapeur d'eau.

Nous décrirons dans ce chapitre, les différents organes qui sont communs à tous les genres de machines à vapeur. Nous nous occuperons d'abord, de la forme et des dispositions adoptées pour la construction des chaudières ; nous passerons ensuite en revue, les appareils de sûreté qui servent à indiquer l'état de la pression et à prévenir l'explosion des chaudières.

Chaudières. — Dans les premières machines à vapeur, c'est-à-dire dans celles de Savery et de Newcomen, on donnait à la chaudière une forme demi-sphérique. Comme à cette époque la crainte de l'explosion préoccupait avant tout, cette forme avait été choisie comme offrant le plus de résistance à la pression de la vapeur. Mais plus tard, quand la crainte du danger s'affaiblit par l'habitude ; lorsque l'expérience eut fait connaître la résistance précise offerte par un métal à une épaisseur donnée, on abandonna la forme sphérique, qui, à volume égal, offre le moins de surface. Les chaudières de Watt, communément appelées *chaudières prismatiques* ou *à tombeau*, étaient concaves par le fond, cylindriques à la partie supérieure, et verticales sur les côtés. Watt avait adopté la forme concave pour la partie inférieure de ses chaudières, parce qu'il pouvait ainsi augmenter l'étendue de la surface soumise à l'action du feu. Ces sortes de chaudières sont encore employées quelquefois aujourd'hui, lorsque la tension de la vapeur ne doit pas dépasser deux atmosphères.

Mais des dispositions toutes différentes sont adoptées pour la construction des générateurs qui doivent fournir de la vapeur d'une tension considérable. La quantité de vapeur fournie par une chaudière ne dépend ni de sa capacité, ni du volume d'eau qu'elle renferme ; elle dépend seulement de l'étendue de la surface offerte à l'action du feu. On admet que 1 mètre carré de surface chauffée peut donner moyennement, 40 kilogrammes de vapeur par heure. La forme de cette surface est d'ailleurs indifférente. D'après cela, pour produire rapidement une grande quantité de vapeur, il faudrait donner à la chaudière une longueur très-considérable, afin qu'elle présentât à l'action du feu toute la surface nécessaire. C'est pour obvier à cette difficulté que l'on construit aujourd'hui les chaudières dites *à bouilleurs*, connues à l'étranger sous le nom de *chaudières françaises*. Elles consistent en deux chaudières superposées, de grandeur inégale, et communiquant entre elles par de gros tubes. Comme les *bouilleurs*, c'est-à-dire l'ensemble de la chaudière inférieure, reçoivent la première action du feu qui altère particulièrement le métal, on les change à mesure qu'ils sont usés. La chaudière principale peut ainsi durer très-longtemps.

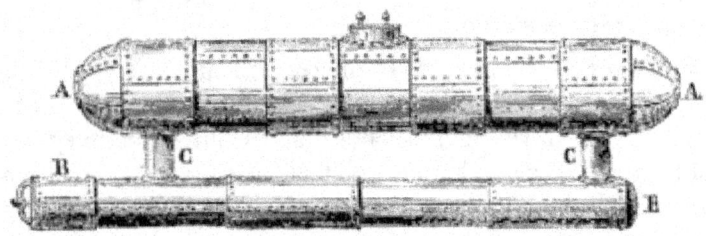

Fig. 58. — Chaudière à bouilleurs.

La figure 58 représente une chaudière de cette espèce. AA est le corps de la chaudière principale ; BB, l'un des deux bouilleurs ; C, C, les gros tubes qui établissent la communication entre l'un des bouilleurs et la chaudière principale. Il faut ajouter que la chaudière est munie d'un second bouilleur, qui n'est pas visible sur notre dessin.

La figure 59 représente une chaudière à bouilleurs établie dans son fourneau et munie de tous ses accessoires, tant pour la chaudière elle-même que pour le foyer. Une coupe longitudinale du fourneau permet de voir la chaudière dans le sens de sa longueur.

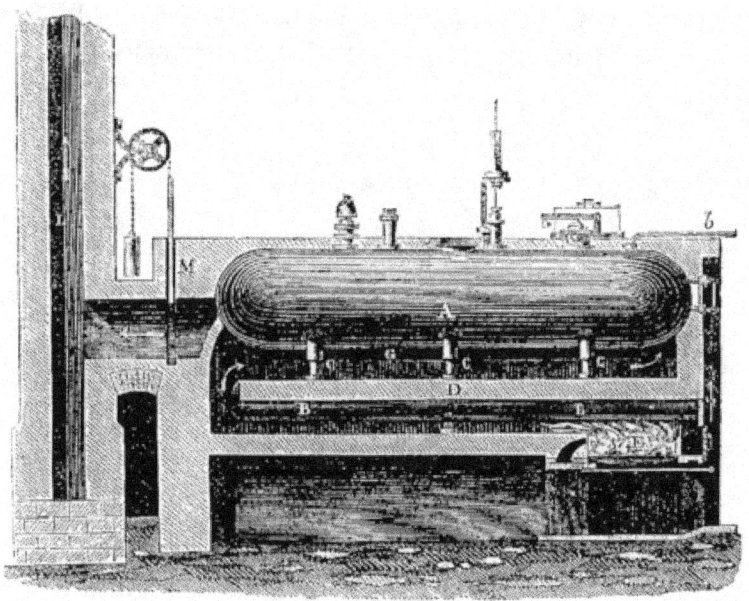

Fig. 59. — Chaudière à bouilleurs placée dans le fourneau.

A (*fig.* 59) est le corps de la chaudière ; BB, l'un des deux bouilleurs ; D, une cloison horizontale qui règne dans toute la longueur du fourneau à la hauteur des bouilleurs. Trois cloisons verticales, disposées contre les tubes C, divisent en trois compartiments l'espace qui reste libre entre cette cloison horizontale et la partie inférieure du corps de la chaudière.

Voici maintenant quelle est la marche de la flamme qui doit venir se mettre successivement en contact avec toutes les parties de la surface externe de la chaudière. Sortant du foyer E (*fig.* 59), la flamme se rend d'abord dans le conduit F, et se dirige du fond du fourneau à la partie postérieure de la chaudière ; elle passe de là dans le compartiment G, c'est-à-dire au-dessous du corps principal de la chaudière. Arrivée à l'extrémité de ce conduit G, elle se divise en deux parties et retourne à la partie postérieure de la chaudière en passant par des conduits latéraux, qui portent le nom de *carneaux*. Enfin, à la sortie des carneaux, la flamme se rend dans la cheminée L. Un registre M, équilibré par un contre-poids, a pour fonction de fermer ou d'ouvrir plus ou moins complétement le tuyau de la cheminée, et, par conséquent, de modérer ou d'activer le tirage, c'est-à-dire l'appel de l'air pour l'entretien de la combustion.

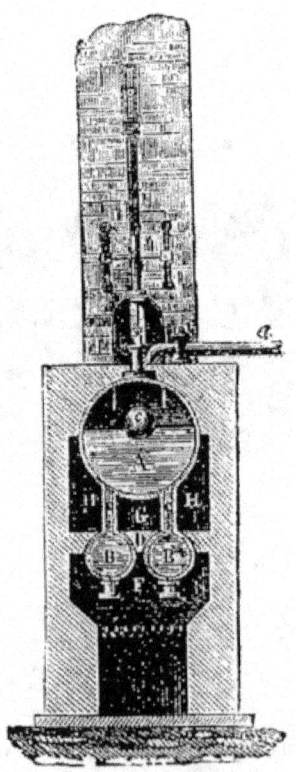

Fig. 60. Coupe de la chaudière. La figure 60 montre une coupe verticale de la chaudière A et des bouilleurs BH, BH, placés dans le fourneau G, au-dessus du foyer F.

On donne aux chaudières une longueur qui est cinq à six, et quelquefois jusqu'à dix fois leur diamètre. L'expérience a montré que ce diamètre intérieur ne doit jamais dépasser 1 mètre. Lorsque la quantité de vapeur ainsi produite est insuffisante pour l'effet mécanique que l'on veut produire, au lieu d'augmenter le diamètre de la chaudière, on préfère en employer plusieurs. C'est, comme nous le verrons, le cas des bateaux à vapeur.

Les chaudières et les bouilleurs peuvent être construits en fonte, en cuivre ou en tôle. Appliquée à la construction des chaudières, la fonte ne donne que de mauvais résultats ; aussi l'usage des chaudières de ce genre est-il interdit à bord des bateaux, et l'on n'en construit même qu'un très-petit nombre pour les machines destinées à fonctionner sur terre ; car, par suite de la faible résistance de la fonte, on est obligé de leur donner beaucoup plus d'épaisseur qu'aux chaudières de tôle, et leur prix devient ainsi de fort peu inférieur à celui de ces dernières.

Les chaudières de cuivre ont été longtemps employées par nos constructeurs ; mais l'épaisseur qu'il faut donner au cuivre laminé, et qui est égale à celle que devrait avoir la chaudière si elle était de tôle et de fer, augmente de beaucoup leur prix ; aussi ne sont-elles guère employées que lorsque les eaux d'alimentation sont très-corrosives et détruiraient rapidement le fer.

La tôle est donc à peu près uniquement employée aujourd'hui pour la construction des chaudières. La grande ténacité du fer et le prix peu élevé de ce métal lui assurent, sous ce rapport, des avantages que rien ne peut contre-balancer, surtout lorsque les houilles sont peu sulfureuses, et ne sont pas, par conséquent, de nature à altérer le métal.

Lorsque l'eau a été entretenue pendant quelques semaines, en ébullition dans une chaudière, elle y dépose, par le fait de son évaporation, un sédiment terreux. Les eaux dont on se sert pour alimenter les chaudières, tiennent toujours en dissolution une quantité plus ou moins grande de sels formés d'un mélange de sulfate de chaux et de carbonate de chaux. Par l'effet de la concentration, ces sels finissent par se déposer contre les parois de la chaudière. Or, la présence de cette croûte terreuse à l'intérieur du générateur, offre des inconvénients de plus d'un genre. Comme, par son interposition, elle empêche le contact immédiat de l'eau et du métal, elle retarde la transmission de la chaleur, dont elle absorbe une partie à son profit. Elle peut, en outre, occasionner l'altération de la chaudière, parce que la partie qui se trouve ainsi recouverte s'échauffe à une température assez élevée pour déterminer l'oxydation du métal, et par conséquent sa destruction. Enfin, la présence de ces sédiments devient souvent la source d'un danger des plus graves, car elle peut aller au point de provoquer l'explosion de la machine. Lorsqu'en effet, cette sorte d'enveloppe pierreuse a fini par se former au fond d'une chaudière, il peut arriver que, par suite de la dilatation inégale que la croûte terreuse et le métal qu'elle recouvre, éprouvent par l'action de la chaleur, cette croûte vienne subitement à se déchirer. L'eau qui existe dans la chaudière se trouve dès lors mise subitement en contact avec une surface métallique chauffée à une température excessive ; et il se forme aussitôt une quantité de vapeur tellement considérable, qu'elle peut déterminer une explosion.

On était forcé autrefois de nettoyer le générateur tous les quinze à vingt jours, afin d'enlever ces dépôts terreux. Mais comme ils adhéraient très-fortement au métal, il fallait les attaquer avec des instruments d'acier ; ce qui n'était pas sans nuire à la chaudière. Aujourd'hui, au lieu d'enlever ce sédiment, une fois formé, on empêche sa production. Le moyen employé pour cela, consiste à placer dans la chaudière, différents corps étrangers, sur lesquels les sels calcaires viennent se déposer, au lieu de s'attacher aux parois du métal. Tel est l'effet que produisent les raclures de pommes de terre ou le son, que, dans beaucoup d'usines, on mêle à l'eau du générateur.

Cependant, comme ces corps ont l'inconvénient de faire mousser le liquide, qui quelquefois, passe jusque dans l'intérieur des tubes de vapeur, on se sert plus généralement aujourd'hui, d'argile délayée dans l'eau, qui s'oppose à l'agrégation des dépôts terreux.

Des fragments de verre, des rognures de fer-blanc, de tôle ou de zinc, par leur mouvement continuel au sein du liquide, et contre les parois du générateur, peuvent aussi prévenir les incrustations.

Grâce à l'emploi de ces divers moyens, on empêche les sels terreux de se précipiter en couches continues et adhérentes, et l'on obtient un dépôt boueux qui n'adhère point à la chaudière. Il suffit dès lors, de vider celle-ci tous les quinze à vingt jours, pour chasser l'eau vaseuse qui en occupe le fond.

Appareils de sûreté. — Les accidents nombreux et les malheurs auxquels ont donné lieu les explosions, autrefois trop fréquentes, des chaudières à vapeur, ont naturellement éveillé toute la sollicitude des mécaniciens. Les différents appareils de sûreté dont la loi impose sagement la nécessité à nos constructeurs, constituent un des systèmes les plus importants de ces machines. Nous les examinerons avec soin. Cependant, avant d'indiquer les moyens efficaces que l'on oppose à l'explosion des chaudières, il est nécessaire de signaler les causes principales de ce redoutable phénomène.

Si l'épaisseur des parois du métal est insuffisante pour supporter l'effort de la vapeur, on conçoit aisément que, cédant à la pression intérieure qu'elle éprouve, la chaudière se déchire dans une de ses parties, et donne tout d'un coup issue à la vapeur. De là une première cause d'explosion. Aussi l'ordonnance royale qui régit la construction et l'installation des machines à vapeur, fixe-t-elle avec soin l'épaisseur à donner au métal d'une chaudière, selon les pressions qu'elle doit subir.

Cependant l'explosion n'est presque jamais due à un défaut de résistance du métal. Dans le plus grand nombre des cas, elle provient de ce que certaines parties de la chaudière, accidentellement portées à une température excessive, se sont trouvées tout d'un coup en contact avec l'eau. Si, par exemple, le niveau intérieur du l'eau vient, par un défaut de surveillance, à baisser dans le générateur, de telle sorte que l'eau n'occupe que la moitié ou le tiers de la hauteur qu'elle doit y occuper, ces portions du métal, léchées par la flamme du foyer, peuvent s'échauffer au point de rougir ; et si, par un accident quelconque, une certaine quantité d'eau vient alors à être projetée contre ces parois rougies, l'explosion de la chaudière est inévitable.

Elle est inévitable pour deux motifs. Le premier tient à la formation subite d'une masse considérable de vapeur qui prend naissance par suite du contact de l'eau avec la partie surchauffée du métal. Cette masse de vapeur qui se forme brusquement, par la pression considérable qu'elle provoque tout d'un coup, produit sur la chaudière l'effet d'un violent coup de marteau et détermine

200

sa rupture. En second lieu, le refroidissement presque instantané qu'éprouve le métal rougi, amène dans sa constitution physique, une modification moléculaire qui le rend beaucoup plus fragile et facilite sa déchirure.

L'explosion d'une machine à vapeur donne lieu à des phénomènes mécaniques extraordinaires, dont la puissance serait difficile à expliquer si l'on ne considérait que la seule action de la vapeur qui se trouve dans la chaudière au moment de sa rupture. Des murs renversés, des poutres énormes projetées à des distances considérables, la dévastation des usines, et toutes les scènes de destruction et de mort qui accompagnent ce terrible phénomène, ne pourraient être déterminées par la seule expansion de la vapeur contenue dans la chaudière. Ce qui ajoute à cette première cause, une source plus puissante et plus réelle de dangers, c'est la vaporisation subite de la majeure partie du liquide qui existe dans la chaudière au moment de l'explosion. Cette eau, chauffée à un degré bien supérieur à celui de l'ébullition, se trouvant tout d'un coup, en contact avec l'atmosphère, se vaporise en grande partie d'une manière instantanée, et la quantité énorme de vapeur qui se trouve ainsi brusquement engendrée, peut donner naissance à ces effets désastreux que l'on n'observait que trop souvent aux premiers temps de l'emploi des machines à vapeur.

Les appareils de sûreté qui servent à prévenir ces effrayants phénomènes, sont de deux sortes. Les premiers sont destinés à se mettre à l'abri des pressions trop considérables que la vapeur pourrait acquérir : la *soupape de sûreté*, les *plaques fusibles*, le *manomètre*, remplissent ce premier objet. Les seconds sont destinés à régulariser l'alimentation de la chaudière, de telle sorte que l'eau se trouve toujours maintenue dans son intérieur à un niveau convenable.

La *soupape de sûreté* que Papin imagina en 1688, pour son digesteur, et que Désaguliers appliqua en 1717, à la machine de Savery, d'après la proposition de Papin, est un appareil admirable pour la simplicité et l'efficacité de son action. Il a pour but de prévenir l'explosion de la chaudière, en offrant une issue à la vapeur dès que la pression de cette vapeur s'y élève au delà des limites auxquelles le métal pourrait résister.

Louis Figuier

Le principe sur lequel repose le rôle préservateur de cet instrument, est des plus simples. La vapeur contenue dans une chaudière, exerce une pression égale sur tous les points de ses parois. Si donc on pratique sur un point quelconque de sa surface une ouverture circulaire, et qu'on ferme exactement cet orifice avec une plaque métallique mobile, cette plaque pourra être repoussée de bas en haut par l'action de la vapeur intérieure. Or, si l'on place sur cette plaque mobile, un poids exactement équivalent à la pression que la chaudière éprouve lorsque la vapeur se trouve portée au degré de tension qu'elle ne doit jamais dépasser, cette plaque sera soulevée dès que la vapeur aura atteint ce degré de pression. Comme les poids employés pour comprimer la plaque, seraient trop lourds ou d'un ajustement difficile, au lieu de les déposer simplement sur l'ouverture, on presse la plaque par l'intermédiaire d'un levier du genre des romaines, qui permet, à l'aide d'un poids médiocre, de contre-balancer les plus fortes pressions.

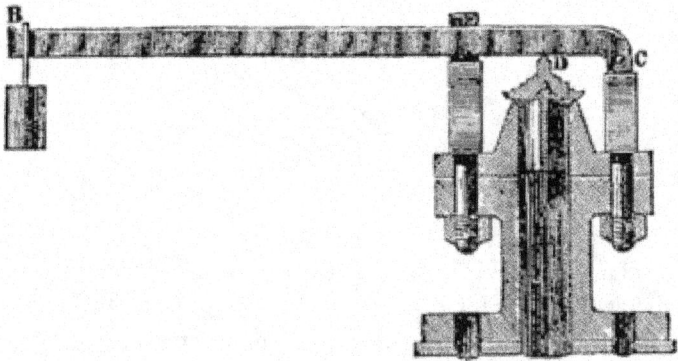

Fig. 61. — Soupape de sûreté.

La soupape de sûreté est représentée dans la figure 61. A est la soupape qui ferme un tuyau vertical communiquant avec la chaudière, et qui par conséquent ferme la chaudière elle-même. Cette soupape est maintenue au moyen d'un levier BC, qui repose sur elle au point D, et qui est mobile, grâce à une charnière, autour du point fixe C. Un poids est suspendu à l'extrémité B de ce levier. Ce poids a été calculé de manière à exercer sur la soupape une pression égale à celle qu'elle éprouverait de la part de la vapeur lorsque sa force élastique serait arrivée au terme qu'elle ne doit jamais dépasser.

Si la pression de la vapeur atteint accidentellement jusqu'à ce degré, elle soulève la soupape. Dès lors, une partie de la vapeur s'échappe dans l'air, et la pression intérieure se trouve ramenée, dans l'intérieur de la chaudière, à ses limites normales. Cette limite une fois atteinte, la soupape se referme et prévient ainsi une émission de vapeur devenue inutile.

Fig. 62.La figure 62 montre la soupape de sûreté seule, c'est-à-dire débarrassée du levier de pression qui pèse sur elle, pour la maintenir en place sur l'orifice de la chaudière. On voit qu'elle se compose de trois ailettes saillantes supportées par un chapiteau, lequel produit l'occlusion de la chaudière.

Les dimensions de la soupape de sûreté sont fixées avec beaucoup de soin par le règlement d'administration de 1843, qui exige que chaque chaudière à vapeur soit munie de deux appareils de ce genre, dont un doit se trouver constamment sous une clef et hors de la disposition du mécanicien [67].

La soupape à plaque mobile serait un appareil irréprochable par la commodité, la simplicité, la certitude de son action, si les ouvriers chargés de la conduite des machines ne pouvaient, avec une facilité désespérante, annuler ses avantages. On comprend, en effet, qu'il suffit d'augmenter le poids qui ferme la soupape, pour empêcher cette soupape de s'ouvrir sous la pression calculée par le constructeur. Si, au poids de 10 kilogrammes, par exemple, que porte le levier, on ajoute un poids de 1 ou 2 kilogrammes, la vapeur ne pourra soulever la plaque mobile que lorsqu'elle aura gagné en puissance dans une proportion correspondante.

C'est ce que font trop souvent les ouvriers chargés de diriger les machines. Tout le monde a vu, sur un bateau à vapeur, le mécanicien, quand il veut obtenir une plus grande vitesse, attacher à l'extrémité du levier un marteau, un morceau de fer ou un poids. Lorsque deux bateaux en concurrence se rencontrent faisant la même route sur une de nos rivières, c'est ainsi que débutent les mécaniciens en entamant la lutte. Pour mettre la soupape de sûreté à l'abri de la main des ouvriers, les règlements exigent, avons-nous dit, que l'une des deux soupapes dont la chaudière est munie soit placée dans une boîte fermant à clef ; mais cette sage prescription n'est pas toujours suivie.

Outre la soupape de Papin, les chaudières à vapeur sont quelquefois munies d'un appareil de sûreté fondé sur un principe tout différent : c'est la *plaque*, ou *rondelle fusible*.

La *plaque fusible* est un petit disque de métal qui bouche hermétiquement un trou pratiqué sur un point quelconque de la chaudière. Ce disque est composé d'un alliage d'étain, de bismuth et de plomb, dans des proportions telles qu'il puisse entrer en fusion dès qu'il se trouve soumis à un degré de température supérieur à celui que présente la vapeur quand elle a atteint la pression extrême que la chaudière peut supporter.

Le principe sur lequel repose l'emploi des rondelles fusibles, est important à connaître. La pression qu'exerce la vapeur d'eau, dépend de sa température ; et les pressions qui correspondent aux différentes températures de la vapeur, ont été déterminées expérimentalement de la manière la plus précise. D'après les tables de la force élastique de la vapeur d'eau, dressées par les soins de l'Académie des sciences de Paris, on sait qu'à la température de 100 degrés, la force élastique de la vapeur équivaut au poids d'une atmosphère ; — qu'une température de 112 degrés correspond à une force élastique d'une atmosphère et demie, — une température de 122 degrés à deux atmosphères, — une température de 145 degrés à quatre atmosphères, etc. D'après cela, la connaissance de la température de la vapeur contenue dans une chaudière, doit suffire pour indiquer la force élastique dont jouit cette vapeur, ces deux termes étant liés entre eux d'une manière invariable.

Si donc on prépare, par le mélange de certains métaux, un alliage tel qu'il entre en fusion à la température que la vapeur ne doit jamais dépasser, et que l'on ferme, avec une plaque composée de cet alliage, un orifice pratiqué sur la chaudière ; dès que la vapeur aura dépassé la pression normale assignée par le constructeur, la température de cette vapeur s'étant accrue d'une manière correspondante, déterminera la fusion de l'alliage : la chaudière se trouvera ainsi ouverte et offrira à la vapeur une libre issue.

Fondées sur des faits physiques d'une exactitude rigoureuse, les rondelles fusibles semblent offrir un moyen certain de prévenir l'explosion des chaudières. L'expérience a prouvé cependant qu'elles atteignent rarement le but proposé, et qu'elles présentent dans leur emploi de très-grands inconvénients. Comme l'alliage, avant de fondre et de couler, commence par se ramollir, il offre, à la limite de température qui avoisine son point de fusion, une résistance beaucoup moindre à l'effort de la vapeur, et il arrive souvent, par suite de ce fait, que la rondelle cède à la pression de la vapeur, lorsque cette vapeur est encore bien loin des limites prévues. On a obvié en partie à cet inconvénient en serrant la rondelle fusible entre deux toiles métalliques à mailles étroites, qui la maintiennent de manière à prévenir son affaissement.

Un autre inconvénient plus difficile à éviter, c'est que la rondelle fusible, quoique placée à la partie supérieure de la chaudière, finit par s'encroûter des dépôts qui proviennent de l'évaporation de l'eau. Ces dépôts s'attachent à sa surface, et la recouvrent d'une enveloppe terreuse qui retarde la transmission de la chaleur et l'empêche d'entrer en fusion au degré calculé.

Les rondelles fusibles présentent un dernier inconvénient, qui est de beaucoup le plus grave. Lorsque, la vapeur ayant dépassé dans la chaudière, ses limites normales, la plaque métallique est entrée en fusion, toute la vapeur qui se trouvait contenue dans la chaudière s'échappe aussitôt dans l'air. L'explosion, il est vrai, est ainsi prévenue ; mais la marche de la machine est du même coup arrêtée, puisque la chaudière est ouverte et cesse d'envoyer sa vapeur dans le cylindre. Il faut, de toute nécessité, remplacer la plaque fusible, remplir de nouveau la chaudière d'eau et la chauffer. Dans bien des cas, ce n'est pas sans de graves inconvénients que l'action de la machine peut être ainsi suspendue. Dans un bateau à vapeur, près des côtes et au moment d'entrer dans le port, l'absence subite du moteur constituerait un danger très-sérieux.

Là est le vice capital et tout à fait irrémédiable, des appareils de sûreté composés de métaux fusibles. La soupape de Papin est exempte de cet inconvénient ; car, dès qu'elle a donné issue à la vapeur dont l'excès de force élastique menaçait de compromettre l'appareil, elle retombe, ferme de nouveau la chaudière, et la vapeur, ainsi ramenée à la tension convenable, poursuit l'effet de son action motrice.

En raison de ces divers inconvénients, les plaques fusibles sont aujourd'hui abandonnées. En France, les règlements d'administration exigeaient autrefois, l'adjonction à toutes les chaudières à vapeur, de deux plaques fusibles de dimensions inégales ; depuis quelques années cette prescription a été levée.

Nous pouvons cependant signaler une excellente application des plaques fusibles pour empêcher les coups de feu, en cas de manque d'eau dans les chaudières. On place dans un orifice pratiqué au fond de la chaudière, au-dessus du foyer, un bouchon de plomb ou d'alliage fusible. Si, par un accident quelconque, ou par la négligence du mécanicien, la chaudière est à sec, le bouchon entre en fusion ; alors le peu d'eau qui reste au fond de la chaudière tombe dans le foyer et éteint le feu.

Le manomètre employé dans la plupart des machines à vapeur, consiste simplement en un long tube de verre ouvert par ses deux bouts, plongeant dans un réservoir de mercure, qui communique lui-même avec la vapeur contenue dans la chaudière. Lorsque la pression intérieure ne dépasse pas une atmosphère, le mercure s'élève à la même hauteur dans le réservoir et dans le tube. Si elle est de deux atmosphères, le mercure s'élève à $0^m,76$ de hauteur, d'après les principes connus sur la mesure de la pesanteur de l'air ;

si la pression est de trois atmosphères, il s'élève à deux fois $0^m,76$ de hauteur, c'est-à-dire à $1^m,52$, etc.

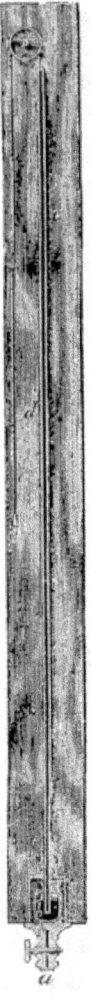

Fig. 64.
Manomètre à air libre.*Manomètre.* — Le moyen certain de prévenir les dangers résultant de l'augmentation accidentelle de la pression de la vapeur, c'est de pouvoir s'assurer à tout moment, de l'état exact de la tension que possède la vapeur. L'appareil destiné à donner à chaque instant au mécanicien l'indication et la mesure de la pression qui s'exerce à l'intérieur de la chaudière, porte le

Louis Figuier

nom de *manomètre.*

Employé sans autre artifice, ce manomètre, dont les indications sont d'ailleurs absolument rigoureuses, aurait un inconvénient pratique : l'excessive longueur que devrait présenter le tube, pour indiquer des pressions de cinq ou six atmosphères, porterait l'extrémité de la colonne de mercure à une hauteur telle que le mécanicien ne pourrait la voir commodément. C'est pour obvier à cette difficulté que l'on donne au manomètre à air libre une disposition particulière. Elle consiste à placer à la surface du mercure, un petit flotteur *c*, suspendu à un fil passant sur une poulie, et équilibré par un contre-poids *e*. Ce contre-poids se meut en sens contraire du mouvement du mercure ; il se trouve ainsi placé à une hauteur convenable pour que le mécanicien puisse aisément l'apercevoir. Une échelle graduée, disposée le long du tube *d*, exprime les variations de la pression intérieure de la vapeur en atmosphères et en fractions de cet élément. La figure 64 montre cette disposition, qui se comprend à la seule inspection : *a* est le tube qui met en communication le manomètre avec l'intérieur de la chaudière.

Le mercure du manomètre est exposé à être perdu ou sali. En outre, cet instrument devient d'une longueur excessive quand la pression est considérable, ce qui le rend quelquefois impossible à placer. Un manomètre métallique, découvert par M. Bourdon, remplace aujourd'hui avec avantage, le manomètre à mercure.

Le *manomètre à spirale métallique de Bourdon* est fondé sur ce fait, que l'expérience a établi, savoir, que quand on met en communication avec la vapeur remplissant une chaudière une spirale de cuivre, mince, creuse et à section ellipsoïdale, la vapeur, en agissant à l'intérieur de ce conduit métallique, tend, par son effort, à redresser ce conduit d'une quantité sensiblement proportionnelle à la pression. D'après cela, si l'on adapte une aiguille à l'extrémité libre de la spirale, cette aiguille indiquera sur un cadran, les degrés d'allongement du métal correspondant à cette pression.

La figure 65 représente le manomètre de Bourdon. Quand la vapeur de la chaudière pénètre dans l'intérieur de la spirale creuse B, la pression qu'elle exerce contre ses parois, gonfle ce tuyau creux, en diminuant l'aplatissement de sa section transversale. Ce léger gonflement entraîne un changement dans la courbure du tuyau, qui se redresse de plus en plus et d'une quantité sensiblement proportionnelle à la pression.

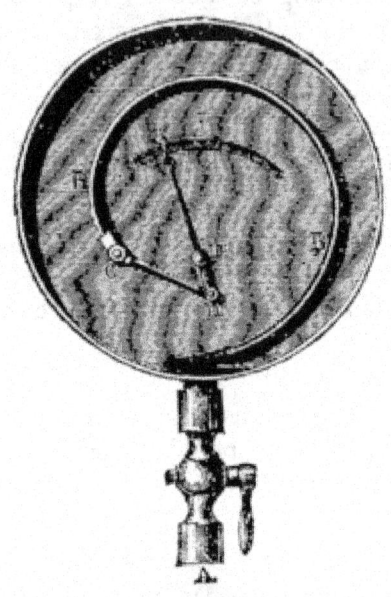

Fig. 65. — Manomètre métallique de Bourdon.Par suite de ce redressement, l'extrémité C de la spirale se déplace, et par l'intermédiaire de la tige CD, fait mouvoir l'aiguille DEF, qui parcourt le cadran, dont la graduation a été faite de manière à représenter la pression en atmosphères et en fractions d'atmosphère.

Comme par son expansion prolongée dans un milieu chaud, le métal du tuyau courbe peut subir des modifications moléculaires capables de fausser ses indications, il est important de s'assurer de temps en temps, du bon état et de l'exacte sensibilité de cet appareil indicateur.

Tels sont les moyens de sûreté employés pour prévenir les accidents qui pourraient résulter de l'accroissement accidentel de la pression de la vapeur. Examinons maintenant les appareils mis aujourd'hui en usage pour prévenir les dangers qui résulteraient

Louis Figuier

d'une interruption dans l'alimentation de la chaudière. Ces appareils sont les *indicateurs du niveau de l'eau* et les *flotteurs*.

Le plus simple et le plus utile des *indicateurs du niveau de l'eau* est un tube de verre vertical nommé *tube-jauge*, qui communique avec l'intérieur de la chaudière, et qui se trouve fixé contre ses parois à l'aide de deux tubulures de cuivre. L'eau s'élève dans l'intérieur de ce tube transparent à la même hauteur que celle qu'elle occupe dans la chaudière. Le mécanicien a, de cette manière, constamment sous les yeux la hauteur que le liquide occupe dans le générateur. On voit cet appareil dans la figure 57, qui représente le *foyer*, les *bouilleurs* et le *niveau d'eau de la chaudière d'une machine à vapeur*.

Fig. 57. — Foyer, bouilleurs et niveau d'eau de la chaudière d'une machine à vapeur.

Cependant, comme il est de la dernière importance que le chauffeur connaisse à chaque instant la quantité d'eau qui existe dans la chaudière, on ne se contente pas de ce premier moyen, et l'on met à sa disposition d'autres appareils destinés à lui fournir la même indication. À cet effet, deux robinets, nommés *robinets-jauge*, sont adaptés à la chaudière en des points peu éloignés de la position que doit avoir constamment le niveau de l'eau. Ils sont situés, l'un au-dessus, l'autre au-dessous de ce niveau ; de telle sorte qu'en ouvrant successivement ces deux robinets, le chauffeur doit voir couler de l'eau par le robinet inférieur et de la vapeur s'échapper par l'autre. Comme nous l'avons fait remarquer dans un autre chapitre, ce moyen était déjà en usage au XVIIIe siècle, dans la machine de Newcomen.

Le *flotteur*, dont l'emploi est obligatoire pour les chaudières à vapeur, est aussi d'invention ancienne. Il se compose d'un corps quelconque équilibré de manière à surnager l'eau, et qui, placé à la surface du liquide, s'élève ou s'abaisse avec lui. Le mouvement de ce flotteur est rendu sensible au dehors par une tige métallique déliée qui le surmonte verticalement, et qui traverse à frottement, la paroi supérieure de la chaudière. L'extrémité de cette tige se meut sur une échelle graduée, et permet à l'ouvrier de suivre à chaque instant le mouvement de l'eau dans l'intérieur de la chaudière.

L'exposition universelle de 1855 a fait connaître un perfectionnement ingénieux de ces flotteurs. Un aimant, fixé à l'extérieur de la chaudière sur une tige plongeant dans l'intérieur de cette chaudière et à travers ses parois, attire, selon les mouvements d'élévation ou d'abaissement de l'eau, une lame de fer qui sert de flotteur. Une échelle placée sur le trajet de ce corps mobile fait connaître la hauteur que l'eau occupe à l'intérieur du générateur.

Les moyens précédents ne peuvent servir à prévenir l'abaissement du niveau de l'eau dans le générateur que tout autant que l'ouvrier y porte attention. Ils deviennent nécessairement inefficaces par suite de sa distraction ou de sa négligence. Aussi les chaudières sont-elles toujours munies d'un appareil nommé *flotteur d'alarme*, qui a pour but de réveiller l'attention du mécanicien distrait. Cet ingénieux appareil est représenté dans la figure 66.

Un flotteur A, se trouve fixé à l'extrémité d'un levier ABC, qui est muni, à son autre extrémité, d'un contre-poids C. Lorsque le niveau de l'eau se maintient dans la chaudière à une hauteur convenable, ce flotteur tient la petite pièce conique *a* pressée contre l'orifice du tube vertical *b*, et ferme ainsi, en ce point, le générateur. Mais si, par suite d'un défaut d'alimentation de la chaudière, l'eau vient à baisser, le flotteur la suit dans son mouvement, et l'orifice *a* se trouve ainsi débouché ; la vapeur s'échappe donc aussitôt par l'issue que lui présente le tuyau *ab*. Ce jet de vapeur s'élance par l'ouverture annulaire *cc*, et rencontrant le timbre métallique *d* par son contour aigu, il le met aussitôt en vibration et fait entendre un coup de sifflet qui trahit le défaut de surveillance du chauffeur.

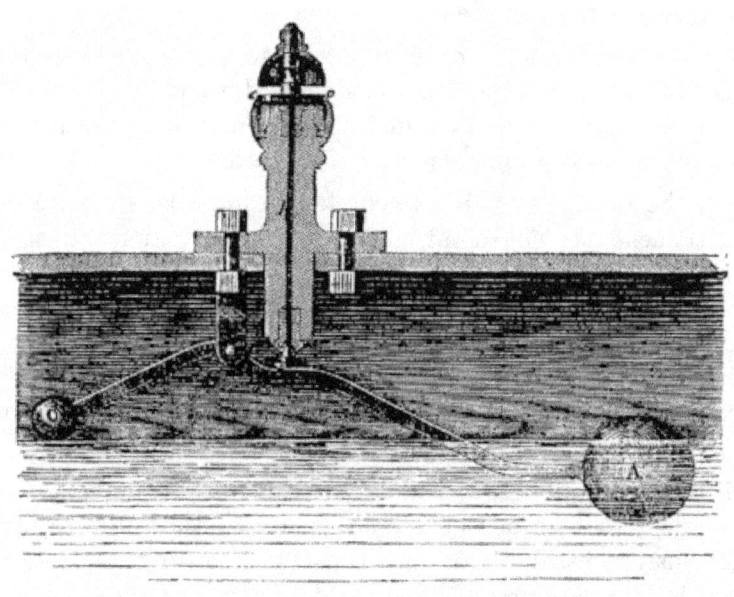

Fig. 66. — Flotteur et sifflet d'alarme.

Ces précautions si multipliées pour entretenir d'une manière régulière et constante, l'alimentation du générateur, peuvent paraître superflues, quand on se souvient que cette alimentation se fait d'une manière continue, au moyen d'une pompe mise en mouvement par la machine elle-même, et dont les dimensions sont calculées de telle sorte qu'elle refoule dans la chaudière une quantité d'eau à peu près correspondante à celle que l'évaporation fait disparaître. Mais le jeu de cette pompe peut être sujet à quelque dérangement, et c'est afin que l'ouvrier puisse reconnaître si elle fonctionne avec la régularité nécessaire, que l'on met à sa disposition les divers moyens qui viennent d'être énumérés pour apprécier la hauteur du niveau de l'eau. Quand le mécanicien s'aperçoit que le générateur renferme une trop grande quantité d'eau, il arrête le jeu de la pompe alimentaire, soit en décrochant la tige qui la rattache au balancier, soit en fermant un robinet adapté au tuyau d'aspiration. Il rétablit le jeu de cette pompe dès que le niveau de l'eau commence à s'abaisser au-dessous de la ligne normale tracée à l'extérieur.

Nous dirons, pour terminer cette description générale de la machine à vapeur, que l'on a l'habitude d'évaluer en nombre de chevaux la puissance de ces machines. Ce moyen de mesure a été employé pour la première fois par Thomas Savery.

On a beaucoup varié sur la valeur de cette unité dynamométrique. Voici quelle est aujourd'hui, en France, sa signification précise. On dit qu'une machine à vapeur est de la force d'un cheval, lorsqu'elle est capable d'*élever un poids de 75 kilogrammes à 1 mètre de hauteur, dans une seconde de temps*. Une machine à vapeur de dix chevaux, par exemple, est donc celle qui, dans une seconde, peut élever 750 kilogrammes à 1 mètre de hauteur, ou 75 kilogrammes à 10 mètres de hauteur.

Il faut remarquer cependant que cette quantité de travail est bien supérieure à celle que peut produire un cheval. Aussi ce mode d'évaluation est-il plutôt une convention qu'une comparaison fondée sur une appréciation exacte des forces naturelles.

Voici l'étymologie, ou, si l'on veut, l'origine, de cette dénomination bizarre de*cheval-vapeur*, employée pour représenter l'unité dynamométrique des machines à vapeur. Une anecdote rapportée par Tom Richard, dans son *Aide-mémoire des ingénieurs*, l'explique comme il suit :

« Ce fut, dit M. Tom Richard, dans la brasserie de Whitebread, à Londres, que Watt fit la première application de sa machine à vapeur. Cette machine devait remplacer un manége destiné à monter de l'eau, et le brasseur, voulant obtenir de la vapeur le même effet que de ses chevaux, proposa à Watt de faire travailler un cheval pendant une journée de huit heures, et de baser le travail du *cheval-vapeur* sur le produit du poids de l'eau qui aurait été élevé à la fin de la journée par la différence du niveau des réservoirs inférieur et supérieur. Watt accepta le marché. Le brasseur prit alors son meilleur cheval (et les chevaux de brasseur, à Londres, sont des animaux d'une force prodigieuse), et le fit travailler huit heures, n'épargnant pas les coups de fouet, et s'embarrassant peu que son cheval pût soutenir plusieurs jours de suite un tel travail. Le produit mesuré se trouva être de 2 120 000 kilogrammes élevés à 1 mètre en huit heures, soit 73^{kil},6 élevés à 1 mètre par seconde. »

Ce travail se rapproche de celui du cheval-vapeur adopté en France ; mais il est de beaucoup supérieur à celui qu'on obtiendrait d'une manière suivie d'un cheval ordinaire. En effet, des expériences authentiques, faites dans les mines d'Anzin, sur le travail de 250 chevaux employés pendant un an, à faire mouvoir une machine très-simple, ont donné, pour le travail effectif d'un cheval ordinaire, pendant huit heures, ou sa journée entière, 800 000 kilogrammes élevés à 1 mètre de hauteur, ce qui représente 27^{kil},77 élevés à 1 mètre de hauteur par seconde.

D'après ce résultat, un cheval-vapeur serait l'équivalent du travail de près de trois chevaux pour le même temps. Afin d'éviter toute confusion, il est bon, d'après cela, d'employer toujours le terme de *cheval-vapeur* pour désigner l'unité dynamométrique des machines à vapeur.

CHAPITRE XII

CLASSIFICATION DES MACHINES À VAPEUR. — MACHINE À CONDENSEUR ET MACHINE SANS CONDENSEUR. — MACHINES À SIMPLE EFFET ET MACHINES À DOUBLE EFFET. — MACHINES FIXES, MACHINES DE NAVIGATION, LOCOMOTIVES ET LOCOMOBILES. — **TYPES,** OU **PRINCIPAUX SYSTÈMES** : MACHINE DE WATT. — MACHINE DE WOLF. — MACHINES À CYLINDRE VERTICAL. — MACHINES À CYLINDRE HORIZONTAL. — MACHINES OSCILLANTES. — MACHINES ROTATIVES. — **PRINCIPES NOUVEAUX SUR L'EMPLOI DE LA VAPEUR COMME FORCE MOTRICE.**

Nous passons à la *classification des machines à vapeur*, et à la description des différents *systèmes* ou *types*, qui sont aujourd'hui en usage pour tirer le meilleur parti de la force élastique de la vapeur.

CLASSIFICATION DES MACHINES À VAPEUR.

Rien n'est plus difficile que de donner une classification rigoureuse des machines à vapeur, en raison de la quantité innombrable de types différents qui sont en usage. Cette classification n'est possible qu'en considérant à part les différentes conditions de leur construction et de leur emploi.

Quand on considère la tension de la vapeur, ou le nombre d'atmosphères de pression que cette vapeur exerce, on distingue les machines à vapeur en *machines à basse pression* et *machines à haute pression*. Cependant il est plus conforme aux faits, de les désigner, dans ce cas, sous le nom de *machines à condenseur*, et de *machines sans condenseur*. Établissons la différence qui sépare ces deux systèmes.

Les *machines à condenseur*, les premières que l'on ait construites, et les seules dont Watt ait fait usage, sont ainsi nommées parce que la vapeur, quand elle a produit son effort mécanique, s'y trouve condensée par l'eau froide. On a continué de les désigner sous le nom de machines *à basse pression*, parce que la vapeur n'y est ordinairement employée qu'à une pression médiocre, qui va d'une atmosphère et demie à deux atmosphères.

La *machine sans condenseur* est celle dans laquelle la vapeur se trouve rejetée librement dans l'air dès qu'elle a produit son effet. Ces machines sont toujours nécessairement à haute pression.

Quelles sont les raisons qui peuvent motiver dans une usine, le choix d'une machine à vapeur à haute ou à basse pression ? Si l'on dispose d'une quantité d'eau assez abondante pour fournir aux besoins de la condensation, il y a avantage à adopter la machine à condenseur. Il suffit de donner à la surface du piston des dimensions convenables, pour obtenir des machines réalisant tout l'effort nécessaire, et dans lesquelles la vapeur agit toujours à basse pression, c'est-à-dire à environ une atmosphère et demie. Mais si l'on ne peut se procurer facilement la quantité d'eau qui est nécessaire à la condensation, on est forcé d'employer des machines à haute pression, qui marchent sans condenseur. Ajoutons que la machine à basse pression occupe une place considérable ; au contraire la machine à haute pression, qui ne se compose guère que d'un cylindre et d'une bielle, ne demande qu'un emplacement médiocre. Dans un grand nombre de cas, cette dernière circonstance détermine le choix de la machine à haute pression.

Examinons maintenant les détails du mécanisme de la machine à vapeur selon qu'elle marche avec ou sans condenseur.

Machine à condenseur. — La machine à vapeur à basse pression et à condenseur, c'est-à-dire la machine communément désignée sous le nom de*machine de Watt*, ne se compose que d'éléments qui ont été précédemment analysés. Il nous suffira donc d'une légende ajoutée à la figure 67, pour faire comprendre son mécanisme et la destination de chacun de ses organes.

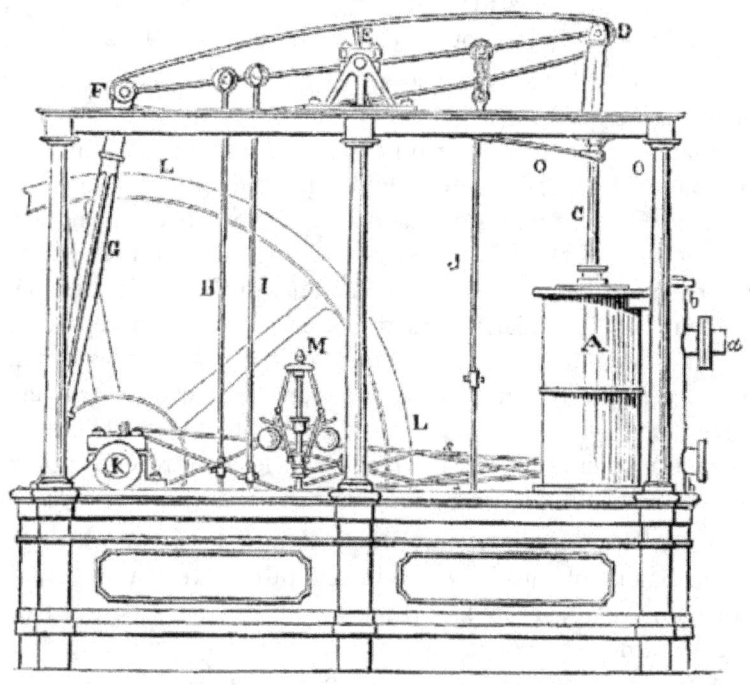

Fig. 67. — Machine à condenseur ou machine de Watt à basse pression.

A est le cylindre dans lequel joue le piston, par suite de l'effort de la vapeur qui s'y introduit à l'aide du tube *a*. L'appareil connu sous le nom de *tiroir*, est représenté par les lettres *b, b*. Il est destiné à faire passer la vapeur arrivant de la chaudière, tantôt au-dessus, tantôt au-dessous du piston ; et en même temps, à faire communiquer le condenseur, tantôt avec la partie supérieure, tantôt avec la partie inférieure du cylindre. Ce tiroir se compose d'une plaque métallique mobile jouant à l'intérieur de la capacité *b*, et mise en mouvement par l'arbre K de la machine, à l'aide de deux tringles *s, s*, convergeant l'une vers l'autre, qui mettent en mouvement un petit mécanisme connu sous le nom d'*excentrique*. En se déplaçant ainsi à l'intérieur de la capacité du corps de pompe, cette plaque a pour effet de fermer et d'ouvrir successivement une communication qui existe entre la partie supérieure et la partie inférieure du cylindre ; selon que cette ouverture est ouverte ou fermée, la vapeur peut s'introduire au-dessous ou au-dessus de la tête du piston.

C représente la tige du piston. Au moyen du parallélogramme articulé OO, cette tige transmet son mouvement au balancier, de manière à lui imprimer un mouvement de va-et-vient autour de son axe E. À l'extrémité F du balancier est attachée une bielle, ou tige, G, qui vient s'articuler avec le bouton de la manivelle fixée à l'extrémité de l'arbre K, pour communiquer à cet arbre un mouvement de rotation. LL est la roue, ou le volant, destinée à prévenir les irrégularités d'action du balancier, en répartissant les inégalités de son mouvement sur une grande masse placée à une certaine distance de l'axe de l'arbre. M est le *régulateur à force centrifuge* ; lié par une courroie à l'arbre de la machine, il est destiné à régler l'entrée de la vapeur dans le cylindre, et à imprimer au mouvement une marche uniforme.

Le condenseur, qui se trouve caché dans la figure 67, est disposé immédiatement au-dessous du cylindre. C'est une capacité communiquant, par un large tube, avec le cylindre, et qui se trouve incessamment parcourue par un courant d'eau froide, destinée à produire la condensation de la vapeur. L'eau qui doit servir aux besoins de cette condensation, est empruntée à une source ou à un cours d'eau voisin, à l'aide d'une pompe aspirante et foulante. Cette pompe est mise en action par une tige que l'on a représentée sur la figure 67 par la lettre I ; cette tige, reliée au balancier de la machine, lui emprunte son mouvement.

La capacité du condenseur se trouverait bientôt remplie d'eau, si une pompe ne l'extrayait à mesure qu'elle s'y accumule : tel est l'objet que remplit la pompe dont la tige est représentée, sur la figure 67, par la lettre J. On la désigne communément sous le nom de *pompe à air*, parce qu'en même temps qu'elle extrait l'eau qui remplit le condenseur, elle en retire aussi l'air qui se dégage de l'eau froide lorsqu'elle arrive dans la capacité du condenseur où le vide existe partiellement.

L'eau chaude extraite du condenseur par la pompe à air, se rend dans un réservoir d'où elle s'échappe hors de l'usine à l'aide d'un trop-plein. Cependant cette eau n'est pas rejetée tout entière ; une petite partie en est aspirée par une pompe, nommée *pompe alimentaire*, qui la refoule dans la chaudière, pour remplacer celle qui a disparu sous forme de vapeur. La tige de la pompe alimentaire est indiquée sur la figure 67 par la lettre H. Comme la pompe à air, on voit qu'elle est mise en action par le balancier de la machine auquel elle se trouve liée.

Fig. 68. — Coupe de la machine à condenseur, ou machine de Watt à basse pression.

La figure 68 est une coupe de la même machine, faite à une plus grande échelle, et qui est destinée à montrer les dispositions intérieures et le jeu de l'appareil de condensation. En sortant du cylindre A, la vapeur s'échappe par le tuyau *d* dans le condenseur *e*. L'eau s'introduit dans ce condenseur, par un tube muni d'un robinet *g*, qui règle la quantité d'eau qui s'introduit dans le condenseur. Le piston *h* muni de deux soupapes *i, i* appartient à la *pompe à air*, c'est-à-dire à la pompe qui a pour fonction de retirer constamment l'eau qui s'accumule dans le condenseur, et qui s'est échauffée par suite de la liquéfaction de la vapeur. Ce piston est manœuvré par une tige P qui se rattache au balancier.

L'eau chaude extraite du condenseur se rend dans une bâche *l*. La plus grande partie de cette eau s'écoule au dehors par un trop-plein ; mais une certaine quantité en est aspirée par la *pompe alimentaire m*, pour aller remplacer dans la chaudière l'eau qui en a disparu à l'état de vapeur. Quand le piston *m* de cette pompe alimentaire s'élève par l'action de la tige R, l'eau de la bâche *l* est aspirée par le tuyau *nn*, et traverse la soupape *o* qui est ouverte ; quand ce piston s'abaisse, la soupape *o* se ferme, la soupape *o'* s'ouvre, et l'eau se dirige vers l'intérieur de la chaudière en suivant le tuyau *p* qui l'amène dans cette capacité.

q représente le tuyau d'une pompe à eau aspirante et foulante qui mue par la tige S, approvisionne constamment d'eau froide le réservoir qui fournit de l'eau au condenseur *e*. Cette pompe puise de l'eau dans un puits, dans une rivière ou un cours d'eau quelconque, et la verse par l'orifice *r*, dans une bâche spéciale, d'où elle s'écoule dans le condenseur, par le tuyau et le robinet *g*. L'écoulement de cette eau est déterminé par l'excès de la pression atmosphérique, qui agit librement dans le réservoir, sur la très-faible pression qui existe dans le condenseur, par suite de la formation dans cet espace, d'un vide partiel résultant de la condensation de la vapeur.

Telle est la machine à basse pression et à condenseur, ou *machine de Watt*. Elle est surtout d'un grand usage en Angleterre ; en France, elle est moins employée.

Dans les machines à basse pression, comme dans les machines à condenseur, on fait usage de l'artifice de la détente, qui, d'après les principes précédemment indiqués, diminue notablement la consommation du combustible. Comme l'addition de la détente ne change rien à l'ensemble du mécanisme, il serait inutile d'en donner une description particulière : toute la différence consiste dans la disposition du tiroir, qui ne laisse entrer la vapeur dans le cylindre que pendant la moitié, le tiers, le cinquième, etc., de la course du piston ; de telle sorte que la détente de la vapeur, c'est-à-dire sa dilatation dans le vide, agisse seule sur le piston pendant tout le reste de sa course.

La plupart des machines actuelles sont construites de manière que le mécanicien puisse à volonté établir ou suspendre la détente ; elles permettent même de donner à la vapeur le degré de détente que l'on juge nécessaire d'employer.

Machines sans condenseur. — Dans ce second ordre de machines, d'un mécanisme infiniment plus simple, la vapeur, après avoir agi sur le piston, s'échappe dans l'air.

La figure 70 nous permettra d'expliquer la marche et l'effet de la vapeur dans la machine sans condenseur.

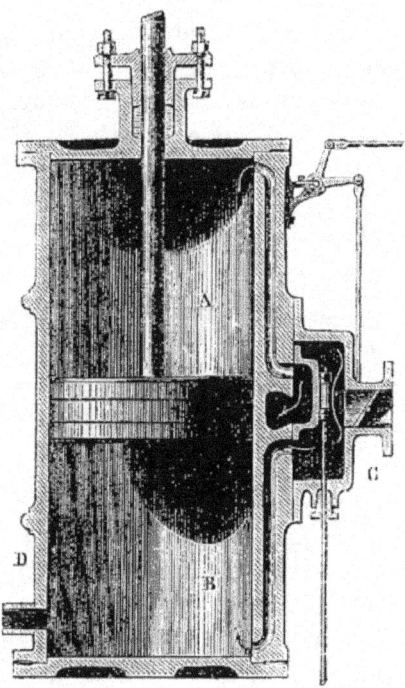

Fig. 70. — Cylindre et tiroir de la machine sans condenseur.
La vapeur s'introduit, par le déplacement de la lame du tiroir C,

tantôt au-dessus, tantôt au-dessous du piston. Quand elle arrive au-dessous du piston, par exemple, dans l'espace B, elle soulève ce piston. Sous l'influence de cette force, qui agit de bas en haut, le piston monte dans l'intérieur du corps de pompe et parvient à sa partie supérieure, A. Si l'on interrompt à ce moment, l'arrivée de la vapeur au-dessous du piston, et que l'on donne au dehors une issue à la vapeur qui remplit le cylindre, en ouvrant un robinet placé sur le trajet du tuyau D, qui lui permette de s'échapper dans l'air extérieur, le piston s'arrêtera dans sa course ascendante. Mais si, en même temps, par le déplacement du tiroir C, on fait arriver de nouvelle vapeur au-dessus du piston, dans l'espace A, la pression de cette vapeur, s'exerçant de haut en bas, précipitera le piston jusqu'au bas de sa course, puisqu'il n'existera plus, au-dessous de lui, de résistance capable de contrarier l'effort de la vapeur. Si l'on renouvelle continuellement cette arrivée successive de la vapeur au-dessous et au-dessus du piston, en donnant à chaque fois issue à la vapeur contenue dans la partie opposée du cylindre, le piston, ainsi alternativement pressé sur ses deux faces, exécutera un mouvement continuel d'élévation et d'abaissement dans l'intérieur du corps de pompe. Or, si une tige attachée à ce piston par sa partie inférieure, est liée par sa partie supérieure à une manivelle qui fait tourner un arbre moteur, et que le jeu des tiroirs destinés à donner accès à la vapeur, s'exécute seul au moyen de leviers liés à l'arbre tournant, on aura ainsi une machine fonctionnant seule et qui imprimera un mouvement continuel à l'arbre moteur auquel elle est attachée.

Tel est le principe des machines à vapeur *sans condenseur*, ou *à haute pression*, parce que la vapeur agit ici avec une force de deux à plusieurs atmosphères.

Comme on rejette au dehors la totalité de la vapeur, après qu'elle a exercé son action sur le piston, ces machines, on le comprend, dépensent plus de combustible, à force égale, que les machines à basse pression. On les préfère pourtant, dans bien des cas, à la machine de Watt, en raison de la simplicité de leur mécanisme, qui permet aux constructeurs de les livrer à un prix inférieur.

La machine à vapeur à haute pression, ne comportant ni condenseur ni pompe à air, est adoptée dans un grand nombre d'industries ; elle est d'une adoption forcée dans les lieux où il est impossible de se procurer la quantité d'eau nécessaire à la condensation, et quand on ne peut disposer que d'un emplacement exigu.

Dans la machine à haute pression, on supprime presque toujours le balancier. Pour transformer en mouvement circulaire, le mouvement vertical de la tige du piston, on se contente de réunir l'extrémité de la tige du piston à une bielle articulée, comme on le voit dans la figure 71. Seulement, comme la tige A du piston a besoin d'être guidée dans son mouvement pour ne pas être faussée par la résistance oblique qu'elle éprouve de la part de la bielle, on fait rouler son extrémité B entre deux coulisses E, E, de manière à la maintenir constamment en ligne droite malgré les mouvements d'élévation et d'abaissement de la bielle. Par son libre mouvement dans l'espace EE, la tige BC met en action la manivelle CD, et imprime ainsi directement à l'arbre D un mouvement continu de rotation.

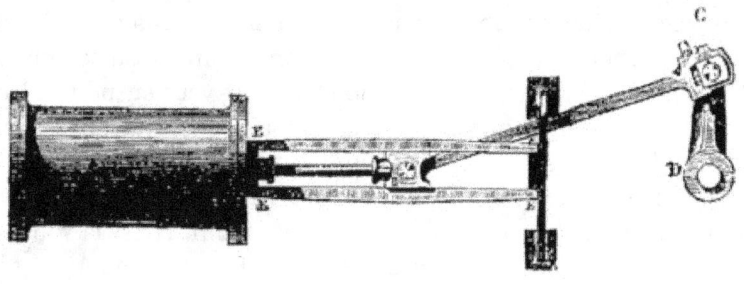

Fig. 71. — Transformation du mouvement vertical de la tige du piston d'une machine sans condenseur, en mouvement circulaire, au moyen d'une bielle articulée.

Les principes sur lesquels repose le jeu de la machine à haute pression ayant été exposés plus haut, la figure 72 permettra de saisir tous les détails de son mécanisme.

A est le cylindre, ou corps de pompe, de la machine. Amenée de la chaudière dans ce cylindre, à l'aide du tuyau P, la vapeur vient y exercer sa pression sur les deux faces du piston, et une fois l'effet produit, se dégage dans l'air, à l'aide d'un long tuyau de cuivre B, qui la fait perdre au dehors. C, C, sont deux montants verticaux qui servent à guider dans son mouvement la tige du piston. K est une tige, ou bielle, qui, pourvue d'une articulation mobile à chacune de ses extrémités, transmet à la manivelle adaptée à l'arbre de la machine le mouvement du piston, et imprime à cet arbre un mouvement de rotation continu. I est une tige métallique qui fait marcher le tiroir MM ; par suite du déplacement de la plaque mobile qui parcourt l'intérieur de ce tiroir, la vapeur trouve accès tantôt au-dessus, tantôt au-dessous de la tête du piston. Cette tige est mise en mouvement par l'arbre de la machine auquel elle est rattachée. D est le régulateur de Watt à force centrifuge ; à l'aide de la tige L et du levier coudé qui lui fait suite, il régularise l'entrée de la vapeur dans le cylindre en dilatant ou rétrécissant l'orifice qui donne accès à la vapeur. F est la tige qui met en action la pompe alimentaire E, destinée à remplacer l'eau de la chaudière à mesure que celle-ci disparaît en vapeurs. Cette tige, reliée à l'arbre de la machine, est mise en mouvement par cet arbre, et fait agir la pompe E, qui, puisant de l'eau froide dans un réservoir situé au-dessous, la dirige, à l'aide du tube G, dans l'intérieur de la chaudière. Cette pompe alimentaire peut fonctionner constamment ou seulement d'une manière intermittente. Si le chauffeur veut suspendre son action, il lui suffit d'enlever la clavette mobile qui rattache les deux parties de la tige, E, F ; le mouvement du piston de la pompe est ainsi suspendu, et la tige F fonctionne à vide, c'est-à-dire agit sans transmettre son mouvement à la pompe. Enfin, H est la roue ou le volant de la machine, qui a pour fonction de régulariser son mouvement, parce qu'il le répartit sur une masse considérable, éloignée de son centre d'action.

Tel est le type général de la machine à vapeur dite *sans condenseur*, ou *à haute pression*. Il faut ajouter seulement que l'on s'arrange toujours pour que la vapeur, avant de se perdre dans l'atmosphère, vienne traverser le réservoir d'eau froide destinée à l'alimentation de la chaudière, afin de profiter d'une partie de la chaleur emportée par cette vapeur. Le tuyau qui rejette la vapeur hors de l'usine, traverse donc l'eau d'alimentation, et l'échauffe. Lorsque cette dernière s'introduit dans la chaudière, elle possède déjà une température assez élevée, ce qui économise une partie du combustible. Cette disposition, fort simple à comprendre, n'a pas été représentée sur la figure, pour ne rien lui enlever de sa clarté.

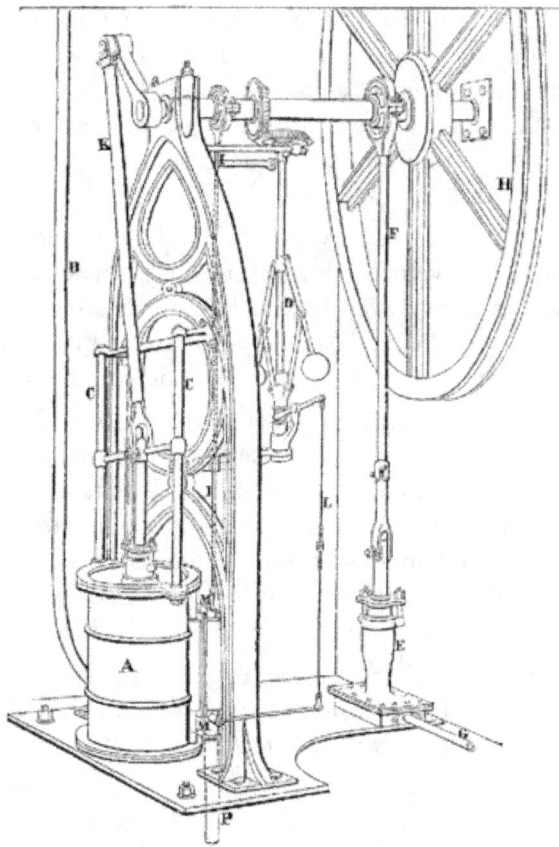

Fig. 72. — Machine sans condenseur ou machine à haute pression.

On a cru longtemps, que les machines à haute pression étaient plus dangereuses que celles où la vapeur n'agit, qu'à une ou deux atmosphères. Ce préjugé existe encore dans le public et chez quelques chefs d'usine. Mais le relevé des explosions de chaudières qui ont eu lieu en France et en Angleterre, a prouvé qu'il est arrivé plus de sinistres avec les machines à basse pression qu'avec les autres.

La machine à haute pression est employée avec grand avantage toutes les fois que l'on n'a besoin que d'une force motrice d'une intensité médiocre. La régularité de son action, sa simplicité extrême, son prix peu élevé, lui font bien souvent accorder la préférence sur la machine à condensation, d'un prix considérable, d'une installation souvent difficile, et qui exige un grand emplacement et une source d'eau abondante, pour suffire aux besoins de la condensation.

Ce genre de machine à vapeur n'est d'un emploi réellement économique, relativement à la machine à basse pression, que quand on y fait agir la vapeur avec détente. Employée sans détente, elle est d'un usage dispendieux. Aussi fait-on maintenant toujours usage dans les machines à haute pression, de la détente de la vapeur.

Les deux systèmes qui viennent d'être décrits, c'est-à-dire les machines à haute pression et à basse pression, sont loin de s'exclure l'un l'autre. On les combine en effet avec avantage. On construit aujourd'hui, un grand nombre de machines qui marchent à haute pression et qui sont néanmoins munies d'un condenseur. Beaucoup de machines fixes employées dans les manufactures, plusieurs des machines à vapeur qui fonctionnent à bord des bateaux de rivière, sont établies dans ce double système.

Si l'on considère le mode d'action de la vapeur, on doit diviser les machines à vapeur en *machines à simple effet* et *à double effet*.

Dans la *machine à simple effet*, la vapeur n'agit que sur l'une des faces du piston, pour produire son oscillation ascendante ; la chute du piston est déterminée par le poids de l'atmosphère s'exerçant sur la surface supérieure. Un balancier volumineux et lourd vient accélérer la descente et accroître l'effet mécanique.

Dans la *machine à double effet*, la vapeur vient agir successivement sur les deux faces du piston pour le soulever et l'abaisser alternativement.

Quand il ne s'agit que de produire un mouvement mécanique intermittent et non continu (tel est le cas des pompes pour l'élévation des eaux dans les mines, ou pour l'alimentation du réservoir d'eau des villes), c'est à la machine à simple effet que l'on a recours. Les machines du Cornouailles, la pompe à feu de Chaillot (à Paris), qui a été reconstruite en 1854, à peu près avec les mêmes dispositions qu'on lui avait données en 1775, et celle du Creusot qui sert à l'épuisement des eaux dans les mines, sont établies dans le système à simple effet de Watt. Pour quelques outils employés dans les ateliers mécaniques, tels que les moutons à vapeur, les découpoirs à vapeur de M. Cavé, on se sert aussi d'une machine à simple effet. On a même fait quelques essais de nos jours, pour revenir aux machines à simple effet dans les appareils à vapeur destinés à la propulsion des bateaux. M. Seeward, de Londres, a appliqué à la navigation une machine à simple effet sur le navire à hélice *the Wander*, de la force de 1 000 chevaux, dont un modèle a figuré à l'Exposition universelle de Paris en 1855. L'appareil moteur était composé de trois cylindres réunis marchant à simple effet. Cependant cette tentative n'a pas eu de suite.

Sauf les cas que nous venons de considérer, et qui sont peu nombreux, toutes les machines à vapeur employées dans l'industrie, sont à double effet.

Pour terminer ce qui concerne la classification des machines à vapeur, nous dirons que quand on considère leur service, on les divise en *machines fixes*, pour l'usage des ateliers et des usines, en *machines de navigation*, en*locomotives* et *locomobiles*.

PRINCIPAUX SYSTÈMES, OU TYPES, DE MACHINES À VAPEUR.

Après ce qui se rapporte à la classification générale des appareils mécaniques à vapeur, il nous reste à passer en revue les principaux systèmes adoptés aujourd'hui pour leur construction.

Bien que les formes que l'on donne aujourd'hui à la machine à vapeur varient à l'infini, on peut les rapporter à cinq types principaux :

1° La *machine à un seul cylindre vertical*, ou *machine de Watt ;*

2° La *machine à double cylindre vertical ;*

3° La *machine à cylindre unique horizontal ;*

4° La *machine à cylindre oscillant ;*

5° La *machine rotative.*

1° *Machine à un seul cylindre vertical.* — Cette machine, qui est tantôt à simple, tantôt à double effet, a été décrite avec assez de détails dans le chapitre précédent, pour que nous n'ayons pas à y revenir. C'est la machine encore adoptée de préférence en Angleterre, où elle est toujours le type à peu près exclusif dans les ateliers, bien qu'elle consomme beaucoup de combustible, c'est-à-dire environ 5 kilogrammes par heure et par force de cheval. À l'Exposition universelle de Paris en 1855, l'Angleterre n'avait envoyé qu'une seule machine à vapeur : c'était une machine verticale de Watt, due à M. Fairbairn, l'un des constructeurs les plus célèbres de la Grande-Bretagne, et elle ne présentait pas la plus légère innovation. En France, où l'esprit de progrès et de perfectionnement est beaucoup plus marqué que chez nos voisins, on abandonne de jour en jour ce monumental appareil, qui, sans doute, assure au mouvement une grande régularité, par le remarquable ensemble établi entre ses divers organes, qui peut marcher, à volonté, à basse, à moyenne ou à haute pression, avec ou sans détente, avec ou sans condensation, mais qui a l'inconvénient d'être extrêmement volumineux, d'exiger un grand emplacement en hauteur et en longueur, de renfermer beaucoup de matière, et d'être, par conséquent, lourd et d'un achat coûteux.

Les machines de Watt, ou *à un seul cylindre vertical*, transmettent le mouvement à un arbre disposé à la partie supérieure du bâti. Elles conviennent surtout aux ateliers, tels que filatures, ateliers de constructions mécaniques, etc., où l'on emploie des arbres de transmission fixés vers le plafond, et qui distribuent le mouvement aux différents établis répandus dans l'atelier. On a vu représenté figure 63 un beau type de ces machines, qui a été dessiné sur place dans un atelier de Paris. On donne, à Paris, le nom de *machine Imbert*, à ce genre de machine, du nom du constructeur qui en a fabriqué un grand nombre sur ce modèle.

Quand, au lieu de placer le balancier de la machine de Watt à la partie supérieure du bâti, on place ce balancier, grâce à un renvoi de mouvement, près du sol, ou pour mieux dire, sur la plaque de fondation, on obtient la *machine à balancier latéral*, qui sert, dans un grand nombre de navires à vapeur, à mettre en action les roues motrices.

2° *Machine de Wolf, ou à deux cylindres.* — La machine de Wolf, dont nous avons donné (fig. 54), la description et la figure, est d'un grand usage en France. C'est l'appareil moteur de la plupart de nos filatures et ateliers de tissage. L'économie qui résulte de son système, si commode, de détente, opéré dans un cylindre auxiliaire, et la régularité de son mouvement, lui ont conquis une juste faveur dans l'industrie française. Elle a l'avantage remarquable d'utiliser la détente de la vapeur, tout en faisant disparaître les causes d'irrégularité de mouvement qu'entraîne l'emploi de la détente.

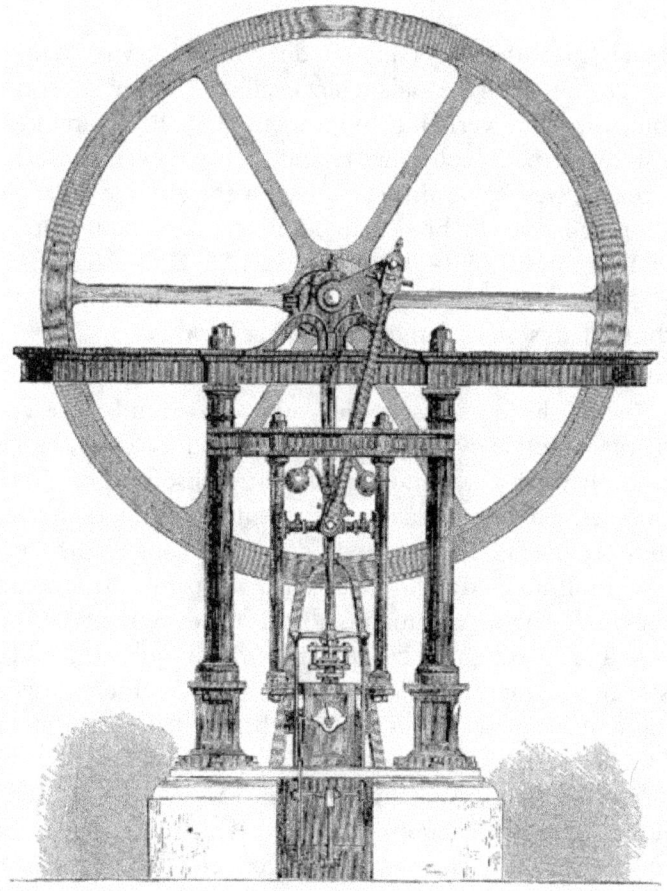

Fig. 63. — Machine à vapeur sans condenseur, à cylindre vertical.

Un constructeur de Lille, M. Legavrian, a récemment perfectionné cette machine, en lui adjoignant un troisième cylindre, pour pousser plus loin la détente de la vapeur, et adoucir encore le mouvement.

Une machine ainsi modifiée, et de la force de quarante chevaux, figura à l'Exposition universelle de 1855.

3° *Machines à cylindre unique horizontal.* — Les machines à cylindre unique disposé horizontalement, sont les plus employées dans notre industrie ; c'est la disposition aujourd'hui à la mode en France.

Avec les machines de Watt ou de Wolf, pourvues d'un lourd volant et d'un énorme balancier, oscillant autour de son point d'appui, on a un véritable monument métallique architectural, avec soubassement, colonnes, chapiteaux, entablement, etc. Mais cette masse, élevée en l'air, est exposée à entraîner le dérangement de l'appareil, par le bris d'un support, la flexion d'une tige, l'inégale compressibilité du terrain, etc. De là, la nécessité, outre le prix considérable de l'achat et du premier établissement de cette machine, d'un soin et d'une surveillance assidus.

C'est pour parer à ces divers inconvénients, que l'on a pris le parti, après plusieurs essais plus ou moins timides, de coucher horizontalement le cylindre, qui avait toujours conservé jusque-là sa position verticale. Cette disposition réalise un grand nombre d'avantages. Supérieure à la précédente sous le rapport de la stabilité, la machine horizontale s'applique plus immédiatement à une multitude d'industries. Elle supprime le mécanisme intermédiaire pour la transmission des mouvements, et permet de faire agir directement la puissance mécanique sur l'outil, ou la résistance à vaincre. Faciles à établir, les machines horizontales permettent à l'ouvrier de les visiter à chaque instant, et de s'assurer de l'état de leurs différentes pièces. Enfin, leur prix est peu élevé, et elles reçoivent avec beaucoup de facilité l'adjonction de la détente ; ce qui les rend très-économiques dans l'emploi journalier. Le seul reproche qu'on leur adresse, c'est d'occuper beaucoup d'espace en longueur, et de ne pouvoir se prêter à la condensation, c'est-à-dire de marcher toujours forcément à haute pression.

La figure 69, représente une machine à cylindre horizontal. B et C sont les deux capacités intérieures du corps de pompe, A le tuyau d'arrivée de vapeur, D le tiroir, *e* la tige du piston, conduite par deux galets, entre deux tringles parallèles, E la bielle articulée qui met en action la manivelle, et par suite le volant V et l'arbre de la machine.

Fig. 69. — Machine à cylindre horizontal.

Fig. 73. Machine oscillante.4° *Machines oscillantes.* — Dans ce genre de machines, qui diffèrent essentiellement des précédentes,

on supprime la bielle, et l'on articule directement la tige du piston à la manivelle qui fait tourner l'arbre moteur. Pour rendre ce mécanisme applicable, il a fallu donner de la mobilité au cylindre à vapeur lui-même, afin que la tige de son piston pût toujours être dirigée suivant son axe, malgré les diverses positions de la manivelle. Voici comment on est parvenu à atteindre ce résultat, qu'il était assez difficile de réaliser.

On fait supporter le cylindre A (fig. 73) par deux tourillons E, autour desquels il oscille, en tournant tantôt à droite, tantôt à gauche. Pour que le piston puisse toujours donner au cylindre qu'il entraîne une position convenable, on munit sa tige de deux roulettes F, F, glissant entre deux tringles. Comme les tourillons E sont les seules parties du cylindre qui restent immobiles pendant le mouvement continuel de la machine, c'est par l'intérieur de l'un d'eux que s'introduit la vapeur arrivant de la chaudière ; la vapeur qui a cessé d'agir s'échappe par le tourillon opposé. Les tiroirs qui sont destinés à distribuer la vapeur, sont portés par le cylindre, et suivent ses mouvements.

Les machines oscillantes, construites pour la première fois en Angleterre, en 1817, par Manby, ont été importées en France par M. Cavé. Leur disposition est en elle-même défectueuse, car tout l'effet de résistance s'y trouve supporté par deux tourillons mobiles, tandis que la condition première d'une bonne machine, c'est la solidité et l'inébranlable fixité des points d'appui. Aussi ce genre de machines à vapeur n'est-il pas propre à soutenir de longues années de travail ; il nécessite de fréquentes réparations.

L'avantage principal des machines oscillantes réside dans leur peu de volume. Elles conviennent particulièrement quand on est limité par l'emplacement.

Depuis l'année 1840 jusqu'à l'année 1855, on a fait un assez grand emploi des machines oscillantes, particulièrement pour les navires à vapeur, dans la vue de réduire l'espace occupé à bord du navire, par le mécanisme moteur. Mais l'usure extrêmement prompte des tourillons mobiles qui donnent accès à la vapeur, c'est-à-dire de la partie fondamentale de l'appareil, la difficulté de réparer ces avaries, enfin les obstacles qu'éprouve la vapeur à circuler dans les coudes et flexions du tuyau distributeur, ont fait généralement abandonner aujourd'hui ce genre de machines.

5° *Machines rotatives.* — Ces machines sont fondées sur des principes très-différents de ceux que nous avons considérés jusqu'ici. Leur but, c'est de supprimer toute espèce de moyen de transmission entre la force de la vapeur et le point d'application de cette force. Pour cela, au lieu de faire agir la vapeur dans un cylindre pourvu d'un piston, lequel est muni d'une bielle, laquelle agit ensuite sur un balancier, etc., on a eu l'idée de placer tout l'appareil moteur sur l'arbre même de la machine, de manière à supprimer tout engrenage et tout organe mécanique intermédiaire. Voici comment on est parvenu à ce résultat.

Une sorte de tambour creux et divisé en plusieurs compartiments qui communiquent entre eux par des soupapes, est porté sur l'arbre même de la machine, et peut, par conséquent, faire tourner cet arbre, par suite de son propre mouvement de rotation. La vapeur s'introduit dans l'un des compartiments intérieurs de ce tambour et s'écoule dans le condenseur. De nouvelle vapeur, arrivant ensuite par le même compartiment, vient y exercer sa pression, et cette pression n'étant plus contre-balancée, puisque le vide existe dans le compartiment qui suit, le tambour reçoit un mouvement de progression. Comme des effets semblables s'opèrent au même instant sur plusieurs points du tambour, il résulte de ces impulsions réunies un mouvement rapide et continu de rotation imprimé au tambour, qui se transmet nécessairement à l'arbre de la machine auquel le tambour est fixé.

L'idée des machines rotatives appartient à James Watt, qui l'a nettement formulée dans l'article 5 de son premier brevet. Un des plus illustres mécaniciens français, Pecquœur, exécuta le premier, une machine rotative susceptible d'application.

Ce genre d'appareil a beaucoup frappé, à une certaine époque, l'attention des mécaniciens. On voulait y voir le germe d'une révolution dans le mode d'emploi de la vapeur. Ces espérances étaient exagérées. Bien que les machines rotatives n'aient jamais reçu de véritables applications en grand, on a pu constater qu'elles ont l'inconvénient très-grave, de nécessiter une dépense excessive de combustible. Elles consomment, en effet, de 8 à 10 kilogrammes de houille par heure et par force de cheval. Ce rapport excède de beaucoup les pertes qu'il est raisonnable de tolérer pour l'emploi d'une machine, quels que soient les avantages qu'elle puisse offrir sous le rapport de sa simplicité et de son utilité spéciale pour un travail déterminé.

Cependant la machine rotative repose sur un principe excellent, et il serait téméraire de la condamner d'une manière absolue. Quelques perfectionnements apportés à l'ensemble de ses dispositions, l'emploi de la détente, des moyens plus faciles de construire et d'ajuster les pièces qui la composent et qui exigent une grande précision, permettraient sans doute de tirer un parti sérieux de cet appareil.

Nous terminerons ce chapitre en jetant un coup d'œil rapide sur les principes qui, de nos jours, règlent, ou tendent de plus en plus à régler, la construction et l'installation des machines à vapeur.

Le principe le plus important, celui qui domine aujourd'hui dans la construction de ces appareils, c'est d'approprier chaque genre de machine à l'usage particulier qu'elle doit remplir. Nos constructeurs ne s'attachent plus à fabriquer, comme autrefois, la machine à vapeur d'après un type uniforme et commun ; mais, au contraire, à varier ses dispositions et son mécanisme suivant le travail spécial auquel on la destine. Il y a peu de temps encore, on demandait à la même machine les applications les plus différentes, et quelquefois les plus hétérogènes. Quel que fût l'usage auquel elle était destinée, on la construisait toujours sur le même type. Il en est autrement aujourd'hui. Chaque branche d'industrie, et même chaque subdivision de l'une de ces branches, imprime à la machine à vapeur une disposition applicable au travail spécial qu'il s'agit d'effectuer. La vapeur n'est plus aujourd'hui qu'un instrument, qu'un outil, pour ainsi dire, auquel on s'applique à donner les formes les plus convenables à l'objet particulier qu'il doit remplir.

Un second principe auquel on tend de plus en plus à obéir aujourd'hui dans la construction des machines à vapeur, c'est de se passer, autant qu'on le peut, de ces organes intermédiaires, destinés à transmettre le mouvement, et que l'on employait autrefois sous tant de formes différentes. Les moyens de renvoi sont supprimés toutes les fois que cette suppression peut se faire sans nuire au jeu de la machine. Dans ce cas, c'est la tige même du piston sortant du cylindre à vapeur, qui est employée comme agent direct du mouvement.

Quelques exemples vont montrer l'application de ce principe. Dans la construction des machines destinées à l'élévation des eaux, on se contente souvent aujourd'hui de placer au-dessus de l'ouverture du puits, un cylindre à vapeur, le couvercle en bas ; et c'est la tige même du piston qui imprime, sans aucun intermédiaire, le mouvement aux pompes qui opèrent l'élévation des eaux. Dans les grandes usines destinées à l'extraction et au travail des métaux, telles que fonderies, ateliers de laminage, etc., c'est la tringle même du piston du cylindre à vapeur, qui met en mouvement des marteaux pesant 5 à 6 000 kilog. On fait agir de la même manière, une tige à vapeur pour faire office de pilon et opérer la pulvérisation de diverses substances. Les machines soufflantes utilisent, suivant le même procédé, le mouvement direct de la vapeur sans aucun organe de transmission. C'est enfin par le même procédé que l'on peut, à l'aide de la tringle même du piston d'un cylindre à vapeur, percer, couper, emboutir le fer, le cuivre ou la tôle. En un mot, toutes les fois qu'il est possible de supprimer les moyens intermédiaires pour la communication du mouvement, on réalise cette importante et utile simplification de mécanisme, auquel la vapeur, mieux que tout autre agent moteur, se prête avec facilité.

Cette espèce de révolution qui s'est opérée depuis quelques années dans la distribution de la force motrice, cette intelligente modification apportée à l'emploi de la vapeur, frappent les yeux quand on entre dans un atelier de constructions mécaniques, dans une usine à fer, etc. Dans ces usines, on voyait autrefois la force motrice concentrée sur un seul point et produite par une seule machine à vapeur. Elle rayonnait ensuite de là, en diverses directions, au moyen de poulies, de courroies, de renvois de mouvement, etc. Cette disposition entraînait la perte de beaucoup de force, par les frottements multipliés, et obligeait souvent à faire mouvoir une machine très-considérable pour ne produire qu'un effort très-faible, applicable à un travail particulier. Aujourd'hui, au lieu d'une seule machine imprimant, par des transmissions, le mouvement à tous les outils de l'atelier, on a autant de petites machines que d'établis ou de groupes d'outils. Une chaudière unique envoie la vapeur qui, se divisant dans un grand nombre de tubes secondaires, va porter à la fois le mouvement et la force en un grand nombre de points ; de telle sorte que l'ouvrier, en ouvrant seulement un robinet, a sous la main la puissance mécanique dont il a besoin, sans qu'il soit nécessaire de recourir aux courroies, aux embrayages, etc.

On a pu, grâce à ce nouveau système, appliquer à chaque travail le type de machine à vapeur qui lui est le mieux approprié.

Fig. 74. — Le mouton à vapeur.

Un simple cylindre avec son piston placé de haut en bas, suffit pour composer le *mouton à vapeur*. En tournant un robinet pour l'admission de la vapeur, l'ouvrier, comme on le voit dans la figure 74, qui représente le *mouton à vapeur*, élève à la hauteur nécessaire la lourde masse métallique qui doit faire office de marteau. Il la fait retomber en lâchant dans l'air, à l'aide d'un autre robinet, la vapeur qui remplissait le cylindre.

Le martelage, le cinglage, le laminage des fers, se font au moyen d'une machine spéciale appropriée à chacune de ces opérations. Le chariot qui dirige les grosses pièces sous le laminoir, fonctionne encore au moyen d'un simple cylindre à vapeur disposé particulièrement pour ce travail.

Tous ces faits caractérisent suffisamment et font comprendre l'espèce de révolution qui s'est opérée depuis quelque temps, dans le mode d'emploi de la vapeur.

Un autre principe nouveau, et qui tend à recevoir plus d'extension de jour en jour, consiste dans l'usage des *grandes vitesses*. La nécessité, qui se rencontre si souvent dans l'industrie, de réduire le poids et les dimensions des machines motrices, les avantages que procure cette réduction, ont amené à substituer aux machines d'un grand volume et d'une force considérable, des machines de dimensions plus faibles, mais produisant des mouvements infiniment plus rapides. Ainsi, dans les usines métallurgiques où l'on fond les métaux, en faisant usage de courants d'air puissants dirigés dans le foyer, au lieu d'employer des machines soufflantes marchant à un mètre par seconde, et qui exigent des cylindres à vapeur et des cylindres soufflants de très-grandes dimensions, on se sert de cylindres à vapeur plus petits, mais dans lesquels la vapeur, affluant par de larges orifices et agissant instantanément sur le piston, imprime à cet organe une vitesse quintuple et décuple du cas précédent.

Construites d'après ce principe, les machines à vapeur peuvent, avec des dimensions cinq ou six fois moindres, produire les mêmes effets mécaniques.

C'est le même principe qui a conduit à transmettre l'action du moteur principal à des arbres d'un petit volume, qui prennent dès lors des vitesses considérables. C'est parce qu'il permet de réaliser immédiatement les grandes vitesses, que le système des machines à vapeur rotatives nous paraît appelé à un certain avenir.

On a donné le nom, assez significatif, de *trotteuses* aux machines construites en vue de la production immédiate des grandes vitesses. M. Flaud construit, à Paris, des machines de ce genre, qui, produisant la force de vingt chevaux, n'occupent pas plus de place qu'une machine de deux à trois chevaux. Elles impriment au volant une vitesse de deux cent cinquante tours par minute.

Les machines dites *trotteuses* ont l'inconvénient de s'user assez promptement et d'être peu économiques, parce qu'elles admettent très-difficilement la détente ; mais elles rendent de grands services aux industries spéciales qui ont besoin de disposer d'un moteur puissant n'occupant qu'un très-petit espace et n'offrant que peu de masse, et par conséquent peu de poids.

CHAPITRE XIII

SYSTÈMES RÉCENTS AYANT POUR BUT DE MODIFIER L'EMPLOI DE LA VAPEUR COMME FORCE MOTRICE. — **MACHINE À VAPEURS COMBINÉES** OU **MACHINE À ÉTHER**. — **MACHINE À AIR CHAUD** OU **MACHINE ÉRICSSON**. — **MACHINE À VAPEUR RÉGÉNÉRÉE**. — **MACHINE À VAPEUR SURCHAUFFÉE**. — THÉORIE MÉCANIQUE DE LA CHALEUR.

Pour terminer cette notice, nous devons signaler des travaux tout à fait contemporains, qui tendent à opérer une véritable révolution dans le système général des machines à vapeur. L'Exposition universelle de 1862 a fait connaître les résultats de cette tendance de la science actuelle à produire des systèmes de machines fondés sur des principes tout nouveaux, et qui, dans un intervalle plus ou moins éloigné, amèneront peut-être un changement radical dans le mode d'emploi de la vapeur. Nous ne signalerons qu'en peu de mots ces dispositions nouvelles, qui sont aujourd'hui plutôt à l'état d'étude qu'à celui d'exécution.

Il est manifeste qu'une quantité énorme de calorique se perd dans les machines actuelles. Dans les machines à haute pression, la vapeur qui est rejetée dans l'air après avoir produit son effort mécanique, emporte une grande quantité de chaleur, qui, de cette manière, n'est point utilisée. La même perte existe dans les machines à condenseur, par la vapeur qui se liquéfie dans l'eau du condenseur, et cède à cette eau son calorique, lequel est ainsi perdu.

C'est pour remédier à ces pertes considérables de chaleur, et par conséquent, de combustible, que les physiciens et les constructeurs de nos jours ont imaginé différents systèmes, que l'on peut classer comme il suit :

Louis Figuier

1° Les *machines à vapeurs combinées*, c'est-à-dire celles dans lesquelles le calorique de la vapeur qui est perdue dans les machines actuelles, est employé à volatiliser un liquide, tel que l'éther sulfurique, ou le chloroforme, dont la vapeur, dirigée sous le piston d'un second cylindre, accolé au cylindre principal, vient exercer un effort mécanique, et ajouter ainsi son action à celle de la vapeur d'eau.

Dans la *machine à éther*, imaginée et construite par M. Du Tremblay, la vapeur à haute pression, en sortant d'un premier cylindre où elle a exercé, avec détente, son action sur le piston, traverse un grand nombre de petits tubes métalliques placés dans une boîte de métal, qui renferme une certaine quantité d'éther sulfurique. À l'intérieur de ces tubes, la vapeur d'eau se refroidit, se condense et retourne à la chaudière, qui se trouve ainsi alimentée, à partir de ce moment, avec de l'eau distillée. Cette circonstance, pour le dire en passant, est déjà fort avantageuse, puisqu'elle empêche les incrustations terreuses qui se font à l'intérieur des générateurs alimentés avec de l'eau ordinaire, et qu'elle diminue l'abondance des dépôts de sel qui se font dans les chaudières alimentées avec l'eau de la mer.

Échauffé par la condensation de la vapeur d'eau, l'éther contenu dans les petits tubes métalliques, entre en ébullition, et sa vapeur passe dans un second cylindre, dont elle met en mouvement le piston, à la manière ordinaire. La condensation de la vapeur d'éther s'opère en dirigeant cette vapeur à travers plusieurs petits tubes placés dans une boîte métallique, traversée incessamment par un courant d'eau froide. Revenu à l'état liquide, l'éther est ensuite repris par une pompe, qui le ramène au vaporisateur, d'où il doit être de nouveau volatilisé par la chaleur provenant de la condensation de la vapeur d'eau de la machine, et ainsi de suite.

On assure avoir constaté, avec la machine à éther, de M. Du Tremblay, une réduction de 50 pour 100 sur le combustible, pour produire le même effet qu'une machine ordinaire à haute pression et à condenseur.

La machine à *vapeur d'éther*, que l'on désigne quelquefois sous le nom impropre de *machine à vapeurs combinées*, est sortie du domaine de la théorie, pour entrer dans celui de la pratique. Quatre navires à vapeur, consacrés à un service régulier des transports de Marseille à Alger et Oran, ont été pourvus de machines à vapeur dans le système Du Tremblay. Ces quatre navires appartiennent à la société Armand Touache frères et compagnie. L'un, le *Du Tremblay*, est de la force de 70 chevaux. Le *Kabyle*, le *Brésil* et la *France* sont de 350 chevaux. — Il existe à Lyon, à la cristallerie de M. Billaz, une machine à vapeur d'éther, de la force de 50 chevaux. En Alsace, M. Stehélin, constructeur à Bittschwiller, a fait usage d'une machine du même genre, de la force de 50 chevaux. — À Blackwall, en Angleterre, on a construit un navire du port de 1200 tonneaux, *l'Orinocco*, dont les machines appartenaient au système à éther. — Enfin la compagnie franco-américaine Gauthier frères, de Lyon, a appliqué le même système au *Jacquart*, navire de la force de 600 chevaux, qui a fait, pendant quelque temps, le service du Havre à New-York.

La vapeur d'éther, employée comme force motrice, présente pourtant de graves dangers, en raison de son inflammabilité. Cette circonstance nous paraît de nature à empêcher son adoption définitive, surtout dans la navigation maritime. C'est donc avec raison que l'on a proposé de substituer à l'éther, le chloroforme, composé non inflammable, et qui jouit d'une force élastique supérieure encore à celle de l'éther.

M. Lafont, officier de notre marine impériale, a eu le mérite d'employer, dans une machine de ce genre, le chloroforme, que M. Du Tremblay avait d'ailleurs lui-même recommandé pour cet usage. La machine à chloroforme de M. Lafont, d'une force de 20 chevaux, a fonctionné pendant quatre ans, pour les travaux du port de Lorient. À la suite des résultats satisfaisants constatés pendant ce long service, le gouvernement a fait établir, à titre d'essai, un appareil tout semblable à bord du navire *le Galilée*, de la force de 125 chevaux.

Un mécanicien français, M. Tissot, a modifié les machines à vapeur d'éther, en supprimant la vapeur d'eau, et faisant uniquement usage d'éther sulfurique, additionné de 2 pour 100 d'une huile essentielle. Ce mélange paraît préférable à l'éther pur, en ce qu'il n'attaque pas, comme le fait l'éther, les pièces métalliques ; ce qui finit, à la longue, par occasionner des fuites, toujours dangereuses avec un liquide aussi inflammable que l'éther.

M. Tissot a établi cette machine à vapeur d'éther dans une brasserie de Lyon, où elle a fonctionné, selon lui, avec avantage [68].

Nous sommes fort peu partisan de toute machine de ce genre, dans laquelle on fait usage, non loin d'un foyer, d'un liquide éminemment volatil et éminemment inflammable. Nous répétons avec le rat de la fable :

Ce bloc *éthérisé* ne me dit rien qui vaille !

Il est arrivé, du reste, qu'un des paquebots pourvus d'une *machine à vapeurs combinées*, c'est-à-dire à vapeur d'eau et d'éther, s'est embrasé en pleine mer, par suite de l'inflammation de l'éther. Cet accident, qu'il était facile de prévoir, en dit plus que tous les raisonnements du monde.

Il y a mieux à faire, il nous semble, pour éviter les pertes de calorique des machines à vapeur ordinaires, que d'avoir recours à une vapeur inflammable, comme l'éther sulfurique. Nous croyons que les machines à vapeur d'éther, ou *à vapeurs combinées*, ont fait leur temps.

2° *Les machines à air chaud*. C'est à cette catégorie qu'appartient la *machine Ericsson* dont il a été si souvent question depuis 1852, dans les journaux américains et français.

Dans l'appareil qu'il a construit, M. Ericsson supprime complétement la vapeur d'eau, qu'il remplace par de l'air, alternativement échauffé et refroidi. La dilatation et la contraction successive qu'éprouve une masse d'air, contenue dans un espace limité, par suite de l'addition et de la soustraction du calorique à cette masse d'air, telle est la source de la puissance mécanique qui se trouve mise en jeu dans la *machine Ericsson*, dont voici les dispositions générales.

Un grand nombre de toiles métalliques, à mailles très-serrées, sont chauffées jusqu'à la température de 250 degrés. Une masse d'air froid traversant rapidement ces toiles métalliques, s'y échauffe instantanément, et se dilate aussitôt. L'impulsion produite par la dilatation de cet air, est mise à profit pour agir sur un piston, lequel joue dans un corps de pompe. Après avoir produit ce premier effet, la même masse d'air repasse à travers les mêmes toiles métalliques. Dans ce retour, le métal reprend à l'air la chaleur qu'il lui avait un moment communiquée ; de telle manière qu'en sortant de cette partie de l'appareil, l'air est presque aussi froid qu'à son premier départ. C'est la répétition de ces effets de dilatation et de contraction alternatives de l'air échauffé et refroidi qui détermine le jeu de l'appareil moteur.

On voit représentée (fig. 75) la première machine à air chaud que M. Ericsson ait construite, et qui a fonctionné dans plusieurs ateliers.

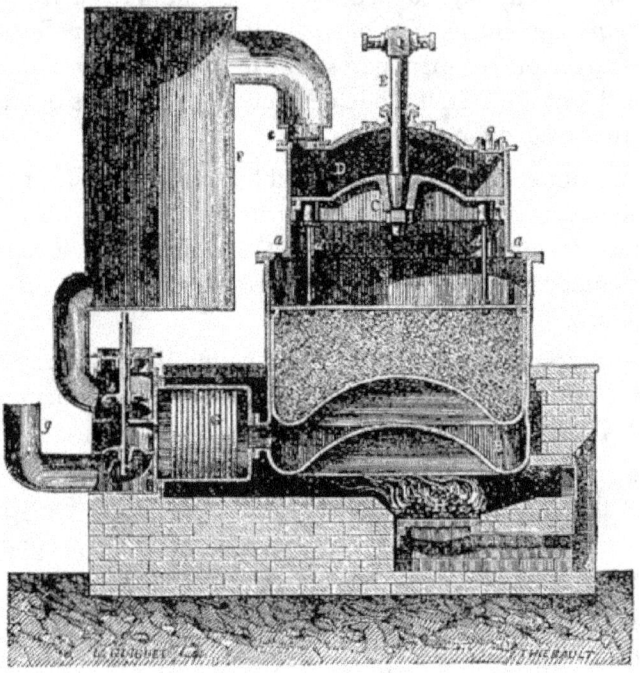

Fig. 75. — Machine à air chaud d'Ericsson.

A, est un large piston rempli, à l'intérieur, d'argile et de poudre de charbon, matières peu conductrices de la chaleur. Ce piston parcourt à frottement le cylindre B, lequel est en libre communication avec l'air extérieur grâce aux ouvertures *a*, *a*. C, est un second piston plus petit, rattaché au premier par les tiges de fer *d*, *d*. Ce second piston se meut dans le cylindre D, lequel communique, comme le premier, avec l'atmosphère par les ouvertures *a*, *a*. Le piston C, au moyen de la tige E, s'articule avec le balancier de la machine, qui n'est pas représenté sur la figure. F, est un vaste réservoir d'air comprimé. Le cylindre D communique d'une part avec l'atmosphère par la soupape c, qui s'ouvre de haut en bas, et d'autre part, avec le réservoir F, par la soupape e, qui s'ouvre de bas en haut. G est un assemblage de toiles métalliques serrées les unes contre les autres. L'air comprimé dans le réservoir F se rend dans le cylindre B, grâce à un large tube de communication, en passant au travers de ces toiles métalliques.

Quand la soupape b est fermée, et la soupape f ouverte, l'air contenu dans le cylindre B peut s'échapper dans l'atmosphère en traversant les toiles métalliques G, l'ouverture de la soupape f et le tuyau de dégagement g.

H est le foyer, placé sous le cylindre B. La flamme qui s'en échappe, circule dans un espace vide ménagé autour de la partie inférieure de ce cylindre, avant de se rendre dans la cheminée.

Expliquons maintenant la marche de l'air chaud et la manière dont se produit l'effet moteur.

La soupape b étant ouverte, et la soupape f fermée, l'air comprimé du réservoir F se rend dans le cylindre B, en traversant l'assemblage G de toiles métalliques, que la proximité du foyer maintient à une haute température. Il s'échauffe d'abord en traversant ces toiles métalliques, mais il s'échauffe surtout à l'intérieur du cylindre B, qui reçoit l'action du foyer. Par la dilatation de l'air, le piston A s'élève dans le cylindre BC, faisant monter en même temps que lui le piston C. L'air tenu au-dessus du second piston C, et qui s'y est précédemment introduit par la soupape c, est comprimé, et, soulevant la soupape e, passe dans le réservoir F. Ce réservoir F perd donc d'un côté une portion de l'air qu'il renfermait, et d'un autre côté en gagne une quantité égale, ce qui entretient à son intérieur une pression constante.

Lorsque les deux pistons A et C se sont ainsi élevés jusqu'à l'extrémité de leur course, la soupape b se ferme et la soupape f s'ouvre. L'air contenu au-dessous du piston A, peut donc s'échapper dans l'atmosphère, en traversant les toiles métalliques G, en sens opposé à celui dans lequel il les avait traversées précédemment. Alors les pistons A, C, redescendent, en vertu de leur propre poids, ou par l'action d'un contre-poids disposé dans ce but. En même temps la soupape *e* se ferme et la soupape *c* s'ouvre, de sorte que le haut du cylindre D se remplit d'air atmosphérique venant par cette dernière soupape. Lorsque les pistons A et C sont arrivés au bas de leur course, la soupape *f* se ferme, la soupape *b* s'ouvre, et le jeu de la machine recommence comme précédemment.

Cette machine est donc à simple effet. La force élastique de l'air ne sert qu'à pousser les pistons et la tige E de bas en haut ; elle ne contribue en aucune manière à les faire redescendre. Les pistons remontent par leur propre poids, comme dans l'ancienne machine de Newcomen ou dans la machine à vapeur à simple effet. Seulement, comme on dispose deux machines de ce genre, pour agir alternativement aux deux extrémités d'un même balancier, l'effet produit est le même que si l'on employait une machine à double effet agissant sur un seul balancier.

Voilà la première machine à air chaud que M. Ericsson ait construite. Elle ne réalisa pas l'économie de combustible qu'on en attendait. En outre les toiles métalliques destinées à reprendre à l'air sortant une partie de la chaleur qu'il renferme, ne donnèrent pas les résultats qu'on avait espérés. Aussi, M. Ericsson a-t-il supprimé ces toiles métalliques dans ses nouvelles machines à air chaud.

On a installé, de 1855 à 1860, sur des navires américains, quelques *machines Ericsson* ; mais leur usage n'ayant pas répondu à l'attente générale, la marine américaine n'a pas tardé à les abandonner.

La *machine Ericsson* a eu plus de succès dans les ateliers des manufactures, surtout pour ceux de la petite fabrication. Plusieurs de ces machines ont fonctionné, ou fonctionnent aujourd'hui, dans de petites manufactures d'Amérique, d'Angleterre et d'Allemagne ; mais on n'en a vu aucune en France jusqu'à ce jour.

Des constructeurs anglais, M. James Napier et MM. Tawcett et Preston, les fabriquent d'une manière courante. On les a simplifiées et agencées dans leurs organes de transmission d'une manière nouvelle et ingénieuse ; de sorte qu'elles peuvent rendre de bons services dans les petites usines, surtout dans celles qui n'ont pas besoin de force motrice d'une manière continue, ou qui sont établies dans des conditions telles que l'installation d'une machine à vapeur avec des chaudières, y serait impossible ou très-difficile.

La suppression de la chaudière et l'impossibilité absolue de toute explosion, rendent la machine Ericsson intéressante à plus d'un titre. Malheureusement, ses organes sont trop nombreux et trop délicats. Son entretien doit donc exiger des soins assidus et dispendieux.

À côté de la machine Ericsson vient se placer la *machine à air chaud* de M. Franchot, dont l'inventeur n'a encore exécuté aucun modèle de grande dimension, mais dont il a poursuivi l'idée pendant un très-grand nombre d'années, avec autant de persévérance que de talent.

Depuis l'année 1840, en effet, M. Franchot avait indiqué le parti avantageux que l'on peut retirer des toiles métalliques, pour la construction de machines motrices à air chaud.

Voici quelles sont les dispositions principales de la *machine à air chaud* de M. Franchot, qui constitue une excellente expression pratique des moyens par lesquels on peut appliquer au travail mécanique les gaz ou les vapeurs alternativement échauffés ou refroidis.

Cette machine se compose de quatre cylindres dont le bas est chauffé par un foyer, et la partie supérieure maintenue à une température peu élevée. Les deux capacités, chaude et froide, sont séparées par un piston, qui joue en même temps le rôle de déplaceur. Les quatre cylindres forment une *série circulaire*, dans laquelle le bas de chacun est en communication permanente avec le haut du suivant, au moyen d'un canal qui renferme des toiles ou lames métalliques présentant une très-grande surface. Le système entier se compose donc de quatre masses d'air isolées par les pistons déplaceurs. Chacune de ces masses d'air va et vient entre les capacités chaude et froide, qui communiquent entre elles. Dans ces passages, l'air abandonne et reprend alternativement de la chaleur aux toiles métalliques, dont il touche la surface étendue, et dont la température décroît graduellement d'un bout du canal à l'autre.

Ces variations alternatives de température, qui provoquent nécessairement des contractions et des dilatations dans le volume de l'air emprisonné, donnent lieu à un travail moteur continu, lequel est transmis à un arbre tournant, par les tiges des pistons déplaceurs, par des bielles et des manivelles convenablement disposées. La puissance de cette machine, pour des dimensions d'ailleurs égales, est susceptible de varier, si l'on fait usage d'un air plus ou moins comprimé.

Une machine à air chaud, construite et très-patiemment perfectionnée, par M. Pascal de Lyon, et que l'on connaît sous le nom de *machine Pascal*, a donné d'excellents résultats économiques, à côté d'énormes embarras pratiques.

À l'Exposition universelle de Londres, en 1862, on remarqua une machine à air chaud de M. Wilcox, dans laquelle le régénérateur à toiles métalliques d'Ericsson était remplacé par une série de canaux, formés par des feuilles de tôle ondulée ; et une autre machine, de M. Laubercau, exposée par M. Schwartzkopf, de Berlin, laquelle offrait aussi une construction particulière.

Nous représentons ici (fig. 76), mais seulement afin de donner une idée générale de la forme et de la disposition d'une machine à air chaud, un modèle, qui a fonctionné à titre d'essai, dans un atelier de Paris. A est le fourneau, B le cylindre, dans lequel l'air extérieur vient s'échauffer par le rayonnement du foyer ; G, le petit cylindre dans lequel l'air échauffé s'introduit, et qui, par l'effet de soupapes convenablement placées, met en action la tige D du piston, et par suite le volant E, et l'arbre de la machine.

Il est assez difficile de prévoir l'avenir qui est réservé aux machines à air chaud. Il y a, en effet, dans l'emploi, comme moteur, d'un gaz échauffé, substitué à l'action de la vapeur d'eau, divers inconvénients spéciaux, différentes difficultés pratiques, que nous allons énumérer.

On ne peut communiquer à l'air chaud une pression considérable nécessaire pour produire un grand effet mécanique, sans porter cet air à une température extrêmement élevée. Or, à ces températures, aucune pièce métallique ne peut longtemps résister. Les surfaces métalliques s'oxydent et se détériorent ; aucun frottement n'est plus possible à ces degrés extrêmes de température. Les tiroirs qui servent à l'introduction et à la distribution de l'air chaud, se déforment ; les garnitures se brûlent ; les segments du piston se soudent ; les huiles qui lubrifient les rouages, distillent ou se décomposent. En un mot, ces températures élevées font une guerre incessante à tout organe mécanique.

Louis Figuier

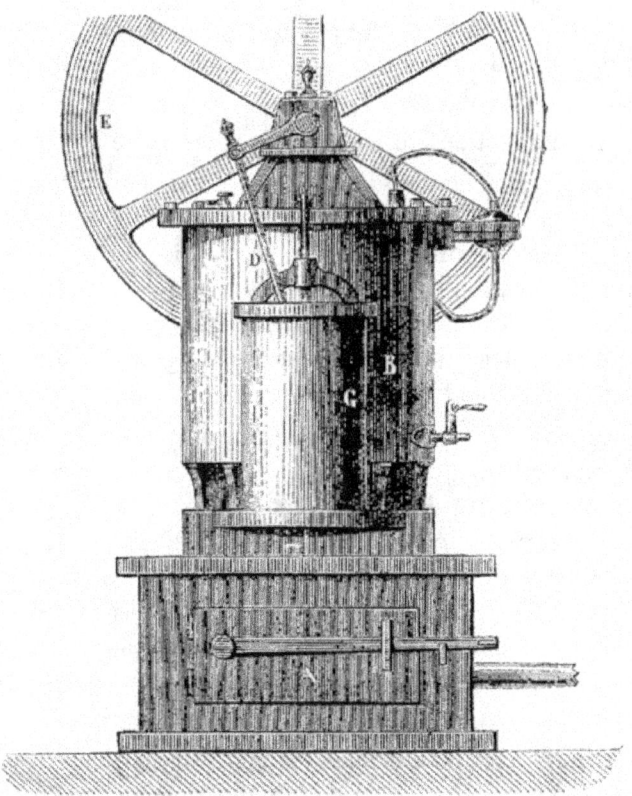

Fig. 76. — Modèle de machine à air chaud.

La vapeur d'eau employée dans les machines ordinaires (qu'on le remarque bien, car c'est là un de ses plus précieux avantages) n'exerce aucune action destructive de ce genre sur les organes des machines. Sa température n'atteint jamais plus de 150 à 170°, dans les machines où elle agit avec les plus énergiques pressions. Bien plus, dans toutes les machines à vapeur, quelle que soit la tension de l'agent moteur, l'eau qui est entraînée avec la vapeur, à l'état globulaire ou par simple projection, vient sans cesse lubrifier les surfaces métalliques. Elle émulsionne les huiles qui graissent les rouages, et ne fait qu'adoucir leur jeu. En même temps, elle les refroidit constamment, par son évaporation, et laisse aux garnitures toute leur élasticité.

Le défaut que nous venons de signaler est fondamental, et sera toujours l'obstacle le plus sérieux, irrémédiable peut-être, au développement des machines à air chaud, quelles que soient leurs dispositions secondaires.

Voici maintenant des difficultés d'un autre ordre.

L'air, étant mauvais conducteur de la chaleur, est très-lent à s'échauffer, et très-lent à se refroidir, une fois chaud. Il est presque impossible de l'échauffer à travers les parois d'un récipient, et le meilleur parti à prendre, c'est de le chauffer, non à travers les parois d'un récipient, comme dans la machine Ericsson, mais en le faisant passer directement sur le combustible en ignition, ainsi qu'on le fait dans la *machine Pascal* de Lyon.

Mais, en raison de sa mauvaise conductibilité, l'air, une fois chaud, se refroidit lentement. La *condensation* nécessaire pour produire l'effet moteur, se fait donc avec lenteur et difficulté. De là naît ce que l'on a appelé l'*équilibre de température*, c'est-à-dire qu'après un certain temps de fonctionnement, les *régénérateurs*, les *toiles métalliques*, le *cylindre régénérateur*, et tous les autres organes qu'on tenterait d'introduire comme intermédiaires, tout arrive à la même température. Par suite, la pression étant égale à la contre-pression, le piston moteur s'arrête.

Disons enfin, que l'air chaud ne pourrait servir avec efficacité comme moteur dans les machines qui doivent alternativement s'arrêter et se mettre en action. Les machines à air chaud sont très-longues à mettre en train. Il faudrait, pour ainsi dire, pouvoir installer à côté d'une machine à air chaud, un moteur à eau, d'une puissance capable de mettre en mouvement par lui-même, la pompe à air de la machine à air chaud.

Ces considérations montrent qu'il existe des difficultés bien graves dans l'emploi de l'air chaud comme moteur. Nous ne voulons pas nier, assurément, que ce problème, si important au point de vue de l'économie et de la sécurité, soit jamais réalisé ; nous avons seulement voulu mettre en relief les difficultés essentielles de la question, au double point de vue théorique et pratique.

3° *Les machines à vapeur régénérée.* — Au lieu d'échauffer et de refroidir alternativement une même masse d'air, on peut, abordant le problème par un autre moyen, réchauffer la vapeur qui sort du cylindre après avoir exercé son action sur le piston, et la renvoyer ensuite dans ce même cylindre. Au lieu de laisser perdre la vapeur, dans l'air ou dans le condenseur, on peut lui restituer, au moyen d'un foyer, la chaleur qu'elle a perdue, de manière à la ramener à la tension qu'elle possédait lorsqu'elle opérait dans le cylindre le refoulement du piston.

Fig. 77. — Modèle d'une machine à air chaud à cylindres moteurs horizontaux.

La force élastique de la vapeur d'eau croît rapidement avec la température ; de telle sorte que lorsqu'elle est portée au-dessus de 100 degrés, elle n'a plus besoin que d'un petit nombre de degrés de chaleur pour acquérir une tension très-considérable. On réaliserait donc une grande économie si l'on pouvait conserver toujours dans une machine, la même vapeur, en lui restituant le calorique qu'elle a perdu après chaque coup de piston, c'est-à-dire en la rendant propre à recommencer continuellement le même effet. C'est en cela que réside le principe des nouvelles machines à vapeur dite *régénérée*.

La pensée de restituer à la vapeur le calorique qu'elle a perdu pendant qu'elle exerçait sur le piston son action mécanique, préoccupe depuis bien longtemps les physiciens. C'est sur un principe tout à fait analogue que Montgolfier, à la fin du dernier siècle, avait essayé de construire une machine qu'il désignait sous le nom de *pyrobélier*. Un volume d'air limité était dilaté par l'action de la chaleur. Par sa pression, cet air dilaté soulevait une colonne d'eau. On rendait ensuite à cette même masse d'air refroidie le calorique qu'elle avait perdu. De nouveau dilatée par la chaleur, elle soulevait encore la colonne d'eau, et ainsi indéfiniment.

En 1806, Joseph Niepce, le créateur de la photographie, avait construit, avec l'aide de son frère, un appareil qu'ils désignaient sous le nom de *pyréolophore*, et dans lequel l'air brusquement chauffé devait produire les effets de la vapeur.

L'illustre inventeur des chaudières tubulaires, M. Séguin aîné, neveu de Montgolfier, n'a jamais cessé de suivre la même pensée. Dès l'année 1838, M. Marc Séguin s'était occupé d'employer la vapeur dans ces conditions. Le 3 janvier 1855, il présenta à l'Académie des sciences son curieux projet de *machine à vapeur pulmonaire*, par laquelle il espère parvenir à restituer à la vapeur, avec d'immenses avantages, la chaleur qu'elle a perdue après chaque expansion périodique.

Enfin un ingénieur prussien établi en Angleterre, M. Siemens, a construit un appareil fondé sur le principe du réchauffement de la vapeur refroidie et détendue. Comme ce dernier système réalise une économie de près des deux tiers du combustible, le modèle de M. Siemens a été exécuté en Angleterre par MM. Fox et Henderson, sur une machine de la force de 100 chevaux.

La machine *à vapeur régénérée* de M. Siemens, figura à l'Exposition de 1855. Ce modèle était d'une force de 40 chevaux, et offrait les dispositions suivantes.

À côté du cylindre à vapeur se trouvent disposés deux autres cylindres plus petits. En sortant du grand cylindre où elle a exercé son action sur le piston, la vapeur est ramenée, en traversant des toiles métalliques, au fond des deux petits cylindres qui sont directement échauffés par la flamme de deux foyers. La vapeur, détendue dans le grand cylindre, dont le piston a un diamètre double de celui des pistons travailleurs, revient dans l'un ou l'autre des cylindres réchauffeurs, selon qu'elle a agi au-dessus ou au-dessous du grand piston. Dans cette machine, la vapeur passe successivement de 5 atmosphères, tension qu'elle atteint dans le fond des cylindres, à 1 atmosphère, tension à laquelle elle est réduite dans le grand cylindre, d'abord par son refroidissement à travers les toiles métalliques, ensuite par l'augmentation de volume due au diamètre du cylindre régénérateur. Les tiges des trois pistons viennent s'articuler sur une même manivelle.

On voit tout de suite l'extrême analogie qui existe entre la tentative de M. Siemens et celle de MM. Ericsson et Franchot. Ces derniers emploient toujours la même masse d'air alternativement échauffée et refroidie ; M. Siemens emploie toujours la même vapeur alternativement réchauffée et refroidie. Dans ces deux genres de machines, on obtient donc le mouvement par le changement successif de température et de volume d'un même gaz, qu'on échauffe et qu'on refroidit tour à tour ; et le moyen employé pour soustraire le calorique est le même dans les deux appareils, puisqu'il consiste dans l'interposition de toiles métalliques que traverse le gaz échauffé.

4° *Machine à vapeur surchauffée.* — Dans ces machines, la vapeur est dirigée, après sa formation, à travers un foyer, pour y acquérir une tension considérable par l'accumulation du calorique.

L'idée des machines *à vapeur surchauffée*, qui sont aujourd'hui tout à fait à leurs débuts, est venue pour la première fois, à la suite des belles expériences de M. Boutigny sur l'état sphéroïdal de l'eau. Ses idées furent développées et appliquées d'abord par M. Testud de Beauregard, qui n'obtint pourtant aucun succès pratique. Plus tard, MM. Galy-Cazalat et Isoard se sont surtout distingués dans cette voie. Ce dernier mécanicien a employé la vapeur d'eau à des tensions énormes. On peut encore citer comme s'étant occupés avec succès de la même question, MM. Séguin jeune, Belleville de Nancy, Hédiard et Clavière.

Deux Américains, MM. Wathered, avaient présenté à l'Exposition universelle de 1855, une machine à vapeur surchauffée, qui fut peu remarquée et qui méritait pourtant l'attention.

Dans la machine *à vapeur surchauffée* de MM. Wathered, la vapeur engendrée dans un générateur, qui est tubulaire comme celui des locomotives, mais placé verticalement, se divise en deux parties. L'une se rend directement, comme à l'ordinaire, dans une chambre à vapeur qui précède le cylindre ; l'autre est dirigée par un tuyau, dans un serpentin installé dans le *carneau* et dans le dôme de la cheminée. En circulant à travers les spires du serpentin, cette vapeur s'échauffe considérablement et atteint une température de 300 à 400 degrés. Ainsi surchauffée, elle vient se réunir, dans la chambre à vapeur qui précède le cylindre, à la vapeur ordinaire qui est venue directement du générateur. Il résulte de ce mélange de deux vapeurs, que la vapeur surchauffée cède à la vapeur ordinaire une partie de son excès de température ; qu'elle vaporise l'eau que cette dernière contenait à l'état liquide, et lui donne une grande tension. Le mélange de ces deux vapeurs entre alors dans le tiroir de distribution, et pénètre de là dans les cylindres, où elle produit son effet mécanique.

Les dispositions nouvelles que l'on tend aujourd'hui à donner à la machine à vapeur, et que nous avons exposées avec quelques détails, parce qu'elles représentent le côté véritablement neuf et original de cette question, résultent de vues théoriques d'un ordre élevé, auxquelles les physiciens ont été conduits dans ces derniers temps. D'après une théorie adoptée aujourd'hui par presque tous nos savants, la force mécanique propre à un fluide élastique ou à une vapeur, ne serait que la conséquence de la perte de calorique occasionnée par l'expansion de ce gaz ou de cette vapeur. Si un piston s'élève sous l'impulsion de la vapeur d'eau, cet effet mécanique est dû, selon la doctrine nouvelle, à la perte de calorique que la vapeur subit en se dilatant : de telle sorte que la chaleur semble se métamorphoser ici en travail mécanique.

Il est certain que quand la vapeur agit sur un piston pour le soulever, elle éprouve un refroidissement considérable, et qu'à sa sortie du cylindre, elle ne contient plus qu'une partie du calorique qu'elle y avait apporté. Le travail mécanique exécuté par la vapeur, peut donc être considéré comme la différence entre le calorique que la vapeur présentait à son entrée dans le cylindre et celui qu'elle conserve à sa sortie. Ainsi la chaleur paraît s'être métamorphosée en mouvement, au sein de la machine.

Rien ne se perd, rien ne se crée dans la nature ; cette grande vérité, issue des découvertes de la chimie, semble trouver dans les faits empruntés à la physique, une confirmation nouvelle. En effet, dans le cas que nous considérons, le calorique de la vapeur n'a point péri, il a seulement changé de nature ; il s'est transformé en mouvement.

On remarquera, à l'appui de cette belle explication de l'action mécanique des gaz et des vapeurs, que, si l'on comprime vivement de l'air ou un gaz dans un tube, il se produit de la chaleur ou de la lumière. C'est l'effet inverse de ce qui se passe lorsqu'une vapeur échauffée exerce une action mécanique : la vapeur se dilate, et elle se refroidit. Dans le premier cas, le calorique prend naissance par la condensation du gaz ; dans le second, le calorique se perd par la dilatation de la vapeur.

La théorie mécanique de la chaleur a été établie par les calculs d'un grand nombre de physiciens éminents, en particulier par les travaux de MM. Victor Regnault, Hirn, Mayer, Joule, Thomson et Renkine. Cette théorie conduit à une conclusion véritablement désespérante en ce qui concerne la valeur pratique de nos machines à vapeur actuelles. Il résulterait, en effet, des calculs exécutés par M. Regnault, en partant de cette théorie de l'assimilation de la chaleur au travail mécanique, que nos meilleures machines à vapeur n'utiliseraient que le *quarantième* de la chaleur transmise à l'eau par le foyer, quand il s'agit de machines sans condenseur, et le *vingtième* quand il s'agit de machines à condenseur.

Ainsi nos machines à vapeur actuelles ne représenteraient guère que l'enfance de l'art. Voici en quels termes M. Regnault exprime lui-même ces résultats :

« Dans une machine à détente sans condensation, où la vapeur pénètre à 5 atmosphères et sort sous la pression de 1 atmosphère, la quantité de chaleur utilisée par le travail mécanique est seulement *un quarantième de la chaleur donnée à la chaudière...* Dans une machine à condensation, recevant de la vapeur à 5 atmosphères, et dont le condenseur présenterait une force élastique de 55 millimètres de mercure, l'action mécanique est un peu plus du *vingtième* de la chaleur donnée à la chaudière. »

Nous devons ajouter cependant que M. Siemens, dans son mémoire sur la *conversion de la chaleur en effet mécanique*, donne un chiffre beaucoup moins affligeant que celui de M. Regnault, puisqu'il admet que nos machines utilisent le *sixième* du calorique dégagé par le foyer.

Fig. 78. — Victor Regnault.

Quoi qu'il en soit de ces divergences sur le chiffre, tous nos physiciens s'accordent aujourd'hui à reconnaître, en fait, que l'on n'utilise dans les machines à vapeur actuelles qu'une très-faible partie de la force vive produite par le combustible brûlant dans le foyer. Il y a donc de grands perfectionnements à réaliser, pour tirer un plus utile parti du calorique, et l'on ne peut qu'encourager à la tendance qui existe aujourd'hui à créer des machines nouvelles où la vapeur reprendrait, après chacune de ses impulsions périodiques, le calorique qu'elle a perdu.

Ainsi la théorie prouve que l'on n'utilise, dans nos machines à vapeur actuelles, qu'une bien faible partie de la force vive produite par le combustible qui brûle dans le foyer.

Mais, d'autre part, nous avons montré, en passant en revue les machines récemment proposées pour remplacer la vapeur par l'air chaud, ou par tout autre expédient, que ces divers moyens se sont montrés impuissants dans la pratique, et qu'ils ne justifient en rien, du moins quant à présent, leur prétention de remplacer la vapeur.

Il nous est donc permis, pour clore cette notice, de dire, en paraphrasant un mot célèbre dans notre histoire nationale :

« Le boulet qui doit tuer la vapeur n'est pas encore fondu ! »

NOTES

1.   Heronis Alexandri Spiritalia (Veterum mathematicorum Opera, in-4o, p. 202).

2.   Notice historique sur les machines à vapeur (Notices scientifiques, t. II, p. 6).

3.   Cette erreur de l'ancienne physique sur la transformation de l'eau en air par l'action de la chaleur, se prolonge, d'ailleurs, longtemps après le philosophe d'Alexandrie. Le célèbre architecte romain Vitruve, contemporain d'Auguste, dit, en parlant de l'éolipyle, appareil très-anciennement connu : « Les éolipyles sont des boules d'airain qui sont creuses et qui n'ont qu'un très-petit trou par lequel on les remplit d'eau. Ces boules ne poussent aucun air avant d'être échauffées ; mais, étant mises devant le feu, aussitôt qu'elles sentent la chaleur, elles envoient un vent impétueux vers le feu, et ainsi enseignent par cette petite expérience des vérités importantes sur la nature de l'air et des vents. » Ces vues erronées étaient encore professées au XVIe siècle. Cardan, par exemple, s'exprimait ainsi : « Vitruve apprend à faire des vases qui produisent du vent : ils sont ronds et fermés de toutes parts, à la réserve d'un seul trou qui est muni d'un tuyau très-étroit ; on les remplit d'eau et on les présente au feu ; le liquide se transforme en air, s'échappe par le tuyau, et augmente l'ardeur du brasier. » Au XVIIe siècle, Claude Perrault, dans sa traduction de Vitruve, reproduit cette théorie. À la même époque, l'illustre physicien anglais Boyle continuait à admettre la transformation de l'eau en air par l'action de la chaleur.

4.   Anthémius de Tralles, le plus habile architecte du temps de l'empereur Justinien, et qui construisit l'église de Sainte-Sophie.

5.   Annales de l'industrie nationale et étrangère, t. IX, p. 704.

6.   Histoire descriptive de la machine à vapeur, traduit de l'anglais de Robert Stuart (Robert Mickelham), in-12, p. 32. Paris, 1827.

7.   Notice biographique sur James Watt (Notices biographiques, t.

I, p. 394).

8.   Notice historique sur les machines à vapeur (Notices scientifiques, t. II, p. 19).

9.   Les Éléments de l'artillerie, concernant tant la théorie que la pratique du canon, par le sieur de Flurance Rivault, 1658, p. 150.

10.   Notice historique sur les machines à vapeur, machines dont les Français peuvent être regardés comme les premiers inventeurs, par M. Baillet, inspecteur divisionnaire au corps impérial des mines (Journal des mines, mai 1813, p. 321).

11.   C'est en raison de cette circonstance qu'un décret impérial, du 2 mars 1864, a donné le nom de rue Salomon de Caus, à l'une des rues qui encadrent le square des Arts-et-Métiers, à quelques centaines de mètres de l'emplacement de l'ancien cimetière de la Trinité, où reposèrent les restes mortels de Salomon de Caus.

12.   Il ne faudrait pas conclure de l'emploi du mot vapeur par l'auteur des Raisons des forces mouvantes, qu'il possédât des notions exactes sur la vaporisation des liquides. Le terme de vapeur existait dans le langage, parce qu'il représentait une forme de la matière depuis longtemps observée ; mais la nature du phénomène qui donne naissance aux vapeurs était inconnue à cette époque. La théorie de la vaporisation, entièrement ignorée du temps de Salomon de Caus, fut encore un mystère plus d'un siècle après lui. Pendant tout le XVIIe siècle, on continua de confondre avec l'air atmosphérique les vapeurs qui se forment pendant l'ébullition des liquides. Salomon de Caus avait des idées si inexactes à cet égard, que, dans le théorème dont nous parlons, il prétend que la vapeur d'eau est plus légère que la vapeur de mercure, d'après ce fait, que la vapeur du mercure se condense sur la vaisselle dorée, tandis que la vapeur d'eau continue de s'élever dans l'air.

13.   Les Raisons des forces mouvantes, 1615, p. 4.

14.   Notice historique sur les machines à vapeur (Notices scientifiques, t. II, p. 15).

15.   « Dans la machine de Salomon de Caus, dès que la pression de la vapeur a produit son effet, un ouvrier remplace l'eau expulsée à l'aide d'un orifice situé à la partie supérieure de la sphère métallique et qui s'ouvre ou se ferme à volonté. » Notice historique sur les machines à vapeur (Notices scientifiques, t. II, p. 34).

Louis Figuier

16.   Notices biographiques, t. I, p. 398.

17.   On peut consulter sur ce qui précède les écrits et ouvrages suivants : L'Esprit dans l'histoire, par Éd. Fournier, page 263 ; — Comptes rendus de l'Académie des sciences, 1862, 2e semestre, page 134 (communication de M. Ch. Read) ; — Bulletin de la Société d'histoire du protestantisme français, 1862, pages 301-312 ; 1864, page 193 ; — enfin le journal l'Intermédiaire des chercheurs et curieux, 1865, pages 609 et 641.

18.   Le Machine del signor G. Branca, p. 24.

19.   Au XVIe siècle, Cardan avait décrit une machine à peu près semblable sous le nom demachine à fumée. Elle était formée de feuilles de tôle taillées à peu près comme des ailes de moulin et disposées de la même manière autour d'un axe mobile ; on la plaçait horizontalement dans le tuyau d'une cheminée. On attribuait à la fumée le principe d'action de cette machine ; mais Cardan remarque avec raison que la flamme semble plutôt contribuer à ces effets.

20.   Histoire descriptive de la machine à vapeur, p. 35.

21.   M. Delécluze a fait connaître, en 1841, dans le Journal l'Artiste, un croquis assez informe retrouvé dans les manuscrits de Léonard de Vinci, représentant un instrument que l'illustre peintre de la renaissance désigne sous le nom d'architonnerre. Cet appareil était fondé sur les propriétés explosives de la vapeur d'eau comprimée. On reconnaît, en effet, en examinant avec soin ses dispositions, que la vapeur n'y pouvait agir qu'en le faisant éclater en mille pièces. M. Delécluze a vu dans cet instrument un véritable canon à vapeur et l'a décrit comme tel. L'écrivain des Débats nous permettra de ne pas accepter son interprétation ; l'architonnerre ne pouvait servir à chasser un boulet, mais simplement à tuer, par suite de son explosion inévitable, l'imprudent qui aurait essayé de l'employer.

22.   Robert Stuart va jusqu'à mettre en doute la réalité des inventions du marquis. « S'il est vrai, dit cet historien, que le marquis ait jamais fait des expériences sur l'élasticité de la vapeur (car il est permis de mettre en doute l'expérience du canon), ou ait tenté de mettre à exécution son projet, en construisant une machine, il est vrai de dire qu'il ne reste aucune trace ni de ses expériences, ni de son appareil : aussi il est plus raisonnable de révoquer en doute les travaux dont il se glorifie. La clause de l'acte du parlement par laquelle on lui accorde le privilége de son monopole fortifie singulièrement notre soupçon, et lui donne presque un

caractère de certitude : car il y est expressément dit (et cette clause prouve que le procédé était tout nouveau) que le brevet a été délivré au marquis sur sa simple affirmation qu'il était l'auteur de la découverte. Il n'est pas vraisemblable qu'on eût motivé ainsi son brevet, s'il eût eu une machine à montrer ou une expérience à rapporter. »

23.   Lettre de M. Hautefeuille à M. Bourdelot, premier médecin de madame la duchesse de Bouillon, sur le moyen de perfectionner l'ouïe. 1702, brochure, p. 14.

24.   Dialoghi di Galileo (Opere di Galileo Galilei, t. II, p. 489).

25.   « La force de cette inclination est limitée, et toujours égale à celle avec laquelle l'eau d'une certaine hauteur, qui est environ de trente et un pieds, tend à couler en bas. » (Œuvres de Blaise Pascal, édition de 1779, t. IV, p. 67.)

26.   Voyez, à ce sujet, la réponse de Pascal dans sa Lettre à M. L. Pailleur (Œuvres de Pascal, t. IV).

27.   Descartes, dans une lettre adressée à Carcavi (en juin 1649), prétend qu'il a conseillé cette expérience à Pascal, et se plaint de ce que celui-ci ne l'ait pas tenu au courant de ce qui se faisait par son instigation. Que faut-il penser de ces insinuations ? Peut-être Descartes s'exagérait-il à lui-même l'importance de quelques conseils, plus ou moins tardifs, adressés à son heureux émule.

28.   Œuvres de Blaise Pascal, t. IV, p. 346.

29.   C'est pour consacrer le souvenir de ce grand fait, que la statue de Pascal a été placée, en 1856, au bas de la tour Saint-Jacques-la-Boucherie, dans la rue de Rivoli.

30.   « Vel ac si globus ab altissima turre, lapsu graviore, projectus fuisset. » (Ottonis de Guericke Experimenta nova Magdeburgica de vacuo spatio, Amstelodami, 1672, p. 75.)

31.   Acta eruditorum Lipsiæ, septemb. 1688.

32.   Histoire de Blois, 1782. Épître-dédicace.

33.   Les modifications apportées par Denis Papin à la machine pneumatique d'Otto de Guericke se trouvent reproduites dans un article de Papin, imprimé dans les Actes de Leipsick, au mois de juin 1687, sous ce titre : Augmenta quædam et experimenta nova circa antliam pneumaticam, facta partim in Anglia, partim in Italia.

34.   Journal des savants, du 17 février 1676.

35.   Roberti Boyle Opera varia. Genève, 1682, t. II.

36.   La traduction française du New Digester fut publiée à Paris, eu 1682, par Comiers sous ce titre : La manière d'amollir les os et de faire cuire toutes sortes de viandes en fort peu de temps et à peu de frais, avec une description de la machine dont il se faut servir pour cet effet, ses propriétés et ses usages, confirmés par plusieurs expériences, nouvellement inventée par M. Papin, docteur en médecine.

37.   Opera, in-4o, 1768, t. I, p. 165.

38.   La Manière d'amollir les os, p. 10.

39.   Journal des savants, 1684, p. 82.

40.   La description de cette machine a été publiée par Papin dans les Actes de Leipsick(Acta eruditorum Lipsiæ), décemb. 1688, p. 644, sous ce titre : De usu tuborum prægrandium ad propagandam in longinquum vim motricem fluviorum. Elle a été reproduite dans un autre ouvrage de Papin : Recueil de pièces diverses, imprimé à Cassel, en 1695.

41.   De novo pulveris pyrii usu (Acta eruditorum Lipsiæ, septembre 1688, p. 496).

42.   Pendule perpétuelle avec un nouveau balancier, et la manière d'élever l'eau par le moyen de la poudre à canon, et autres nouvelles inventions contenues dans une lettre adressée par M. de Hautefeuille à un de ses amis. 1678, p. 16.

43.   Pendule perpétuelle, etc., p. 90.

44.   Réflexions sur quelques machines à élever les eaux, avec la description d'une nouvelle pompe sans frottement et sans piston, adressées par M. de Hautefeuille à madame la duchesse de Bouillon, p. 9.

45.   Nouvelle force mouvante par le moyen de la poudre à canon et de l'air, par Huygens de Zulichem (Divers ouvrages de mathématiques et de physique, par Messieurs de la Société royale des sciences, p. 320).

46.   Bien qu'il soit difficile de remonter, par la pensée, la suite d'idées qui amènent un homme de génie à la réalisation d'une grande découverte, il ne nous semble pas impossible de déterminer comment Papin fut conduit à reconnaître ce fait fondamental, que la condensation de la vapeur d'eau donne le moyen d'opérer le vide dans un espace fermé. Si nous ne nous trompons, il puisa cette idée dans une expérience faite en 1660 par Robert Boyle. Le physicien irlandais avait reconnu qu'en plongeant dans l'eau froide un éolipyle ou un tube de verre rempli de

vapeurs, l'eau s'y élevait aussitôt et remplissait l'éolipyle comme par succion. Boyle, qui conservait encore les anciennes idées sur la transformation de l'eau en air par la chaleur, et qui parle ailleurs des moyens d'engendrer l'air artificiellement, ne put se rendre un compte exact de ce phénomène. Mais trente ans après, Papin, plus familiarisé avec l'usage et les propriétés de la vapeur, en reconnut la véritable nature, et il y trouva le moyen de faire le vide à volonté dans un espace clos. (Voyez le passage original dans l'ouvrage de Boyle : New Experiments physico-mechanical touching the spring of the air and its effects, p. 31-36. Oxford, 1660.)

47.   Voyez la figure 29.

48.   Lettres inédites de Papin, publiées par M. Bunsen, professeur de physique à Marbourg.

49.   Lettre touchant la manière de tirer l'eau des mines avec peu de peine, quand même les rivières sont trop éloignées pour y servir. À Son Excellence monseigneur le comte de Sintzendorff (Recueil de pièces diverses touchant quelques nouvelles machines, par le docteur Papin, imprimé à Cassel, par Jacob Étienne, 1695).

50.   « He was neither philosopher nor mechanician » (Philosophical Magazine, 1822, t. II, p. 49).

51.   L'Ami du mineur, ou Description d'une machine pour élever l'eau par le feu, et la manière de la placer dans les mines, avec un exposé des différents usages auxquels elle est applicable, et une Réponse aux objections faites contre elle, par Thomas Savery. Londres, 1702.

52.   The miner's Friend.

53.   Dans ses expériences sur le digesteur, Papin ne se servit jamais du thermomètre. Pour évaluer la température de la vapeur qui remplissait l'appareil, il se contentait de laisser tomber une goutte d'eau sur le couvercle du digesteur ; le nombre de secondes que cette goutte d'eau employait à s'évaporer lui servait d'indice comparatif et de moyen de mesure pour déterminer approximativement la température de la vapeur (Voyez Manière d'amollir les os, p. 12.)

54.   Cette division en 212 parties, en apparence assez arbitraire, avait été adoptée par Fahrenheit parce qu'il avait trouvé par expérience que 11 124 parties de mercure, en volume, chauffées depuis le terme 0 jusqu'à l'eau bouillante, se dilatent au point d'en constituer alors 11 336, c'est-à-dire de présenter une dilatation de 212 parties en volume.

55.   C'est le physicien Celsius qui détermina les physiciens à abandonner, pour la graduation du thermomètre, la considération du volume de la liqueur enfermée dans l'instrument, et à s'en tenir aux points fixes sans avoir égard à la dilatation du liquide qu'il contient. Fahrenheit et Réaumur avaient, au contraire, établi la division de leur instrument en comparant la grandeur de chaque degré à la masse totale du liquide renfermé dans le réservoir. Ainsi, chaque degré de l'échelle du thermomètre à alcool de Réaumur indiquait que la liqueur s'était dilatée d'un millième de son volume à zéro, et chaque degré du thermomètre de Fahrenheit représentait une dilatation de 1/212. Un Genevois, nommé Ducrest, avait émis cette idée une année avant Celsius ; mais le point fixe qu'il avait choisi était fautif, puisqu'il l'avait déterminé en plaçant simplement l'instrument dans les caves de l'Observatoire de Paris. En choisissant pour le terme 0 le point de la glace fondante, Celsius donnait à son thermomètre un point fixe qui réunissait tous les avantages possibles par la certitude de ce terme, par sa constance et par la facilité de le reproduire en toute occasion. C'est donc au physicien suédois qu'il convient de faire honneur de la perfection que le thermomètre présente de nos jours.

56.   Quand l'eau se congèle, elle met en liberté sa chaleur latente. On peut, en effet, constater par l'expérience, qu'en se solidifiant, 1 kilogramme d'eau à zéro degré, abandonne 79 degrés de chaleur.

57.   Arago, Éloge historique de James Watt, p. 266.

58.   Addition de Watt à l'article Steam Engine du Philosophical Magazine de Robison, t. II, p. 117.

59.   Memoirs by Playfair (Monthly Magazine, 1819).

60.   « Afin d'obtenir, dit Robert Stuart, des données positives pour l'évaluation de cette espèce de tribut, une série d'expériences fut entreprise par des hommes d'une habileté et d'une probité reconnues. Étant donnés la profondeur de la mine, le diamètre des corps de pompe et le nombre des coups de piston avec une machine quelconque, ordinaire ou perfectionnée, il ne leur restait plus qu'à apprécier l'économie de combustible pendant un certain nombre de coups de piston, et ce prix devenait la base sur laquelle ils établissaient leurs calculs. Pour compter le nombre des coups de piston, on adapta au balancier un petit appareil consistant en un système de roues enfermées dans une boîte disposée de façon que chacun des mouvements ascendants ou descendants du

balancier faisait avancer d'un pas les petites roues, ainsi qu'un petit index qui indiquait cette progression. Ce petit appareil s'appelait le compteur. Deux clefs seulement pouvaient l'ouvrir, dont l'une restait entre les mains des propriétaires de la machine, l'autre dans celles de MM. Watt et Boulton, qui avaient un commis-voyageur chargé de reconnaître de temps à autre la situation des choses. On ouvrait en présence des deux parties les compteurs, et le tribut à prélever se trouvait déterminé par le nombre des coups de piston donnés. Ce prélèvement annuel, toutefois, pouvait être racheté par le payement d'une somme une fois donnée, égale au produit de dix années. Il y avait différentes manières de disposer le compteur et de le faire marcher. » (Histoire descriptive de la machine à vapeur, p. 190.)

61.   Ce talent singulier de conteur d'histoires faites à plaisir s'était manifesté chez James Watt dès les premières années de son enfance. Arago, dans sa Notice biographique, en cite une preuve assez piquante :

« L'esprit anecdotique que notre confrère, dit Arago, répandit avec tant de grâce, pendant plus d'un demi-siècle, parmi tous ceux dont il était entouré, se développa de très-bonne heure. On en trouvera la preuve dans ces quelques lignes que j'extrais, en les traduisant, d'une note inédite rédigée en 1708 par madame Marion Campbell, cousine et compagne d'enfance du célèbre ingénieur :

« Dans un voyage à Glasgow, madame Watt confia son jeune fils James à une de ses amies. Peu de semaines après, elle revint le voir, mais sans se douter assurément de la singulière réception qui l'attendait. — Madame, lui dit cette amie dès qu'elle l'aperçut, il faut vous hâter de remmener James à Glasgow, je ne puis endurer l'état d'excitation dans lequel il me met ; je suis harassée par le manque de sommeil. Chaque nuit, quand l'heure ordinaire du coucher de ma famille approche, votre fils parvient adroitement à soulever quelque discussion dans laquelle il trouve toujours moyen d'introduire un conte qui, au besoin, en enfante d'autres. Ces contes pathétiques ou burlesques ont tant de charme, tant d'intérêt, ma famille tout entière les écoute avec une si grande attention, qu'on entendrait une mouche voler. Les heures ainsi succèdent aux heures sans que nous nous en apercevions ; mais le lendemain je tombe de fatigue. Madame, remmenez, remmenez votre fils chez vous. »

62.   Notice biographique sur James Watt.

63.   Guide du chauffeur.

Louis Figuier

64.   Pour obtenir de la vapeur à haute pression, on chauffe très-fortement l'eau de la chaudière en retenant la vapeur dans la chaudière sans lui donner issue dans le cylindre. Le chauffeur reconnaît, en examinant le manomètre, le moment où la vapeur a atteint le degré de pression qu'il désire communiquer à la vapeur, et ce terme une fois atteint, il ouvre le robinet qui lui donne accès dans le cylindre ; la machine commence alors à fonctionner. Pendant la marche de la machine, le chauffeur observe toujours la hauteur du manomètre, et il règle la chaleur du foyer de manière à entretenir la vapeur au même degré de tension.

65.   Theatri machinarum hydraulicarum, t. II, oder Gehauplatz der Wasser-Künste, cap. IX, p. 92.

66.   Von Feuer-Maschinen, cap. IX, § 201, p. 94.

67.   Aucune chaudière ne peut être employée avant d'avoir été essayée à froid, au moyen d'une presse hydraulique, sous une pression triple de celle qu'elle doit supporter. Cet essai est vérifié par les soins de l'ingénieur du département.

68.   Voir notre Année scientifique et industrielle, 3e année, page 97.

ISBN : 978-1519157546